Jakob Freund
Klaus Götzer

Vom Geschäftsprozess zum Workflow

Jakob Freund
Klaus Götzer

Vom Geschäftsprozess zum Workflow

Ein Leitfaden für die Praxis

HANSER

Bibliografische Information Der Deutschen Nationalbibliothek
Die Deutsche Nationalbibliothek verzeichnet diese Publikation in der Deutschen Nationalbibliografie; detaillierte bibliografische Daten sind im Internet über http://dnb.d-nb.de abrufbar.

Internet: http://www.hanser.de
Lektorat: Lisa Hofmann-Bäuml
Herstellung: Ursula Barche
Umschlaggestaltung: Büro plan.it, München, unter Verwendung von Bildmotiven von © Enot Poloskum-istock
Gesamtherstellung: Kösel, Krugzell
Printed in Germany

ISBN 978-3-446-41482-2

Inhalt

1 Einleitung

1.1 Die Geschichte der Prozesse

In den 1980er-Jahren begann man, das Thema Prozessanalyse und -gestaltung in der Fachliteratur aufzugreifen, zuvor war es unter dem Begriff „Ablauforganisation“ bekannt. Eigentlich kann man bereits Henry Ford und die effektive Nutzung des Fließbandes (1913) als Beginn der modernen Prozessorganisation – zumindest in der Produktion – ansehen.

In der Administration blieb hingegen die Aufbauorganisation dominant. Das Denken in Funktionen, Stellen und hierarchischen Strukturen beherrschte jegliche organisatorische Arbeit. Prozesse, die über Abteilungsgrenzen hinweg abgewickelt wurden, fanden kaum Berücksichtigung. Zwar gab es „Auflockerungen“ im Sinne einer Matrixorganisation, wo neben funktionalen Gesichtspunkten auch andere Gestaltungskriterien wie Produktgruppen oder Kundensegmente eine Rolle spielten, doch diese Ansätze führten zu einer Verkomplizierung der organisatorischen Strukturen, und Prozesse im eigentlichen Sinn wurden weiterhin nicht betrachtet.

Als dann unter den Schlagworten „Lean Production“ (WOMACK1991) und „Business (Process) Reengineering“ (HAMMER1994) eine neue Welle der Prozessorientierung hereinbrach, wurde diese häufig als vollkommen neuer Ansatz und neue Erkenntnis verkauft. Neu war hier aber vor allem, dass „Prozesse“ als Thema nun eine verstärkte Beachtung fanden und man tatsächlich versuchte, den Prozessgedanken in den unternehmerischen Strukturen anzuwenden.

Gleichzeitig wurden in den 1990ern die ersten Workflow-Management-Werkzeuge entwickelt und eingesetzt. Dies waren auch erste Ansätze für eine Integration von IT-Systemen, zwischen denen im Rahmen der Prozessabwicklung Daten ausgetauscht werden mussten, heute auch bekannt als Enterprise Application Integration (EAI). Diese Systeme waren sehr komplex, teuer und aufwendig, sodass sie sich nur in entsprechenden Großorganisationen (wie Finanzdienstleister) etablieren konnten.

Obwohl die Business Process Reengineering-Welle aufgrund des sehr radikalen Ansatzes keine langfristige praktische Nutzung nach sich zog, schuf sie doch in zahlreichen Unternehmen die Grundlage für ein Prozessbewusstsein. Prozessanalyse und Prozessgestaltung sind heute daher selbstverständliche Aufgaben der Organisation. Auch viele etablierte Modellierungstools haben in dieser Zeit ihren Ursprung.

In der Folge wurde das „Prozessmanagement“ mehr und mehr als unternehmensweites Engagement verstanden, Prozesse mussten entsprechend priorisiert und Prozessverantwortliche ernannt werden (FISCHERMANNS2006).

Mit Beginn des 21. Jahrhunderts wurde in der Praxis „die Bedeutung des Geschäftsprozessmanagements als ganzheitliches Konzept zur Steigerung von Effektivität und Effizienz voll erkannt“ (SCHMELZER2008, S. 46)

1.2 Aktuelle Herausforderungen

Über lange Zeit konnte die Produktivität in der industriellen Fertigung durch Spezialisierung und Arbeitsteilung immer weiter gesteigert werden. Dieses Vorgehen ist ideal für eine standardisierte Massenproduktion. Das gleiche Schema wendete man auch in der Verwaltung – also der Optimierung informationszentrierter Prozesse – an. Hier konnte man mit standardisierten Dienstleistungsprodukten ebenfalls eine hohe Effizienz erreichen. Diese Form der Organisation wurde mitunter bereits durch eine frühe Form von Workflow-Management-Systemen (WfMS), häufiger jedoch durch die klassische Softwareentwicklung IT-technisch unterstützt.

Dieser Ansatz konnte jedoch nur so lange funktionieren, wie die zu optimierenden Prozesse in ihrer Struktur langfristig stabil blieben. Je häufiger ein Prozess aufgrund veränderter Rahmenbedingungen angepasst werden musste, desto weniger wirksam konnten die herkömmlichen Methoden zur Prozessverbesserung greifen.

Heute erleben wir einen rasanten und kontinuierlichen Wandel innerhalb und außerhalb zahlreicher Unternehmen: Die Globalisierung und Technologisierung der Märkte schafft vollkommen neue Geschäftsmodelle und Wettbewerbsverhältnisse. Produkte und Leistungen werden zunehmend differenziert und individualisiert, was die Komplexität und den Variantenreichtum der entsprechenden Prozesse signifikant erhöht. Gleichzeitig steigen sowohl auf Kunden- als auch auf Mitarbeiterseite die Ansprüche an das Unternehmen: Während die einen den schnellsten und flexibelsten Service bei konstanten oder gar sinkenden Preisen erwarten, wünschen sich die anderen zunehmend Freiräume, um in eigener Kompetenz und Verantwortung rasch handeln zu können.

Vor diesem Hintergrund müssen Unternehmen heute eine immer höhere Transparenz und Effizienz in einer sich ständig verändernden Prozesslandschaft erreichen. Dies ist mit den herkömmlichen Methoden und Technologien nicht mehr ausreichend zu leisten. Ein Vorteil ist, dass man mittlerweile auf in vielen Jahren gewachsene Erfahrung zurückgreifen kann.

1.3 Business Process Management – eine Einordnung

Zu dem Thema der Geschäftsprozesse gibt es unterschiedliche Begriffe, Theorien und Werkzeuge. Hierbei existieren einerseits die organisatorisch motivierten Ansätze, die sich mit der prinzipiellen logischen Strukturierung und organisatorischen Optimierung der Geschäftsprozesse befassen. In diesem Kontext fallen meistens Begriffe wie Geschäftsprozessanalyse, Geschäftsprozessoptimierung, Ablauforganisation etc. Die andere Seite befasst sich hingegen mit der IT-technischen Unterstützung der Prozesse. Hier versucht man häufig, mithilfe geeigneter IT-Systeme die Prozesse zu automatisieren.

Die in Abschnitt 1.2 skizzierte Herausforderung hat zu einem Konvergenztrend der Methoden und Technologien geführt, die sich mit der Prozessoptimierung befassen: Während bislang die organisatorische und die IT-technische Perspektive weitgehend isoliert voneinander behandelt wurden, gilt es nun, beide Bereiche zusammenzuführen (Bild 1.1).

Im organisatorischen Bereich von Business Process Management (BPM) werden Prozesse als betriebliche Abläufe verstanden, in deren Mittelpunkt der Mensch steht. Dementsprechend sind Ansätze zur Modellierung und Dokumentation darauf ausgerichtet, vor allem leicht verständlich zu sein. Eine zentrale Herausforderung bei der Prozessverbesserung ist aus Sicht der Organisation die Bereitschaft und Fähigkeit der Prozessbeteiligten, die neuen Strukturen zu verstehen, zu akzeptieren und umzusetzen. Der zweite häufig zitierte kritische Erfolgsfaktor besteht in der Bereitschaft der Geschäftsfüh-

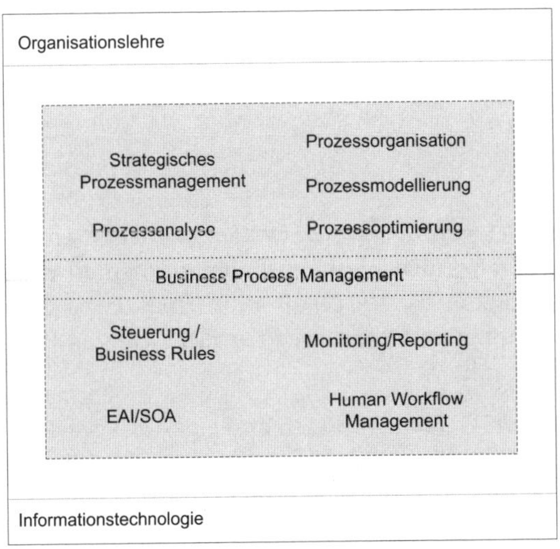

Bild 1.1: Business Process Management führt die IT- und organisatorische Perspektive zusammen

rung oder des Vorstands, das Veränderungsprojekt zu unterstützen. Oft verweist man daher bei gescheiterten BPM-Projekten pauschal auf ein „fehlendes Commitment des Topmanagements". Dieses erreicht man aber nur, wenn das Topmanagement den Zweck und den Nutzen versteht.

Im Gegensatz dazu versteht die Informationstechnologie jedes Prozessproblem als eine analytische Herausforderung, die mithilfe einer logischen Diagnose, systematischer Lösungskonzeption und technischer Implementierung bewältigt werden kann. Der vermeintlichen Irrationalität und unpräzisen Kommunikation der am Prozess beteiligten Mitarbeiter und Manager steht die IT in der Folge daher häufig eher hilflos gegenüber. Aus der IT-Perspektive müssen Prozessmodelle vor allem formal korrekt und durch Softwaresysteme interpretierbar sein, und eine Prozessverbesserung ist oft gleichbedeutend mit einer Verringerung menschlicher Aktivitäten. Letzteres löst dann Ängste und Abwehrverhalten bei den Mitarbeitern aus.

Die Zusammenführung ist daher schwieriger, als sie auf den ersten Blick erscheinen mag. Zu unterschiedlich sind bislang die Denkstrukturen und Kulturen der beiden Fraktionen. Nichtsdestotrotz muss sie gelingen, da die Organisation ohne die IT heutzutage zwar machtlos ist, die IT ohne die Organisation jedoch auch zukünftig stets kopflos bleiben wird.

Eine allgemein akzeptierte Definition des Begriffes Business Process Management gibt es bislang nicht. Einigkeit besteht lediglich darin, dass es um die Beherrschung komplexer Geschäftsprozesse geht, und BPM daher als Dachbegriff für eine ganze Reihe von Methoden und Werkzeugen zu verstehen ist. Häufig wird BPM als ein Kreislauf dargestellt, der sich von der strategischen Ausrichtung über die Erhebung, Analyse und Sollkonzeption sowie die organisatorische und IT-technische Implementierung bis hin zum laufenden Monitoring und periodischen Reporting der Prozesse erstreckt [vgl. u. a. ALLWEYER2005].

1.4 Zu diesem Buch

Die Ambition dieses Buches ist die Vermittlung eines ganzheitlichen Überblicks, wie BPM-Projekte realisiert werden können. Dabei werden sowohl Aspekte der organisatorisch geprägten Prozessgestaltung behandelt (**Kapitel 2**) als auch die aktuellen Methoden und Standards zur IT-gestützten Prozessautomatisierung vorgestellt (**Kapitel 3**).

Das **Kapitel 4** widmet sich aktuellen Lösungsansätzen und eigenen Vorschlägen, um fachliche Prozessmodelle in technische Workflows zu überführen, und somit einen ersten erfolgsentscheidenden Meilenstein zur Zusammenführung der beiden Fraktionen zu erreichen.

In **Kapitel 5** wird der Markt für BPM-Software betrachtet. Auch dieser ist bislang eher heterogen strukturiert, erlebt aber dieser Tage eine Konsolidierung, an deren Ende voll integrierte Suiten zur Unterstützung eines ganzheitlichen BPM zu stehen scheinen. Neben der Darstellung sinnvoller Anwendungsbereiche für BPM-Software werden Anregungen für die eigene Tool-Auswahl vermittelt und die Ergebnisse einer aktuellen Befragung unter Tool-Anwendern und -Interessierten vorgestellt.

Die Kapitel 2 bis 5 sind bewusst praxisnah gestaltet. Es werden zahlreiche Projekterfahrungen der Autoren herangezogen, um die kritischen Erfolgsfaktoren und typischen Risiken bei der Anwendung des BPM-Methodenportfolios möglichst plastisch beschreiben zu können.

Insgesamt wird großer Wert auf das praktische Vorgehen im Projekt gelegt. Es zeigt sich, dass es durchaus Gründe für die skizzierten Unterschiede im organisatorischen und technischen Bereich gibt. Daher ist es wichtig, von Anfang an die richtige Herangehensweise zu wählen, sich der Unterschiede bewusst zu sein und in der Projektplanung die Übergänge bewusst einzuplanen.

Ein prinzipieller Leitfaden, wie ein BPM-Projekt zur organisatorischen und/oder IT-technischen Prozessverbesserung von der Planung bis zur Realisierung abgewickelt werden kann, ist Gegenstand von **Kapitel 6**.

Der Fokus dieses Buches, das ganzheitliche BPM, ist eine sehr junge Disziplin. Viele zentrale Problemstellungen sind derzeit noch Gegenstand der Forschung oder erster praktischer Pilotprojekte. Deshalb kann und will dieses Buch keinen Anspruch auf Vollständigkeit erheben. Auch gibt es täglich neue Entwicklungen und Erfahrungen, die den einen oder anderen Punkt durchaus in einem anderen Licht erscheinen lassen. Sollte es sich aber als Hilfsmittel für die eigenen BPM-Projekte als nützlich erweisen oder eine Inspiration für Fach- und Führungskräfte darstellen, die sich für die aktuellen Entwicklungen in diesem Themenfeld interessieren, so hätte es seinen Zweck voll und ganz erfüllt.

Zum Buch: Website mit Arbeitshilfen, nützlichen Informationen und Leserforum

Adresse www.prozess-workflow.de

- Checklisten und Beispiele zum Download
- Links zu kostenlosen Testversionen
- Tipps und Links zu weiteren interessanten Themen und wichtigen Veranstaltungen

Haben Sie noch weitere Fragen? Oder möchten Sie Ihre Meinung zu dem Buch äußern (Kritik, Anregungen etc.)? Dann nutzen Sie das exklusiv für unsere Leser eingerichtete Forum.
Wir freuen uns auf Ihren Eintrag!

2 Prozesse optimal gestalten

Vor dem Start eines Projekts muss man sich zuerst über einige grundsätzliche Konzepte klar werden. Begriffe, Zielsetzung und Anlass des Vorhabens müssen bestimmt sein.

2.1 Der Begriff des Prozesses

Ein Prozess beschreibt einen Ablauf von Bearbeitungsschritten. Hierbei ist aber – z.B. im Gegensatz zu einem Projekt – die prinzipielle **Wiederholbarkeit** des Ablaufes charakteristisch. Ein Prozess kann implementiert werden, wenn eine bestimmte Gruppe von Geschäftsvorfällen immer den gleichen Arbeitsablauf aufweist – also standardisiert werden kann. Dies bedeutet, dass ähnliche Vorfälle vorliegen, die man mit den gleichen organisatorischen Mitteln bewältigen kann. In einem Büroprozess wirken Menschen, Arbeitsmittel und Arbeitsgegenstände zusammen. Es wird arbeitsteilig ein Büroprodukt erstellt, wobei die **Arbeitsteiligkeit** hierfür typisch ist. Ein zentrales Element für eine Prozessbeschreibung ist daher das **Regelwerk**, das darstellt, wie dieser Prozess abzulaufen hat. Eine formale und präzise Beschreibung eines derartigen Regelwerks ist eine Voraussetzung dafür, dass man einen Prozess mittels eines IT-Systems abbilden und unterstützen kann. Dieser Umstand manifestiert sich auch in der Bezeichnung „Vorgangssteuerungssystem" für derartige IT-Systeme. (Der Begriff „Vorgangssteuerungssystem" wird heute kaum mehr verwendet. Man bezeichnet diese Systeme heute meist als „Workflow-Systeme".)

In der Betrachtung ist daher zu unterscheiden zwischen dem abstrakten Prozess (z.B. „Kundenbestellung"), der eine Beschreibung des allgemeinen Ablaufes (= Regelwerk) darstellt, und dem konkreten **Vorgang**, der einen bestimmten Geschäftsvorfall („Bestellung des Herrn Meier vom 11.06.2008 über einen Kühlschrank Typ XYZ") repräsentiert. In der Sprache der Informatik ist damit der einzelne Vorgang eine **Instanz** des allgemeinen Prozesses. Das Regelwerk eines Prozesses kann viele verschiedene Varianten in einem Prozess beschreiben, der konkrete Vorgang nutzt immer genau eine Variante.

Praktisch alle größeren Organisationen nutzen heute Papierformulare. Auch wenn diese oft karikiert und als Ausgeburt eines überzogenen Bürokratismus (man denke an das Beispiel mit dem berühmten „Antrag auf Erteilung eines Antragsformulars zur Bestätigung der Nichtigkeit des Durchschriftexemplars, dessen Gültigkeitsvermerk von der Bezugsbehörde stammt zum Behuf der Vorlage beim zuständigen Erteilungsamt" in einem Lied von Reinhard

Mey) dargestellt werden, sind diese auch wichtige Steuerungsinstrumente für Prozesse. Das leere Formular stellt ein Regelwerk dar, das ausgefüllte einen konkreten Vorgang. Das Formular kann man als Metapher für einen Prozess betrachten, da es viele Charakteristika einer Prozessbeschreibung zeigt. Dies erfolgt mittels Unterschriftenleisten, Arbeitsanweisungen, Formularfeldern, zweckgebundenen Durchschlägen und anderen Elementen auf den Formularen. Daraus ergeben sich z. B.:

- Laufweg des einzelnen Vorgangs,
- Beteiligte und deren Rollen,
- erforderliche Daten und beizulegende Unterlagen.

Diese Metapher nutzen auch manche IT-Systeme, die Prozesse auf einfache Weise elektronisch abbilden (wie InfoPath von Microsoft).

2.2 Modellierungssprache

Um Prozesse zu beschreiben, benutzt man in der Regel grafische Modellierungssprachen. Damit lassen sich sehr gut komplexe Ablaufstrukturen und Abhängigkeiten darstellen. Wenn man verschiedene Systeme vergleicht, dann kann man oft gewisse Ähnlichkeiten feststellen, was sich logisch aus der Aufgabenerstellung ergibt. Daraus lassen sich Anforderungen an die Modellierungssprache ableiten (Tabelle 2.1).

Tabelle 2.1: Anforderung an eine Modellierungssprache (aus MIELKE2002, S. 22)

Nr.	Name	Beschreibung	Mögliche Darstellung	Art der Anforderung
1	Aktivitätstypen	Unterscheidung mehrerer Typen von Aktivitäten	Piktogramme	semantisch
2	Zeitliche Abfolge	Darstellung der Sequenz	Pfeile	strukturell
3	Ablaufteilung	Darstellung von Auswahl und Parallelaufteilung	eigene Symbole	strukturell
4	Wiederholung	Darstellung der Wiederholung	eigenes Symbol	strukturell
5	Objektverbindung	Verbindung Objekt/ Klasse/Attribut	Verbindungslinie und Klassensymbol	Interaktion
6	Relationsverbindung	Verbindung Aktivität mit Relation	Verbindungslinie und Relationssymbol	Interaktion
7	Rollenverbindung	Verbindung Aktivität mit Rolle	Verbindungslinie und Rollensymbol	Interaktion

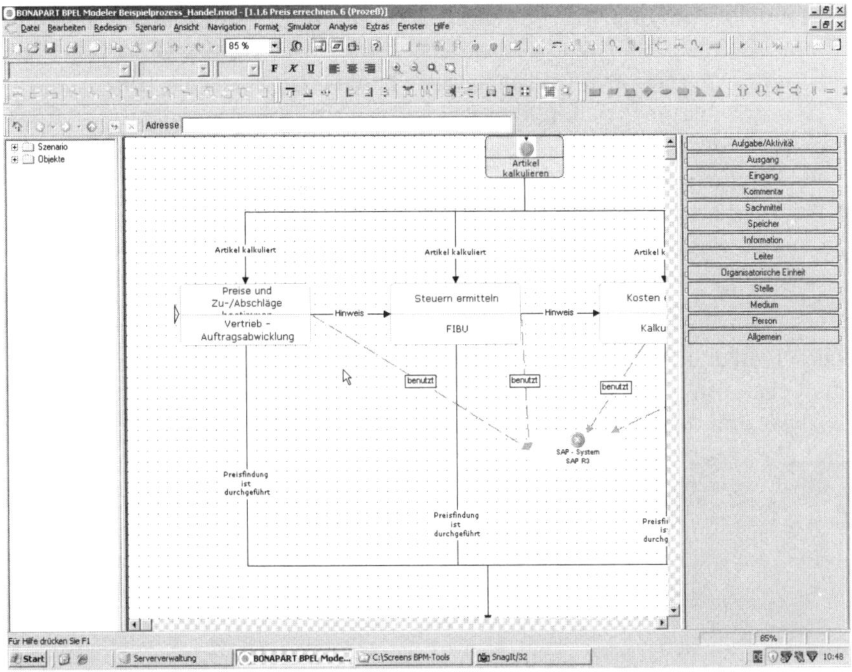

Bild 2.1: Prozesseditor von BONAPART (Quelle: Emprise)

Die in Tabelle 2.1 aufgeführten Elemente einer Prozessbeschreibungssprache findet man meistens in den entsprechenden Darstellungen und Tools. Viele Tools haben ihre eigene spezielle Modellierungssprache, aber zunehmend setzen sich drei Typen durch:

- Ereignisgesteuerte Prozessketten (EPK)
- Activity Diagrams (aus der UML)
- Business Process Modeling Notation (BPMN)

Die Tools sind meist recht komfortabel und bieten umfangreiche Unterstützung in der Modellierung der Prozessgraphen (Bild 2.1).

Nachfolgend werden die einzelnen Grundelemente der Modellierungssprachen vorgestellt, wobei hier zum Teil eine andere Interpretation erfolgt als bei MIELKE2002.

2.2.1 Aktivitätstypen

In einem Prozess können unterschiedliche Typen von Aktivitäten auftreten (Bild 2.2). Wenn man Prozesse der Informationsverarbeitung betrachtet, unterteilt man diese meist in folgende Typen:

- **Manuelle Aktivität:** Die Aktivität wird nur von Menschen durchgeführt ohne (betrachtete) technische Unterstützung. Dies können Gespräche/Verhandlungen sein oder Telefonate oder Lesen einer Fachzeitschrift.
- **IT-unterstützte Aktivität:** Der Bearbeiter erledigt seine Aufgabe mithilfe eines IT-Systems, wie das Erfassen eines Auftrages oder Durchführen einer Recherche im Internet.
- **Automatische Aktivität:** Das IT-System erledigt die Aufgabe selbständig ohne direkten menschlichen Eingriff. Dies können z. B. automatische Berechnungen von Zinsen sein, ein automatischer Postversand oder komplexe Berechnungen in der Konstruktion.

Wenn man andere Prozesstypen betrachtet, können natürlich weitere Aktivitätstypen auftreten, wie „Gütertransport" oder „Güterproduktion". Bei der Analyse und Modellierung von Geschäftsprozessen wird man feststellen, dass die verschiedenen Aktivitätstypen in den meisten Prozessen vertreten sind.

Bild 2.2: Darstellung der Aktivitätstypen bei Innovator (Quelle: MID)

2.2.2 Zeitliche Abfolge

Prozesse sind dadurch gekennzeichnet, dass die Aktivitäten einer logischen Reihenfolge und damit einer zeitlichen Abfolge unterworfen sind. Diese zeitliche Abfolge ist ein Teil der Prozesssteuerung und wird meist mit Pfeilen dargestellt (Bild 2.3).

In der Regel wird dies so interpretiert, dass die Aktivität 2 erst starten kann, wenn Aktivität 1 abgeschlossen ist (Bild 2.3). Häufig werden auch noch Informations- oder Nachrichtenflüsse dargestellt.

Bild 2.3: Zeitliche Abfolge

2.2.3 Ablaufteilung

Prozessabläufe unterteilen sich oft: Es gibt alternative Wege durch den Ablauf, z. B. weil ein Kreditantrag ab einer gewissen Höhe einer intensiveren Prüfung unterzogen wird. Wenn bei einer derartigen Verzweigung immer nur genau eine Alternative gewählt werden kann, spricht man von einer XOR-Verzweigung (exclusive OR; Bild 2.4).

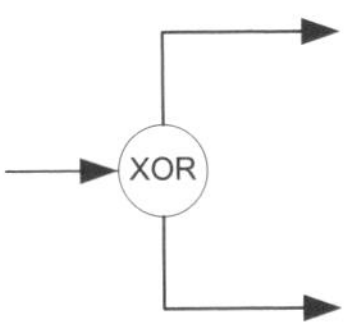

Bild 2.4: XOR-Verzweigung (EPK-Darstellung; EPK = Ereignisgesteuerte Prozesskette, eine Form der Darstellung von Prozessen, die von Prof. Dr. A.-W. Scheer entwickelt wurde)

Umgekehrt gibt es die Situation, dass immer alle Prozessäste nach der Verzweigung durchlaufen werden. So kann man z. B. bei einem Bestelleingang gleichzeitig die Bonität und Konditionen des Kunden ermitteln und die Verfügbarkeit der Ware im Lager prüfen (Bild 2.5).

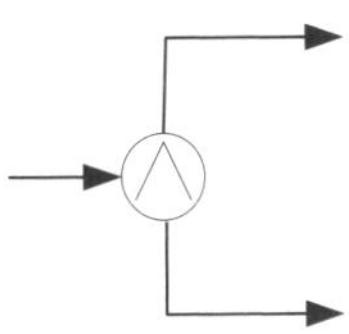

Bild 2.5: UND-Verzweigung (EPK-Darstellung)

Eine Mischform sind ODER-Verzweigungen: Dies bedeutet, dass mindestens einer der nachfolgenden Äste, maximal aber alle durchlaufen werden können. Es ist sozusagen ein „UND/ODER“ – auch genannt „Inklusiv-ODER“. So kann der Kunde in einer Tankstelle Kraftstoff tanken UND/ODER Luftdruck prüfen UND/ODER Artikel einkaufen (Bild 2.6).

ODER- und XOR-Verzweigungen müssen noch näher beschrieben werden: Unter welchen Bedingungen werden die einzelnen Äste angewählt.

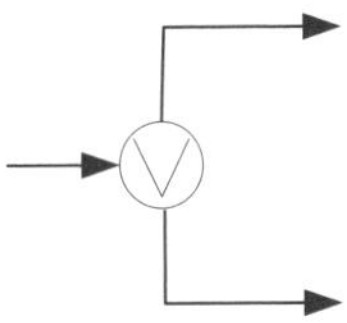

Bild 2.6: ODER-Verzweigung (EPK-Darstellung)

Ob man die verschiedenen Aufteilungen mit speziellen Symbolen (wie hier mit denen der EPK) darstellt oder die Bedingungen einfach an die Verbindungspfeile („conditional flows") schreibt, ist eine Frage der Anschaulichkeit.

Als Gegenstück zu den Verzweigungen gibt es logischerweise auch wieder äquivalente Zusammenführungen.

2.2.4 Wiederholung

Wiederholung bedeutet, dass eine Aktivität mehrmals ausgeführt wird. Dies kann die Abarbeitung einer Liste beinhalten (z. B. Bestellpositionen in einem Auftrag) oder an bestimmte Bedingungen geknüpft sein oder die regelmäßige zeitgesteuerte Überprüfung eines Zustandes (wie Eingang eines Mails). Wiederholungen können mit eigenen Symbolen dargestellt werden oder im Prinzip auch mit XOR-Verzweigungen kombiniert mit einer „Rückkopplungsschleife" in der Abfolge (Bild 2.7).

Bild 2.7: Aktivität mit Wiederholung (BPMN-Darstellung)

2.2.5 Objektverbindung

In der Regel werden Aktivitäten zusammen mit anderen Objekten durchgeführt. Dies können z. B. Dokumente, IT-Systeme oder Informationen sein. Aber ebenso möchte man auch andere Objekte im Kontext mit einer Aktivität darstellen. Für diese Objekte werden meist eigene Symbole angeboten, die man mit den Aktivitäten verknüpfen kann (Bild 2.8).

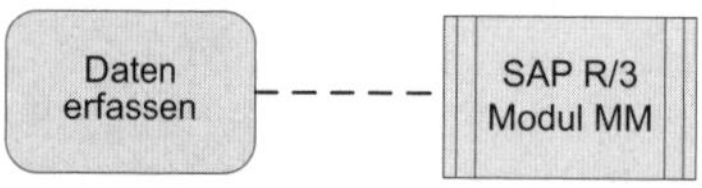

Bild 2.8: Verbindung zwischen Objekt und Aktivität (EPK-Darstellung)

Die Verbindungen selbst können auch wieder mit einer Beschreibung versehen sein, die die Art der Verbindung näher beschreibt, wie „verwendet" (ein Programm) oder „erzeugt" (ein Dokument).

2.2.6 Relationsverbindung

Eine Sonderform ist, dass sich die Verbindung nicht auf ein Objekt, sondern auf eine Verbindung zwischen zwei Objekten bezieht. Dies kann z. B. sein, wenn in einem Prozess die Zuständigkeit eines Mitarbeiters zu einer Aufgabe festgelegt wird.

2.2.7 Rollenverbindung

Eine wichtige Form der Verbindung ist die Zuordnung von Rollen zu Aktivitäten. Dies ist im Prinzip eine organisatorische Zuordnung der Aktivitäten. Eine sehr beliebte Form der Darstellung sind sogenannte Swimlanes. Hier repräsentiert jede Bahn eine Rolle (Bild 2.9).

Eine derartige Darstellung stößt dann an Ihre Grenzen, wenn sehr viele Rollen mit einem häufigen Rollenwechsel darzustellen sind. Die Diagramme werden unübersichtlich. Eine andere Variante ist, die Rollen analog anderen Objekten darzustellen.

Dadurch kann man auch die Verbindung näher beschreiben, wie „führt aus“, „genehmigt“, „wirkt mit“, „wird informiert“ usw. Dies ermöglicht auch, dass man auch mehrere Rollen einer Aktivität zuordnet (Bild 2.10)! Dies kann z. B. bei einer Modellierung auf höheren (groben) Ebenen wichtig sein.

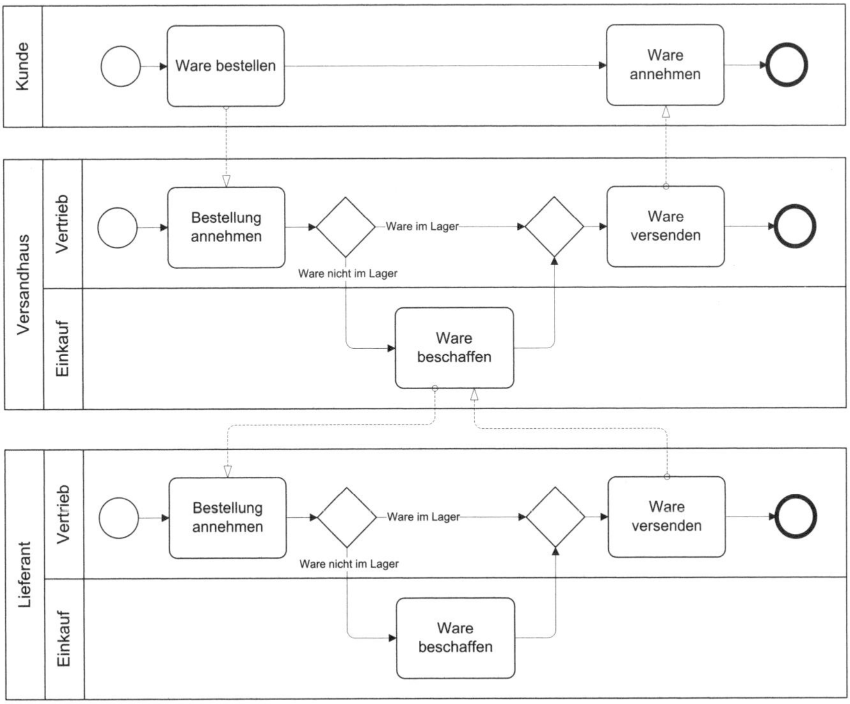

Bild 2.9: Zuordnung der Rollen mittels Swimlanes (Darstellung gemäß BPMN)

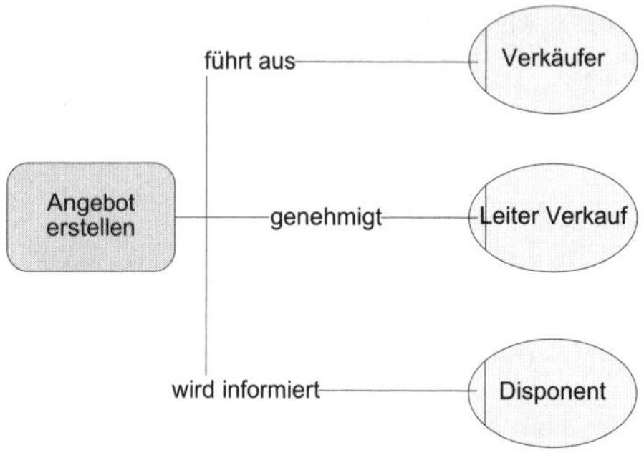

Bild 2.10: Rollenzuordnung (Darstellung gemäß eEPK oder FZD)

2.2.8 Gesamtdarstellung

Durch Kombination dieser Elemente können relativ komplexe Diagramme entstehen. Wichtig ist dabei, dass alle Beteiligten diese Diagramme gleich aufbauen und interpretieren. Konventionen und Lesehilfen sind hierzu wichtig.

So gibt es z. B. zur sogenannten „Ereignisgesteuerten Prozesskette", die nur aus Aktivitäten und Ereignissen besteht, eine „erweiterte" Variante, bei der man noch weitere Elemente hinzufügen kann (Bild 2.11). Wenn man befürchtet, dass dies zu komplex ist, dann bietet das ARIS-Konzept z. B. auch sogenannte Funktionszuordnungsdiagramme (FZD). Hier beschreibt man jede Aktivität und ihre verbundenen Elemente in einem eigenen Diagramm.

Je nachdem, welches Tool man auch verwendet, kann die Darstellung dieser „Sprachelemente" variieren und unterschiedlich reichhaltig sein (Bild 2.12). Im Vorfeld ist daher wichtig zu klären, welchen Zweck man mit der Model-

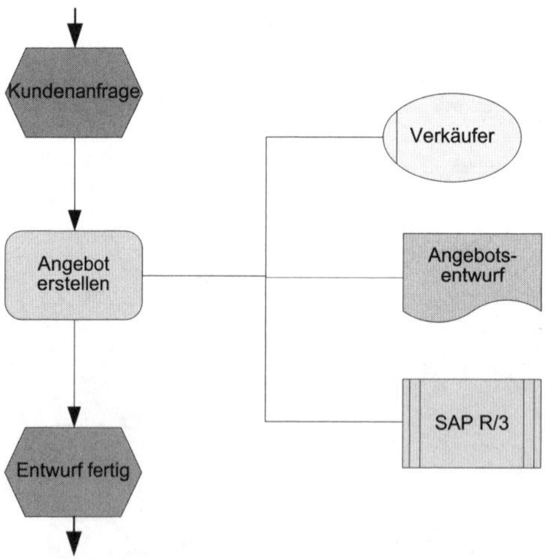

Bild 2.11: Darstellung einer erweiterten Ereignisgesteuerten Prozesskette (eEPK)

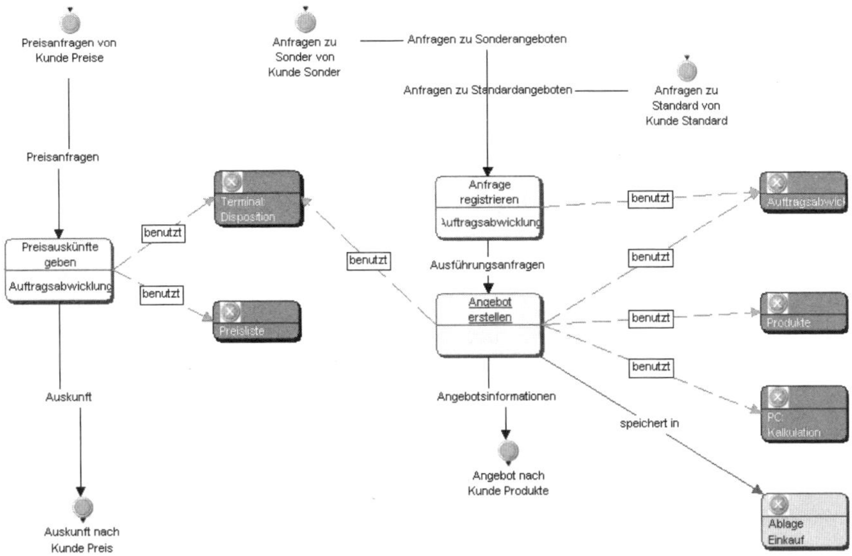

Bild 2.12: Darstellung eines Prozesses mit BONAPART (Quelle: Emprise)

lierung verfolgt und – daraus abgeleitet – welche Informationen man darstellen möchte.

Neben den oben dargestellten Elementen bilden viele Tools noch weitere Elemente an, die man zur Modellierung verwenden kann (Bild 2.13). Hier muss man immer abwägen, was noch sinnvoll ist und zur Verständlichkeit des Prozesses beiträgt.

Bild 2.13: Beispiele für weitere Modellierungselemente in INNOVATOR (Quelle: MID)

2.3 Anlässe zur Prozessoptimierung

Ein Erlebnis:

Herr Schmidt hatte bei der Firma Elektroprompt einen Kühlschrank bestellt. Er sollte binnen einer Woche geliefert werden. Als dieser nach zwei Wochen immer noch nicht da war, erkundigte Herr Schmidt sich beim Verkäufer. Der Verkäufer teilte ihm mit, dass er die Bestellung weitergegeben habe und sich Herr Schmidt an den Versand wenden sollte. Der Versand konnte Herrn Schmidt keine Auskunft geben, hier läge noch nichts vor, die Auftragsbearbeitung müsste ihm aber weiterhelfen können. Dort war aber der zuständige Sachbearbeiter krank und die Vertretung kannte den Vorgang nicht. Er solle es doch vielleicht in einer Woche noch mal probieren, bis dahin müsste der Kollege wieder gesund sein. (Alle Namen und Personen in dieser Schilderung sind frei erfunden).

Bei diesem Beispiel ist praktisch „alles falsch" gelaufen. Es zeigt sich, dass keine Kundenorientierung gegeben ist. Herr Schmidt ist mit seinem Problem allein gelassen und muss sich selbst durchfragen. Für den Vorgang fühlt sich keiner verantwortlich, denn eigentlich müsste z. B. der Verkäufer als ursprünglicher Ansprechpartner die Angelegenheit für Herrn Schmidt erledigen. Auch existiert keine ausreichende technische Unterstützung. Mittels eines Workflow-Systems könnte man z. B. sehr schnell feststellen, wo sich der Vorgang befindet und welchen Status er hat. Das Beispiel mag übertrieben wirken, aber letztlich hat jeder immer wieder solche Erlebnisse! Jeder hier involvierte Mitarbeiter müsste eigentlich selbst erkennen, dass hier „etwas nicht stimmt" und von sich aus die erforderlichen Veränderungen initiieren!

Gerade der Bürobereich ist oft voll von unsinnigen, historisch bedingten Zersplitterungen der Aufgaben und Kompetenzen. Bereichsegoismen und funktional orientierte Arbeitsteilung behindern die Abläufe. Daher ist vor allem im Office-Bereich eine konsequente Optimierung der Prozesse wichtig!

Das Bestreben, eine stärkere ganzheitliche Vorgangsbearbeitung zu erreichen, und die zunehmende Bedeutung einer hohen Reaktionsgeschwindigkeit bewirken, dass verstärkt in Prozessketten gedacht wird. Entscheidend ist oft die Ausrichtung am Produkt – auch Büroprodukt –, welches durch den Prozess erzeugt wird. Fragen nach dem Wert des Produkts, und welche Vorgänge wie zur Wertschöpfung beitragen, stehen im Vordergrund der Betrachtung. Nicht mehr die isolierte Optimierung der einzelnen Funktionen (wie z. B. Kapazitätsauslastung) steht im Mittelpunkt, sondern die Optimierung der gesamten Vorgangskette.

Die Grundidee der funktionalen Arbeitsteilung (Taylorismus) war, dass durch eine starke Spezialisierung eine Beschleunigung bei der Bearbeitung von Teilvorgängen erzielt werden kann. Reduzierte Bearbeitungszeiten, geringe Mitarbeiterausbildung und hohe Kapazitätsauslastungen führten zu marktentscheidenden Kostenvorteilen. „Das tayloristische System gerät jedoch dann an seine Grenzen, wenn geringe Stückzahlen den Wiederholcharakter der repetitiven Tätigkeiten abschwächen, Rüstzeiten in der Folge zunehmen oder der sequenziellen Arbeitsteiligkeit eine Reihe von Querschnittsaufgaben, wie beispielsweise Qualitätssicherung oder Instandhaltung, überlagert werden müssen“ (aus BULLINGER1992, S. 13).

Deshalb wird nun gerade bei anspruchsvollen Aufgaben auf eine objektorientierte Arbeitsteilung übergegangen, denn inzwischen haben sich Zielsetzung und Situation gewandelt. Kurze Durchlaufzeiten und eine Reduzierung des Steuerungs- und Kontrollaufwandes gewinnen an Bedeutung. Im Office-Bereich machen sich auch noch weitere Faktoren bemerkbar. Zwischen den einzelnen Teilvorgängen entstehen Übertragungs- und Einarbeitungszeiten, die 70 % bis 90 % der Gesamtdurchlaufzeit ausmachen können. Gerade im administrativen Bereich, im Rahmen der Vorgangsbearbeitung, muss sich jeder Mitarbeiter aufs Neue in den Vorgang einlesen und hat entsprechend hohe geistige Rüstzeiten. Eine verstärkte Integration der Bearbeitungsschritte reduziert die Übertragungs- und Einarbeitungszeiten. Es ergibt sich somit eine mehr objektorientierte Arbeitsteilung. Dritte haben weniger Ansprechpartner als bisher, die Komplexität des Gesamtsystems sinkt, und der einzelne Mitarbeiter hat mehr Gestaltungsmöglichkeiten, was auch die Motivation verbessert. Außerdem wird die Kompetenz und Verantwortung für einen Vorgang konzentriert, wodurch sich die Qualität steigern lässt. Das Motto heißt nun „Qualität produzieren“ und nicht mehr nachträglich „hineinprüfen“ und nachbessern. Dies ist möglich, da sich bei einer reduzierten Arbeitsteilung die Verantwortung viel besser lokalisieren lässt.

Arbeitsteilung und sequenzielle Abläufe waren früher oft durch den physisch limitierten Zugriff auf die notwendigen Dokumente und Informationen bestimmt. Dies erzwang bestimmte Organisationsformen, da es z. B. die Akte nur einmal an einem Ort gab. Moderne IT-Systeme machen jede Information und jedes Dokument zu jeder Zeit an jedem Ort der Welt verfügbar. Dies schafft vollkommen neue Freiheitsgrade in der Gestaltung der Prozesse.

Neben diesen Herausforderungen kann es noch viele weitere Anlässe geben, die Prozessabläufe zu optimieren, die alternativ oder zusätzlich auftreten können. Das weitere Vorgehen im Projekt hängt sehr stark von dem Anlass bzw. der verfolgten Zielsetzung ab. In den folgenden Abschnitten werden diese verschiedenen Anlässe kurz dargestellt.

2.3.1 Reorganisation der Prozesse

Auslöser ist das Bestreben, die Organisation zu ändern. Die Abläufe, Aufgabenverteilung und Inhalte der Prozesse werden auf den Prüfstand gestellt. Je nachdem, wie stark man die bestehenden Prozessstrukturen infrage stellt, spricht man bei radikalen Änderungen von Business Reengineering (vgl. HAMMER1994). Hier geht man praktisch von einer Neuentwicklung der Prozesse – unabhängig von den bestehenden – aus. Das andere Extrem ist die kontinuierliche Verbesserung der Prozesse. Hier werden permanent die bestehenden Abläufe im laufenden Betrieb verbessert. Durch die Dynamik des Wirtschaftsgeschehens sehen sich die Unternehmen heute permanent der Herausforderung ausgesetzt, die Prozessstrukturen anzupassen.

Das Business Reengineering, oder auch Business Process Reengineering genannt, geht vom Zweck des Prozesses aus. Hier leitet man logisch aus dem Zweck die einzelnen erforderlichen Aktivitäten ab und strukturiert diese dann entsprechend den theoretisch entwickelten Abläufen. Dieser Top-down-Ansatz beachtet die bestehenden Abläufe überhaupt nicht, sondern beginnt gedanklich auf der „grünen Wiese“.

Umgekehrt sucht man bei der kontinuierlichen Verbesserung ständig nach Ansätzen im Detail, um die bestehenden Abläufe zu perfektionieren. Hier wird die Gesamtstruktur nicht infrage gestellt, sondern insbesondere der Mitarbeiter „vor Ort“ ist aufgefordert, sein Umfeld immer wieder kritisch zu hinterfragen und Vorschläge zur Optimierung einzubringen.

2.3.2 Prozesse technisch unterstützen

Hier steht die technische Unterstützung des „Workflows“ im Mittelpunkt. Man plant die Einführung eines Workflow-Systems, um die Prozesse optimal mit IT zu unterstützen. Man konzentriert sich auf die Vorgänge im Prozess, die technisch unterstützbar sind. Organisatorische Änderungen werden nur insoweit betrachtet, als sie durch die Technik notwendig werden. Da eine technische Unterstützung in der Regel auch neue organisatorische Möglichkeiten bietet, wird man diese neuen Möglichkeiten auch zur Optimierung der Abläufe nutzen.

Bei diesem Ansatz muss man aber stark darauf aufpassen, dass man nicht jeden Unsinn, der in der bestehenden Organisation existiert, automatisiert oder offensichtliche Verbesserungsmöglichkeiten ignoriert („Heizer auf der Elektrolok“). Ebenso besteht die Gefahr der „Technikverliebtheit“.

2.3.3 Qualitätsmanagement und Zertifizierung

Die Organisation will ein Qualitätsmanagementsystem einführen und/oder sich entsprechend den jeweiligen Richtlinien zertifizieren lassen. In diesem Fall steht die Dokumentation der Prozesse und nicht deren Veränderung im Vordergrund. Zwar wird man meist offensichtliche Verbesserungsmöglichkeiten im Prozess durchführen, primär wird es aber nur dann zu Veränderungen im Prozess kommen, wenn dies aufgrund der angestrebten Zertifizierung erforderlich ist.

2.3.4 Prozessorganisation als permanente Aufgabe

Im Bewusstsein, dass Prozesse ein wichtiges Element zur Gestaltung der Organisation sind, geht man dazu über, das Thema „Business Process Management" nicht nur projektbezogen, sondern als permanente Aufgabe zu betrachten. Das Ziel ist dabei, die Prozesse ständig zu beobachten, zu bewerten, zu verbessern, zu standardisieren und möglichst rasch auf neue Anforderungen auszurichten. Dazu werden in der Organisation entsprechende organisatorische und technische Voraussetzungen geschaffen.

2.4 Ziele einer Prozessoptimierung

Wichtig ist es, immer konkrete und möglichst messbare Ziele vor Augen zu haben. Es nützt nichts, sehr viele Ziele zu definieren, da man dann Gefahr läuft, sich in Zielkonflikten aufzureiben und keines der Ziele wirklich zu erreichen. So ist das Ziel einer Kostenreduzierung und einer Verkürzung der Durchlaufzeit durchaus konfliktär (Bild 2.14). Wenn der bestehende Prozess sehr schlecht strukturiert ist, mag dies bis zu einem gewissen Grad noch in Einklang zu bringen sein: Man kann überflüssige Aktivitäten streichen, der Einsatz von Technik reduziert Bearbeitungszeiten und damit auch Kosten und Ähnliches. Ab einem bestimmten Punkt verursacht aber eine Durchlaufzeitreduzierung Kosten: Es müssen zusätzliche Bearbeitungskapazitäten ge-

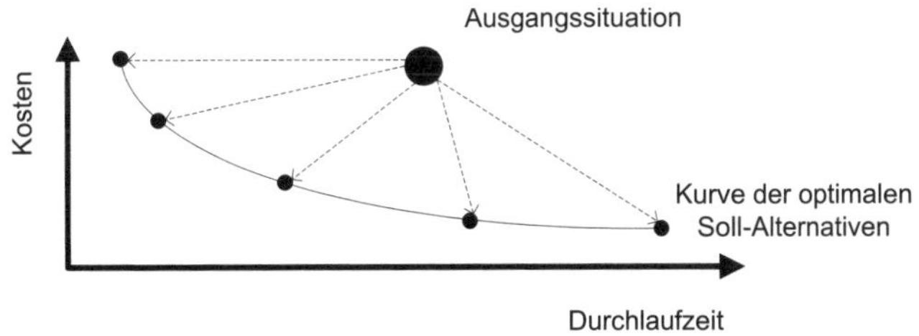

Bild 2.14: Kosten und Durchlaufzeit als konkurrierende Ziele

schaffen werden, damit in Spitzenzeiten die Warteschlangen nicht zu groß werden. Technische Systeme reduzieren zwar Transportzeiten, kosten aber auch viel Geld. Hier muss dann entschieden werden, wie viel Geld eine Reduzierung der Durchlaufzeit um eine bestimmte Zeit wert ist. Dies kann durchaus sinnvoll sein, wenn man dadurch z. B. mehr Kunden gewinnt oder bei einer rascheren Lieferung einen höheren Preis als die Konkurrenz fordern kann.

2.4.1 Reduzierung der Prozesskosten

Aktivitäten, die überflüssig sind und entfallen können, sind die besten und schnellsten Möglichkeiten, Kosten zu sparen. Daher ist es wichtig, bei der Analyse des Prozesses auch die fachlichen Hintergründe zu erkennen, um überflüssige Aktivitäten eliminieren zu können. Die Mitarbeiter in den einzelnen Bereichen haben oft nicht den Überblick über den Gesamtprozess und können daher nicht erkennen, ob bestimmte Arbeitsergebnisse, die früher wichtig waren, heute nicht mehr benötigt werden. Ähnlich verhält es sich mit Doppelarbeiten.

Andere Ansätze zur Kosteneinsparung sind die Automatisierung von Arbeiten und das Auslagern von Arbeiten an externe Dienstleister.

Die Ermittlung der Kosten erfordert bei der Analyse in der Regel zusätzlichen Aufwand, da auch heute noch die klassischen Kostenrechnungssysteme oft nicht die erforderlichen Daten für eine Prozesskostenrechnung liefern.

2.4.2 Reduzierung der Prozessdurchlaufzeit

Die Prozessdurchlaufzeit ist oft ein wichtiges Kriterium bei der Beurteilung der Leistungsfähigkeit der Organisation. Schnelle Lieferbereitschaft ist oft entscheidend im Wettbewerb, aber auch ebenso die rasche Erstellung von Angeboten oder eine sofortige Auskunftsfähigkeit etc. Die gegenwärtige Durchlaufzeit kann man in der Regel messen. Viel schwieriger ist aber nach organisatorischen und/oder technischen Maßnahmen die Vorhersage der zukünftigen.

Die Durchlaufzeit eines Prozesses setzt sich aus den Komponenten Bearbeitungszeit, Transportzeit und Wartezeit aller Arbeitsstationen entlang des „kritischen Weges“ im Prozess zusammen (Bild 2.15). Jede Arbeitsstation hat eine Bearbeitungszeit und eine Wartezeit, bis die Station frei wird und die nächste Aufgabe abgearbeitet werden kann. Diese Zeiten sind meistens schwankend, je nach Komplexität und Umfang der Aufgaben. Die Transportzeit tritt zwischen den Stationen auf. Während man noch die Bearbei-

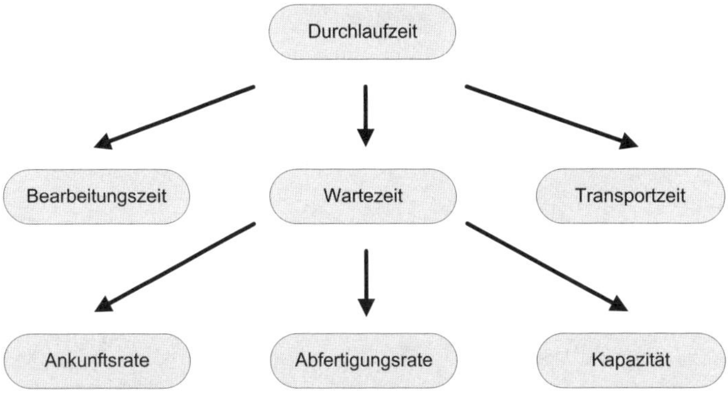

Bild 2.15: Zusammensetzung der Durchlaufzeit

tungszeit und Transportzeit[1] relativ gut vorhersagen kann, ist die Ermittlung der Wartezeit in der Regel eine komplexe Aufgabe. Gerade bei nicht deterministischen Prozessen mit variierenden Bearbeitungs- und Transportzeiten, ungleichmäßigem Arbeitsanfall und komplexen Prozessstrukturen kann man nur mit guten Simulationstools zu aussagefähigen Ergebnissen kommen. Die Erstellung eines entsprechenden Prozessmodells erfordert viel Erfahrung und Sorgfalt. Zur Sicherheit sollte man auch den Istprozess in dem Modell abbilden und prüfen, ob der heutige Prozess einigermaßen korrekt berechnet wird. Bild 2.16 zeigt Zeiten für die Durchlaufermittlung.

Es gibt verschiedene Ansätze, die Durchlaufzeit zu reduzieren:

- **Bearbeitungszeit**
  Die Bearbeitungszeit lässt sich durch IT-Unterstützungen reduzieren. Dies erfolgt einerseits durch automatische Bearbeitung, viel wichtiger ist aber oft die Verbesserung der Bereitstellung der benötigten Information, was den Aufwand für die Suche reduziert. Wenn die Unterstützung durchgängig ist, wird Zeit für die Überwindung von Medienbrüchen (z. B. mehrfaches Erfassen von Informationen) eingespart. Unnötige Arbeiten können eliminiert werden.
- **Transportzeit**
  Elektronische Kommunikation und IT-gestützte Bereitstellung der Informationen lässt Transportzeiten auf den Wert „0" schrumpfen. Im Prozess

[1] Der Begriff „kritischer Weg" stammt eigentlich aus der Projektplanung. Projektpläne werden auch als Netzwerkpläne ähnlich wie Prozesse dargestellt. Der „kritische Weg" ist der Pfad durch das Netzwerk, der am längsten dauert. Wenn sich hier etwas verzögert, dann verzögert sich das Gesamtprojekt. Daher ist dieser Weg kritisch! Ähnlich kann man dies auch in einem Prozess betrachten. Hier kann aber dann bei komplexeren Prozessen mit nicht deterministischen Zeiten der Effekt auftreten, dass es mehrere kritische Wege mit bestimmten Wahrscheinlichkeiten des Eintretens gibt.

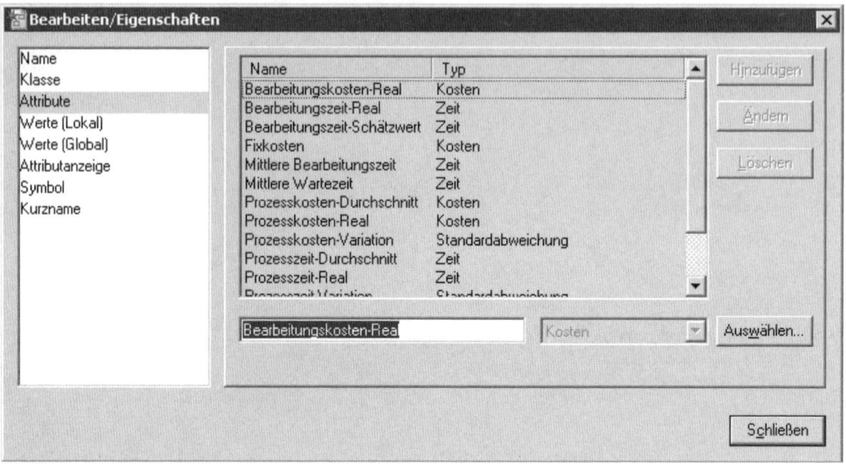

Bild 2.16: Zeiten für Durchlaufzeitermittlung bei INNOVATOR (Quelle: MID)

wird dies natürlich nur dann wirksam, wenn alle Informationsobjekte elektronisch zur Verfügung stehen, also z. B. auch die Dokumente. Hier gilt die Regel aus der Schifffahrt: „Ein Geleitzug ist immer so schnell wie sein langsamstes Schiff."

- **Wartezeit**
  Die Wartezeit ist selbst wieder eine Funktion aus mehreren Einflussgrößen. Die **Ankunftsrate** sagt aus, wie oft ein Arbeitsauftrag je Zeiteinheit eintritt. Diese Größe kann man oft nur sehr schwer beeinflussen, da dies meist externe Ereignisse (wie Kundenanfragen) sind. Die Abfertigungsrate sagt aus, wie schnell ein Arbeitsauftrag abgewickelt wird. Diese ergibt sich direkt aus der Bearbeitungszeit, welche man durch entsprechende Maßnahmen beeinflussen kann (siehe oben). Die **Kapazität** besagt, wie viele Stationen mir zur Verfügung stehen. Die Wartezeit sinkt, je mehr Stationen man hat.

Kompliziert wird das Ganze, da diese Einflussfakten in der Regel keine konstanten Werte sind, sondern sich selbst meist als statistische Verteilungen darstellen lassen. Je nach Art des Prozesses kann es z. B. saisonale (Weihnachtsgeschäft) oder tageszeitabhängige Schwankungen in der Ankunftsrate geben. Zusätzlich kommt dazu, dass die Arbeitsstationen selbst auch in mehreren Prozessen involviert sind. Entweder muss man dann alle Prozesse gleichzeitig betrachten, oder sich mit „Tricks" behelfen, wie die Kapazität zu reduzieren, um die Belastung durch andere Prozesse „rauszurechnen".

2.4.3 Verbesserung der Prozessqualität

Eine hohe Prozessqualität bedeutet, dass der Prozess die geforderte Leistung fehlerfrei erbringt. Nur durch eine Beherrschung des Prozesses lässt sich eine hohe Prozessqualität erreichen. Nur so können Fehler im Prozess vermieden werden. Um einen Prozess beherrschen zu können, muss sein Verhalten in jeder Situation vorhersehbar und steuerbar sein. Man benötigt automatisch greifende Funktionalitäten, um Ausnahmesituationen und Fehler abfangen zu können, ebenso ein System zur Ermittlung der Ursachen von Fehlern und ein Regelwerk, wie Verbesserungen im System rasch umgesetzt werden können, um Fehler künftig vermeiden zu können.

Dies alles setzt ein hohes Wissen über die Prozesse und eine sehr gute Planung der Prozesse voraus. Es sind dazu spezielle Metriken einzuführen, um die Qualität und deren Entwicklung messen zu können. In diesem Zusammenhang werden auch oft Reifegradmodelle herangezogen.

Das CMMI-Reifegradmodell (Capability Maturity Model Integration) geht beispielsweise von der in Tabelle 2.2 dargestellten Struktur aus.

Tabelle 2.2: Reifegrade der CMMI

Stufe 0 – Incomplete	Ausgangszustand. Keine Anforderungen.
Stufe 1 – Performed	Die spezifischen Ziele des Prozessgebiets werden erreicht.
Stufe 2 – Managed	Der Prozess wird verwaltet.
Stufe 3 – Defined	Der Prozess wird auf Basis eines angepassten Standardprozesses verwaltet und verbessert.
Stufe 4 – Quantitatively Managed	Der Prozess steht unter statistischer Prozesskontrolle.
Stufe 5 – Optimizing	Der Prozess wird mit den Daten aus der statistischen Prozesskontrolle verbessert.

Das Ziel ist, schrittweise eine immer höhere Stufe mit seinen Prozessen zu erreichen, um die Prozesse letztendlich vollständig beherrschen und steuern zu können.

2.4.4 Verbesserung der Prozesstransparenz

Wenn die Struktur des Prozesses für alle Beteiligten offensichtlich ist, hat man viele Vorteile: Vorgänge im Prozess können rasch lokalisiert werden und man kann z. B. den Kunden jederzeit den Stand ihrer Auftragsbearbeitung mitteilen. Engpässe werden schnell offensichtlich und man kann Ge-

genmaßnahmen einleiten. Man sieht sofort, welcher Mitarbeiter welchen Vorgang in Bearbeitung hat, und kann im Bedarfsfall auf ihn zugehen, um z. B. nachträgliche Änderungen in einem Auftrag doch noch berücksichtigen zu können.

Wichtig sind auch hier ein klares Regelwerk für die Prozessabläufe und ein permanentes Monitoring der Prozesse in Echtzeit. Letzteres versucht man heute meist mithilfe von leistungsfähigen Workflow-Systemen zu erreichen, die jederzeit über den Status der Bearbeitung einzelner Vorgänge Auskunft geben können. Moderne Systeme verfügen in der Regel über geeignete Auswertungen, um Statistiken über die Auslastung der Bearbeitungsstationen im Prozess, über die Durchlaufzeit der Prozesse, die Zeitverteilungen im Prozess und weitere Kenngrößen liefern zu können. Diese Daten beinhalten oft wertvolle Hinweise, wie man zielgerichtet die Performance des Prozesses verbessern kann.

2.4.5 Erhöhung der Prozessflexibilität

Durch die zunehmende Dynamik der Geschäftsabläufe und Geschäftsmodelle müssen die Prozesse im Unternehmen möglichst rasch und ohne hohe Kosten angepasst werden können. Wenn die Prozesse nur wenig automatisiert sind, kann man mithilfe eines entsprechend qualifizierten Personals dies oft gut erreichen. Hier haben gerade mittelständisch strukturierte Betriebe, in denen alle Mitarbeiter zumindest einen Gesamtüberblick über die Abläufe haben, einen hohen Wettbewerbsvorteil.

Wenn Unternehmen größer werden, dann verlieren die Mitarbeiter vor Ort diesen Überblick. Große Unternehmen haben aus Rationalisierungsgründen auch schon früh damit begonnen, Abläufe in der Informationsverarbeitung zu automatisieren. Diese Systeme sind aber in der Regel sehr inflexibel. Zum einen sind die Abläufe „hart“ codiert, zum anderen wurden über die Jahre viele Änderungen und Erweiterungen vorgenommen, wodurch sie immer komplexer und schwerer wartbar wurden. Oft findet man in den Unternehmen auch keine Mitarbeiter mehr, die in dem System einen Gesamtüberblick haben.

Heute versucht man mit modernen Workflow-Systemen und serviceorientierten Architekturen (SOA) flexiblere Systeme zur Steuerung der Abläufe aufzubauen.

2.5 Prozessorganisation

Die Gestaltung und Weiterentwicklung der Prozesse ist heute nicht nur ein punktuelles projektbezogenes Vorhaben, sondern eine permanente Aufgabe. Diese Aufgabe muss auch aufbauorganisatorisch verankert werden. Folgende Themen sind dabei vor allem abzudecken:

- Definition und Entwicklung von neuen Prozessen und Weiterentwicklung von bestehenden Prozessen.
- Entwicklung von Kennzahlen für die Leistungsfähigkeit der Prozesse.
- Beobachtung der laufenden Prozesse hinsichtlich ihrer Zielerreichung.

Diese Aufgaben können natürlich nur in enger Abstimmung mit den jeweiligen fachlich Verantwortlichen abgedeckt werden. Günstig ist in diesem Zusammenhang die Zuordnung von Verantwortlichkeiten für Prozesse durch Festlegung von „Process-Ownern".

Die Auswahl von Methoden und Tools sollte ebenfalls auf diese Anforderung abgestellt werden. Die Prozessstrukturen müssen dauerhaft dokumentiert und einer großen Anzahl von Interessenten zur Verfügung gestellt werden. Es wird unterschiedliche Versionen geben, ein Life-Cycle-Management ist erforderlich und gegebenenfalls eine ausgereifte Zugriffsrechteverwaltung für die Pflege der verschiedenen Prozesse. Dies alles gilt nicht nur für die Organisation und Modellierung, sondern gleichfalls für die IT!

2.6 Vorgehen bei der Modellierung

Im Rahmen der Modellierung der Prozesse ist es immer ein großer Aufwand, die fachliche Struktur und Abläufe der Prozesse zu erfassen. Es wird eine Vielzahl von Informationen auf unterschiedlichsten Ebenen der Detaillierung benötigt. Daher sollte man schon bei der Festlegung der erforderlichen Informationen sich möglichst auf das Wesentliche und Notwendige beschränken. Die zuvor dargestellten Überlegungen zu Anlass und Zielsetzung der Prozessoptimierung sind hier wichtig, um die notwendigen Informationen für die Prozessgestaltung zu definieren.

Es müssen verschiedene Entscheidungen getroffen werden:

- Welche Informationen werden benötigt?
- Welche Detaillierung der Informationen wird benötigt?
- Wie sollen die erforderlichen Informationen gewonnen werden?
- Welche Modellierungsmethodik soll verwendet werden?

Aus der Beantwortung dieser Fragen ergeben sich die Festlegungen bezüglich der Modellierung, Methoden und Tools.

2.6.1 Elemente der Modellierung

Bevor man eine Methodik oder gar ein Tool wählt, muss man sich zunächst klar werden, wie man die Prozesse modellieren will und welche Informationen man benötigt. Als logischen Rahmen kann man ein abstraktes Metamodell wie das ARIS-Prozesshaus wählen (Bild 2.17; vgl. SCHEER1991). Dies bedingt **nicht**, dass man später zwangsweise das ARIS-Toolset verwenden muss! Ein derartiges Metamodell ist sehr gut als Orientierungsrahmen geeignet, um systematisch abzuprüfen, welche Informationen benötigt werden und in welchen Beziehungsstrukturen sie zueinander stehen.

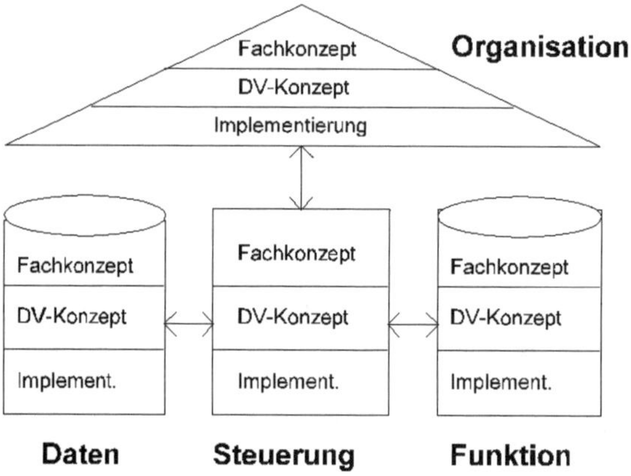

Bild 2.17: ARIS-Prozesshaus (Quelle: IDS-Scheer)

Unter der Organisationssicht wird hier primär die **Aufbauorganisation** verstanden. Diese kann man von sehr grob (wie Unternehmensbereiche) über verschiedene Ebenen (wie Geschäftsbereiche, Abteilungen) bis sehr detailliert (wie Stellen) gliedern. Diese Information wird benötigt, um zu spezifizieren, wer bestimmte Arbeitsschritte ausführen soll. Eine direkte Zuordnung von Aktivitäten zu Stellen oder gar einzelnen Personen ist normalerweise zu unflexibel und bei jeder personellen Änderung muss man die Zuordnung neu festlegen.

In der Regel definiert man dann **Rollen**. Diese Rollen umfassen Aufgaben, Kompetenzen und Verantwortlichkeiten des Rolleninhabers. Typische Rollen sind z. B. „Projektleiter", „Entwicklungsingenieur", „Einkäufer", „Callcenteragent". Einer Stelle können dabei mehrere Rollen zugeordnet sein. Wenn man Rollen definiert, denkt man dabei oft auch schon an die Rollen (und damit Berechtigungen) im IT-System (Bild 2.18)!

Um dann konkret steuern zu können, welche Stelle (bzw. Rolleninhaber) genau welche Aktivität wahrnimmt, benötigt man noch eine **Geschäftsverteilung**. Dies können feste Regeln sein, wie z. B. nach Anfangsbuchstaben von

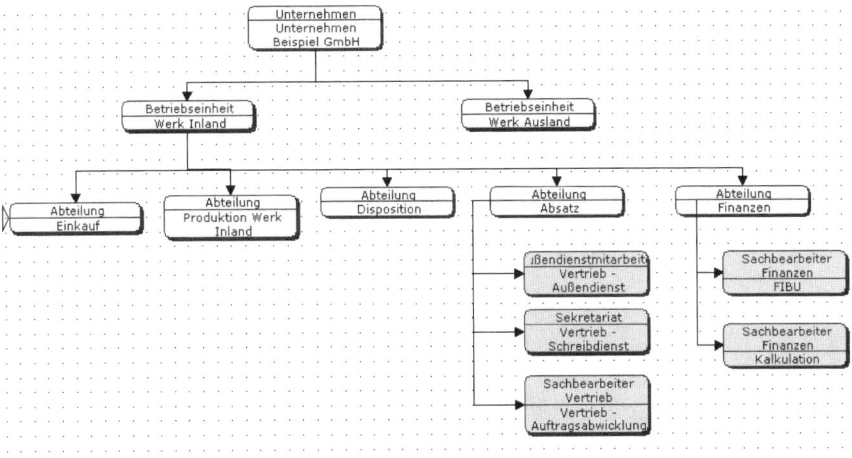

Bild 2.18: Organigramm in BONAPART[2] (Quelle: Emprise)

Antragsstellern (oft in Behörden!), oder Sachgebiete (z. B. im Einkauf Elektroartikel, Büromaterial etc.), aber auch eine Steuerung über die augenblickliche Auslastung der jeweiligen Stelle oder mittels Zufallsprinzip ist möglich.

2.6.1.1 Funktionssicht

In der Organisationslehre gab es schon immer den Ansatz einer Aufgabengliederung. Die Aufgaben wurden im Unternehmen top-down immer weiter verfeinert und auf den einzelnen Ebenen den jeweiligen Organisationseinheiten zugeordnet. Statt von Aufgaben und Teilaufgaben spricht man hier auch oft von Funktionen. Wichtig ist, bei der Detaillierung darauf zu achten, dass die Funktionen geeignet sind, als Arbeitsschritte in einem Prozess zu fungieren. Dazu müssen sie geeignet „geschnitten“ werden:

- Eine Funktion muss einen in sich geschlossenen Arbeitsgang umfassen.
- Eine Funktion sollte immer von einer Stelle/Rolle ausgeführt werden.
- Alle Funktionen sollten einen vergleichbaren Umfang haben.

Jede Funktion muss dann beschrieben werden. Zumindest eine Bezeichnung, eine Kurzbeschreibung und das Ergebnis sollten aufgenommen werden. Insbesondere hier hängt die Menge der Informationen, die erfasst werden, sehr stark von dem Anlass und dem Ziel des Projekts ab (Bild 2.19).

[2] Wenn hier Screenshots von Produkten gezeigt werden, sagt dies nichts über die Funktionen und die Eignung der Produkte aus, sondern dient hier rein der Veranschaulichung.

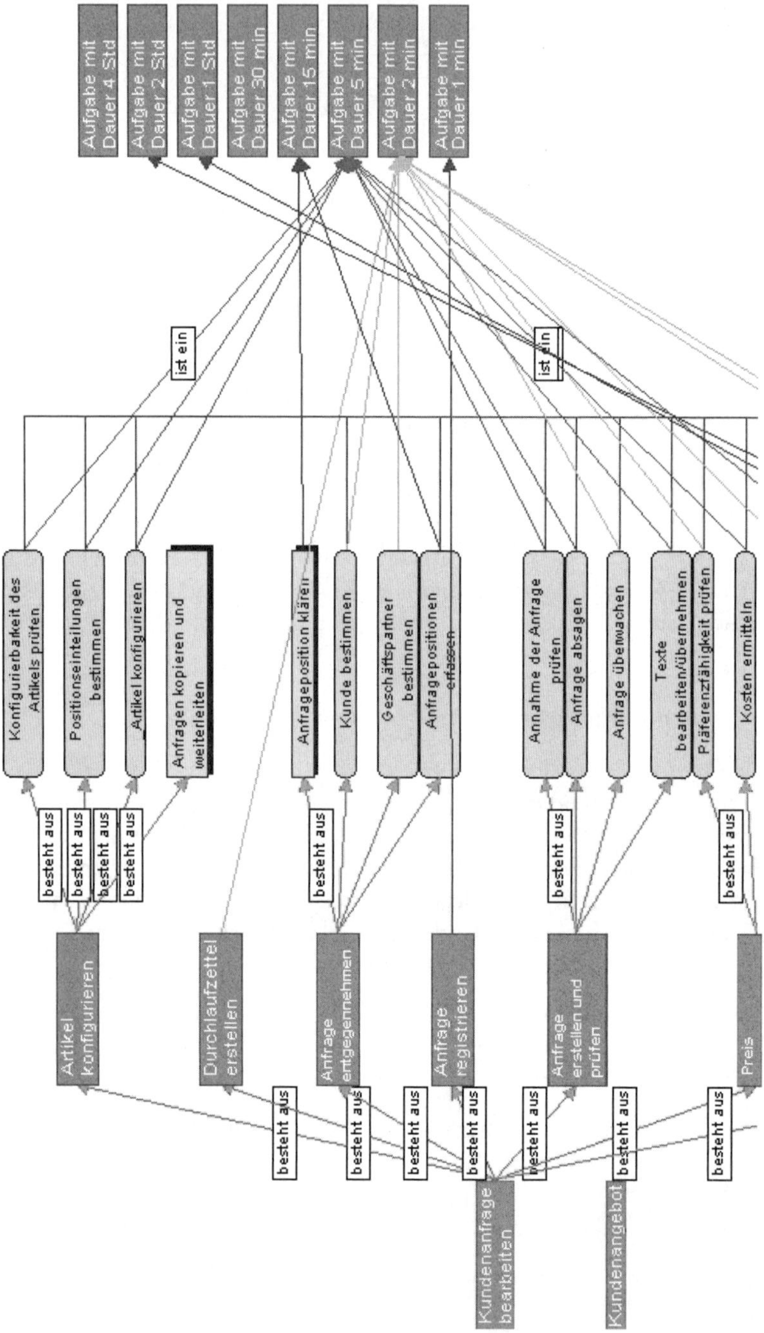

Bild 2.19: Aufgabenstrukturierung mittels eines Funktionsbaums in BONAPART (Quelle: Emprise)

2.6.1.2 Informationssicht

Oft wird bei einer Prozessbetrachtung die Informationssicht unterschätzt. Dabei geht es doch immer um die Gewinnung und Verarbeitung der Informationen. Im Prinzip müssen alle Informationen im untersuchten Bereich beschrieben und strukturiert werden. Auf den oberen Ebenen der Modellierung findet man komplexe Strukturen (wie „Kundendaten"), die dann sukzessive detailliert werden (wie „Adresse des Kunden") bis auf einzelne Felder (wie „Firmenname des Kunden"). Man wird hier meist eine objektorientierte Strukturierung und Beschreibung wählen (wie UML), da z. B. eine reine ER-Modellierung (ER = Entity Relationship) keine hierarchisch strukturierten Elemente abbilden kann. Dazu muss man auch noch „Container" betrachten, wie Dokumente. Diese fassen die Informationen situationsbedingt nach anderen Gesichtspunkten zusammen als im reinen Informationsmodell (Bild 2.20).

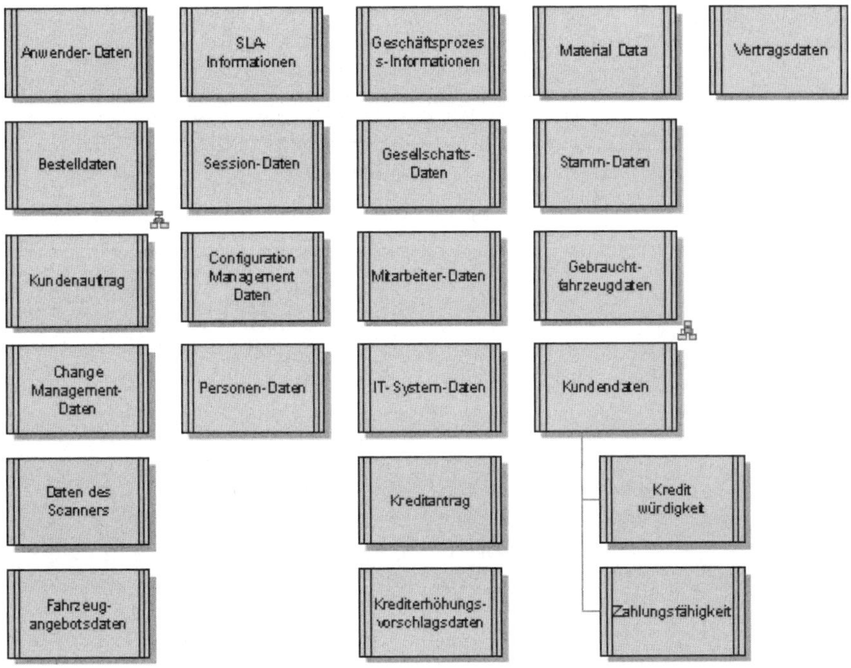

Bild 2.20: Modellierung von Informationsobjekten in ARIS (Quelle: IDS-Scheer)

2.6.1.3 Steuerungssicht

Die Steuerungssicht fasst die Organisationssicht, Funktionssicht und Informationssicht in einer Prozessstruktur zusammen. Dabei werden primär die Funktionen in einer Vorgänger-Nachfolger-Struktur als Prozessablauf verknüpft. Hierbei kann es in dem Ablauf zu Verzweigungen und Zusammenführungen in Form von UND-, ODER- bzw. Exklusiv-ODER-Verbindungen kommen. Eine derartige Prozessdarstellung kann dann noch erweitert werden. In den weitverbreiteten EPKs werden immer Ereignisse zwischen den Funktionen dargestellt (Bild 2.21). Aber es können letztendlich Verknüpfungen zu allen anderen Sichten aufgebaut werden:

- **Informationssicht**
  In jede Funktion gehen Informationen ein und aus. Wichtig ist hier eine Konsistenz im Gesamtmodell: Jede Information, die benötigt wird, muss irgendwoher kommen bzw. erzeugt werden und jede Information, die erzeugt wird, sollte irgendwo genutzt werden!

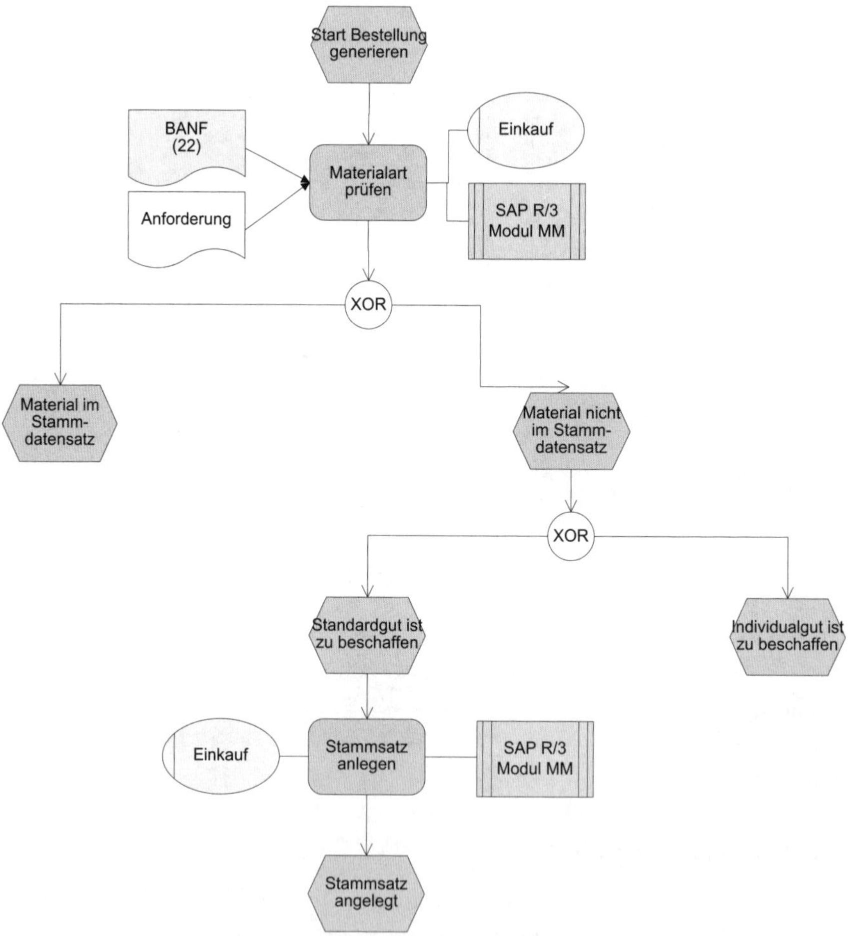

Bild 2.21: Beispiel einer erweiterten Ereignisgesteuerten Prozesskette

- **Organisationssicht**
  Jeder Funktion werden eine oder mehrere Rollen zugeordnet. Dabei kann man auch noch diese Beziehung beschreiben: z. B. „führt aus", „wird informiert", „muss zustimmen", „wirkt mit" etc. Es muss dabei natürlich klar sein, dass es immer eine Beziehung „führt aus" geben muss!

Die Verknüpfung dieser verschiedenen Sichten wird z. B. in ARIS entweder als eEPK (erweiterte Ereignisgesteuerte Prozesskette) oder als FZD (Funktionszuordnungsdiagramm) dargestellt (vgl. Bild 2.33).

In derartige Diagramme können auch noch weitere Objekte aufgenommen werden. Hier kann es sich um Meilensteine handeln, um Messpunkte für Kennzahlen oder um involvierte Dokumente, die bei der Ausführung der Funktion zu beachten sind (wie Handbücher, Richtlinien oder Ähnliches).

Ebenso kann man technische Systeme anzeigen. Insbesondere beteiligte **IT-Systeme** werden oft dargestellt. Diese kann man selbst wiederum (ähnlich den anderen Sichten) beschreiben und vom Gesamtsystem bis auf einzelne Funktionen, Bildschirme oder Services detaillieren.

Auch die Prozessdarstellung kann weiter ausgebaut werden: Oft werden eigene Symbole für Start- und Endereignisse verwendet und Schnittstellen zu externen Systemen und/oder Organisationen dargestellt. Die Prozesse selbst kann man auch strukturieren und z. B. Symbole für wiederverwendbare Subprozesse definieren, die in der Gesamtstruktur als Baustein mehrfach verwendet werden können.

Auch hier gilt: Die betrachteten Objekte ergeben sich aus dem Anlass und der Zielsetzung der Analyse der Geschäftsprozesse!

2.6.1.4 Hierarchisierung

Wie bei den verschiedenen Sichten schon angedeutet, werden die Gesamtmodelle oft hierarchisiert (Bild 2.22). Dies bedeutet, dass z. B. auf der Ebene der Gesamtorganisation nur grobe Prozessabläufe auf einem Toplevel dargestellt werden. Diese kann man dann sukzessive über verschiedene Ebenen verfeinern, bis man organisatorisch bei einzelnen Stellen angelangt ist. Diese **Verfeinerung** muss im „Gleichtakt" bei allen Sichten so erfolgen. Das bedeutet z. B., dass wenn auf einer oberen Ebene in eine Funktion „A" die Information „B" eingeht und auf der unteren Ebene aus der Funktion „A" mehrere Funktionen „A1", „A2" und „A3" entstehen, möglicherweise auch die Information „B" entsprechend aufgeteilt werden muss. Diese Zusammenhänge über alle Ebenen zu pflegen und konsistent zu halten ist mit nicht unerheblichem Aufwand verbunden, bedarf klarer Regelungen und Konventionen und ist meist ohne entsprechende Werkzeugunterstützung nicht zu leisten.

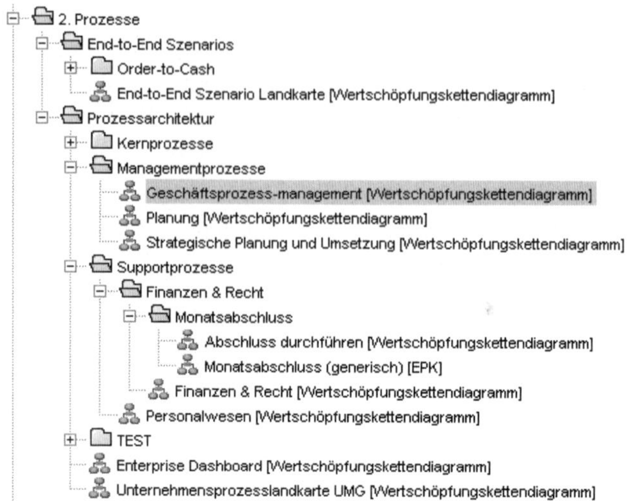

Bild 2.22: Hierarchie im Explorerbaum von ARIS (Quelle: IDS-Scheer)

Oft ist man dabei auch noch mit einer weiteren Herausforderung konfrontiert. Auf dem oberen Level definiert man organisationsweit einen Prozess des Typs „Einkaufsprozess“. Wenn man nun beginnt, diesen Prozess je Bereich zu detaillieren, stellt man fest, dass man verschiedene **Prozessvarianten** besitzt. Dies kann man einerseits als Chance begreifen, diese Prozesse zu standardisieren und dadurch z. B. Rationalisierungseffekte zu erreichen. Andererseits kann sich herausstellen, dass es doch sinnvolle fachliche Gründe gibt, unterschiedliche Prozesse zu besitzen. Dann muss man auf den unteren Ebenen Varianten des gleichen Prozesses umsetzen!

2.6.2 Informationsgewinnung

Die Gewinnung von Informationen über die Prozesse ist meistens sehr zeitaufwendig und komplex. Man versucht daher immer, bestehende Informationen zu nutzen. Wo dies nicht ausreicht, gibt es unterschiedliche Ansätze, Informationen zu gewinnen.

2.6.2.1 Bestehende Unterlagen nutzen

Die Analyse bestehender Unterlagen wie Organisationshandbücher, SW-Dokumentation, Richtlinien etc. liefert oft einen guten Einstieg. Problematisch ist aber oft, dass die Unterlagen veraltet sind und nicht mehr den aktuellen Stand liefern. Ein weiteres Problem ist in der Regel, dass die Dokumente für einen anderen Zweck oder eine andere Aufgabe (wie QM, Zertifizierung, Benutzerhandbuch etc.) erstellt werden. Daher sind einerseits Informationen enthalten, die nicht benötigt werden – andere fehlen aber wieder. Auch die Systematik der Darstellung, Methodik und Herangehensweise kann ganz anders sein als benötigt. Daher kann die Nutzung vorhandener Aufzeichnungen meist nur eine ergänzende Maßnahme sein.

2.6.2.2 Istanalyse

In den meisten Fällen wird eine Istanalyse der bestehenden Prozesse durchgeführt. Diese erfolgt oft bottom-up und ist sehr stark an den bestehenden Abläufen orientiert. Der Aufwand dafür ist meist sehr hoch, da man selten Mitarbeiter findet, die den gesamten Prozess überblicken – man arbeitet sich entlang der Prozesskette durch die Organisation. Am Anfang helfen oft Workshops, um den Prozess grob zu strukturieren. Da man nicht mehrmals alle Beteiligten befragen will, muss vor dem Start der Erhebung klar sein, welche Informationen man genau benötigt. Man muss auch damit rechnen, dass der vermeintlich gleiche Prozess an unterschiedlichen Stellen in der Organisation unterschiedlich „gelebt" wird. Welches die richtige Variante ist, lässt sich oft nicht ohne Weiteres klären. Vielleicht sind auch beide Varianten in der jeweiligen Situation angebracht. Daher ist es oft auch schwierig, einen konsistenten Gesamtüberblick zu gewinnen.

Es kann daher naheliegen, den umgekehrten Weg – top-down – zu gehen. Das funktioniert natürlich nur, wenn man Ansprechpartner mit einem guten Überblick und dem nötigen Detailwissen zu den Prozessen hat. Das Letztere ist meist schwierig. Im Detail ist die Prozessbeschreibung dann oft mehr eine Solldarstellung. Dies kann durchaus sinnvoll sein, um zu abstrahieren und den Prozess auf das zu reduzieren, was fachlich notwendig ist. Mitarbeiter, die nur einen Prozessausschnitt kennen und keinen Gesamtüberblick haben, können nicht immer beurteilen, ob bestimmte Tätigkeiten oder Arbeitsergebnisse noch notwendig sind oder historisch bedingt sind. Umgekehrt besteht aber die Gefahr, Details zu übersehen, die man erst erkennt, wenn man sich intensiver mit bestimmten Prozessabschnitten befasst.

Man sieht, dass beide Vorgehensweisen ihre Berechtigung haben. Idealerweise nutzt man beide Wege und gleicht die Ergebnisse ab. Der Aufwand ist entsprechend hoch, sodass man dies im realen Projekt eher selten in vollem Umfang durchführt.

2.6.3 Nutzung von Referenzmodellen

Referenzmodelle können die Modellierung der Prozesse signifikant unterstützen. Sie liefern einen inhaltlichen Rahmen und Strukturierung, sind in sich konsistent (bzw. sollten es sein!) und man kann sofort mit der Detaillierung und Anpassung starten.

Anfangs muss man aber das Modell auf seine Eignung untersuchen: Behandelt es die relevanten Bereiche der eigenen Prozesse? Sind die Grundannahmen bezüglich der Prozessstruktur übertragbar? Was ist die Zielsetzung des Referenzmodells? Stellvertretend für unterschiedliche Referenzmodelle sollen hier kurz zwei vorgestellt werden.

2.6.3.1 SCOR

SCOR steht für Supply Chain Operation Reference und beschreibt die wichtigsten Kernprozesse Planung (Plan), Beschaffung (Source), Produktion (Make), Lieferung (Deliver) und Rückgabe (Return) von Unternehmen (Bild 2.23). Für alle diese Prozesse bestehen Modelle in verschiedenen Varianten, um unterschiedliche Branchen und Unternehmenstypen abbilden zu können. Entwickelt wurde dieses Referenzmodell vom Supply-Chain Council (SCC). In dieser Organisation arbeiten inzwischen weltweit über 1000

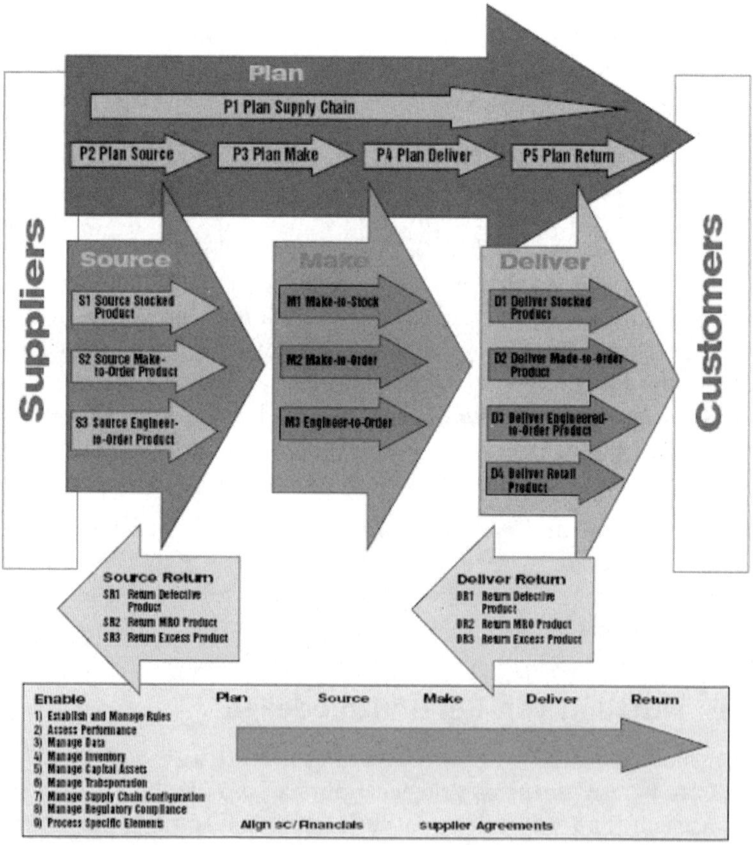

Bild 2.23: Übersicht zum SCOR-Modell (Quelle: Supply-Chain Council [SCC])

Unternehmen zusammen, um unternehmensinterne und unternehmensübergreifende Geschäftsprozesse zu standardisieren. Dieses Modell hat inzwischen eine hohe Akzeptanz erreicht. Vorteil ist auch, dass man unternehmensübergreifend eine gemeinsame „Sprache“ verwendet, da heute viele Prozesse auch unternehmensübergreifend gestaltet werden. Bei der Modellierung selbst kann man auf die bestehenden Modelle zurückgreifen, die passende Variante auswählen und unternehmensspezifisch verfeinern. Das Reference Process House von Siemens beruht z.B. auf dem SCOR-Modell (vgl. SCHMELZER 2008). Diese Vorteile kann man natürlich nur realisieren, wenn das Referenzmodell zu den eigenen Prozessen passt. In Bild 2.23 ist der Toplevel dieses Modells dargestellt. Zu jedem gezeigten Prozess gibt es weitere Detaillierungen.

2.6.3.2 SAP-Referenzmodell

Dieses Referenzmodell orientiert sich an der SAP-Software. Das SAP R/3-Referenzmodell beschreibt auf betriebswirtschaftlicher und Systemebene den Leistungsumfang und die Geschäftsprozesse der SAP-Standardanwendungen. Das Referenzmodell umfasst die in den Anwendungen möglichen Prozessvarianten sowie die Zusammenhänge zwischen Anwendungen, Informationen und Organisation. Es richtet sich daher primär an Firmen, die diese Software einführen wollen. Das Modell kann man mit einem mitgelieferten Navigator betrachten. Ein derartiges SW-getriebenes Referenzmodell ist natürlich vollständig auf die betroffene Software ausgerichtet und vernachlässigt nicht unterstützte manuelle Aktivitäten. Entsprechend hört man dann oft Klagen, dass bestimmte Anforderungen untergehen. Eigentlich muss man daher zuvor eine entsprechende Analyse- und Konzeptarbeit leisten, um zu erkennen, ob sich die Software eignet, und erst dann zur Implementierung kann man auf das dazugehörige Referenzmodell zurückgreifen.

2.6.3.3 Resümee

Um ein Referenzmodell nutzen zu können, muss man daher einige wichtige Punkte beachten:

- Welche Referenzmodelle gibt es in Bezug auf die betrachteten Prozesse?
- Voranalyse zur Auswahl eines geeigneten Modells.
- Betrachtung des ausgewählten Modells: Welche Teile des Modells werden verwendet, welche Teile fehlen, welche Teile sind anzupassen?
- Anpassung des Modells auf die eigenen Belange.
- Verfeinerung der Analyse und Konzeption unter Nutzung des angepassten Referenzmodells.

Wichtig ist, dass die Übertragbarkeit auf das eigene Unternehmen sichergestellt werden kann.

2.6.4 Analyse der bestehenden IT-Prozesse

Manche Hersteller bieten Tools, um bestehende Logs von IT-Anwendungen auszuwerten. In bestehenden IT-Anwendungen manifestieren sich Informationen über Geschäftsvorfälle, wie z. B. welche Masken in welcher Reihenfolge und wie oft genutzt werden, welche Benutzer welche Funktionen verwenden etc. Daraus versucht man Rückschlüsse zu ziehen, welche fachlichen Prozesse im System ablaufen und wie diese Prozesse funktionieren, sowie Modellierungsansätze zu gewinnen, um diese Prozesse besser abbilden zu können.

Dieses Vorgehen verspricht zunächst eine starke Reduzierung des Analyseaufwandes, hat aber auch ein paar systematische Nachteile: Es ist vollkommen am gegenwärtigen Zustand orientiert und macht keine Aussagen über mögliche Verbesserungen. Wenn die gegenwärtige Unterstützung der Prozesse unzureichend ist, dokumentiert man „Workarounds" der Benutzer und schreibt diese fort! Man sieht nämlich nur die unmittelbaren Aktivitäten, die dahinterliegenden fachlichen Regeln sind nicht erkennbar. Eine bessere Umsetzung dieser Regeln kann man so nicht entwickeln. Außerdem gilt, dass sich nicht alle Aktivitäten der Bearbeiter im bestehenden System niederschlagen und man daher nur einen Teil des vollständigen fachlichen Prozesses sieht.

Ein derartiges Vorgehen kann daher nur eine Ergänzung der anderen Analysen darstellen. Man wird nie umhinkommen, die Ergebnisse auszuwerten und zu hinterfragen. Die Ermittlung und Darstellung des fachlichen Regelwerks für die Prozesse ist auch hier eine intellektuelle Leistung der Mitarbeiter im Projekt. Trotzdem kann man mit so einem Tool interessante Informationen über die gegenwärtigen Abläufe gewinnen. Schwachstellen werden erkennbar und es bieten sich statistische Auswertungen an. Wichtig können z. B. die Fallzahlen für bestimmte Vorgangstypen sein. Zu klären ist dabei im Vorfeld aber immer, wie hoch der Aufwand für derartige Auswertungen wirklich ist und welche Daten geliefert werden können.

2.7 Auswahl einer Modellierungsmethodik

2.7.1 Kriterien zur Auswahl

Die Auswahl einer geeigneten Methode zur Modellierung kann selbst ein kleines Projekt werden. Man sollte aber hier einen gewissen Pragmatismus wahren und sich zuerst überlegen, wozu die Modellierung dienen soll. Man wird nie die perfekte Methodik finden!

Ein guter Ansatz ist z. B., sich an den Kriterien der „Guidelines of Business Process Modelling" zu orientieren (Bild 2.24; vgl. BECKER2000).

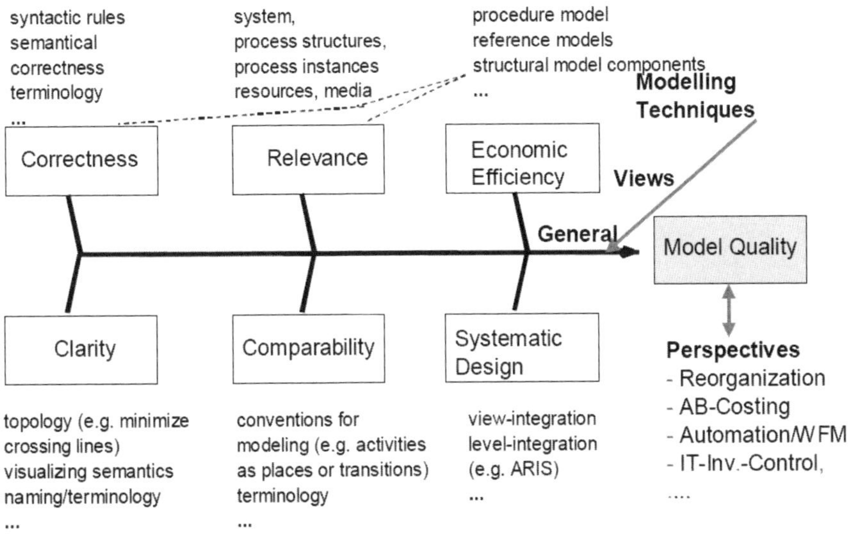

Bild 2.24: Kriterien der „Guidelines of Business Process Modelling" (aus BECKER2000)

Hier werden Basic und Optional Guidelines unterschieden. Zu den Basic Guidelines werden die syntaktische und semantische Korrektheit, die Relevanz und die Wirtschaftlichkeit gerechnet. Als optionale Richtlinien werden genannt die Klarheit, die Vergleichbarkeit und die Systematik der Modellierung.

Eine **syntaktische Korrektheit** bedeutet, dass das Modell in Bezug auf das Metamodell korrekt ist. Dies setzt die Existenz eines Metamodells voraus. Ein Metamodell beschreibt die Modellierungskonventionen und bestimmt damit letztendlich, welche Aspekte und wie diese Aspekte der realen Welt im Modell abgebildet werden. Die **semantische Korrektheit** besagt, dass das Modell die Struktur und das Verhalten der realen Welt korrekt wiedergibt. Dies beinhaltet natürlich auch, dass die verschiedenen Teile des Gesamtmodells in sich konsistent sind. Es ist nicht besonders hilfreich, eine vollständige Abbildung der Wirklichkeit zu fordern, aber die relevanten Elemente der Welt in das Modell aufzunehmen! Ein Modell ist per Definition ein vereinfachtes AbBild der Wirklichkeit. Entscheidend ist daher, eine Modellierung zu wählen, die in der Lage ist, die für das Projekt relevanten Aspekte korrekt abzubilden. Je nach der Zielsetzung des Projekts und Projektphase kann das natürlich variieren.

Ökonomische Effizienz ist eine wichtige Nebenbedingung, die letztendlich besagt, dass der Aufwand für die Modellierung in einer sinnvollen Relation zum erwarteten Nutzen stehen soll. Dies beinhaltet auch letztendlich die weitere Pflege der Modelle.

Die **Klarheit der Modellierung** besagt im Prinzip nichts anderes, als dass die Nutzer des Modells das Modell verstehen können müssen. Dies ist natürlich sehr subjektiv und hängt entscheidend von der Zielgruppe der Modellierung ab.

Gerade in großen Projekten ist es wichtig, klare Regeln für die Modellierung zu haben, um alle Modelle, die im Rahmen des Projekts durch unterschiedliche Modellierer entstehen, vergleichbar zu halten. Hierzu muss man oft weitere Konventionen definieren z. B. für die Benennung von Objekten, für die Detailliertheit der Modelle, für das Layout usw.

Ein umfangreiches Gesamtmodell beinhaltet in der Regel unterschiedliche Sichten auf die reale Welt (vgl. ARIS-Prozesshaus, Bild 2.17). Dies können neben dem Prozessmodell weitere Modelle für die Informationen (z. B. ER-Modelle) oder Aufbauorganisation sein. Die Beziehungen zwischen diesen verschiedenen Modelltypen müssen klar definiert sein, nur so lässt sich ein systematisches Design des Gesamtmodells sicherstellen.

2.7.2 Modellierung in verschiedenen Projektphasen

Ein grundsätzliches Dilemma in diesen Projekten ist, dass die Modelle, die in den frühen Phasen des Projekts erstellt werden und die in den späteren Phasen entstehen, oft stark voneinander abweichen. Ursache ist hier, dass die Anforderungen sich stark unterscheiden. In den frühen Phasen dominiert der organisatorische Aspekt, in den späteren der technische. Dies wirkt sich insbesondere auf folgende Punkte aus:

- **Relevanz**
  Welche Informationen sind relevant und müssen im Modell dargestellt werden? Eine rein fachliche Information, dass z. B. Daten in die Buchhaltung gegeben werden, reicht fachlich oft aus, ist für die Realisierung aber vollkommen ungenügend.
- **Klarheit**
  Zielgruppe des Modells und wie muss die Information dargestellt werden, damit sie von der Zielgruppe verstanden wird? Die Softwareentwicklung verwendet häufig andere Modellierungsansätze als die Organisation. UML-Diagramme stellen sehr gut die Anforderungen an die Technik dar, sind aber für Nicht-IT-Fachleute nur sehr schwer zu verstehen.
- **Korrektheit**
  Wie muss das Metamodell gestaltet werden? Eine Umsetzbarkeit in ein IT-Programm erfordert formal wesentlich stringentere Regeln als eine Darstellung der fachlichen Organisation.

Wichtig ist daher, dass man von Anfang an diese Aspekte bedenkt und die verschiedenen Zielgruppen in die Auswahl einbezieht. Da es keine „universelle“ Modellierung gibt, die alle Anforderungen gleichermaßen gut berücksichtigt, muss man die Übergänge und notwendigen Transformationen von Beginn an berücksichtigen und einplanen.

2.7.3 Modellierungsansätze

Bei der Auswahl einer Modellierungsmethode hat man im Prinzip drei grundsätzliche Möglichkeiten:

- einfache Metaphern (wie Umlaufmappe),
- formale Modelle (wie Petrinetze, EPK oder Funsoft-Netze),
- programmnahe Modelle (wie UML-Activity Diagrams oder BPMN).

2.7.3.1 Einfache Metaphern

In diesen Modellen werden im Prinzip nur Aktivitäten und ihre logische Reihenfolge dargestellt (Bild 2.25). Eine derartige Darstellung ist sehr eingängig, aber hat sehr schnell ihre Grenze bezüglich Komplexität und Reichhaltigkeit der Darstellungsmöglichkeiten erreicht. Man nutzt dabei oft die Metapher einer Umlaufmappe oder eines Formulars. Sehr häufig findet man

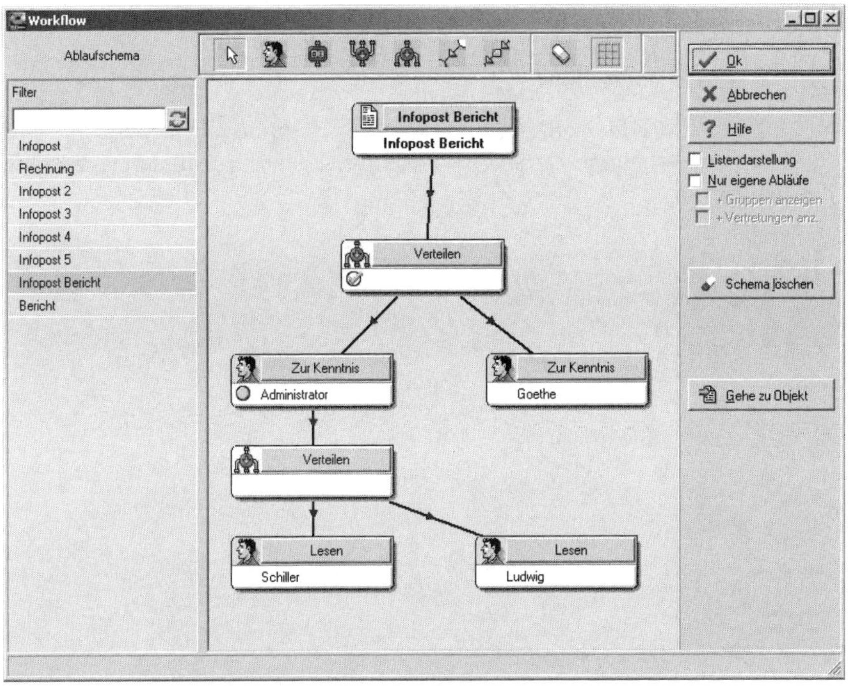

Bild 2.25: Einfache Workflow-Darstellung (Quelle: ELO)

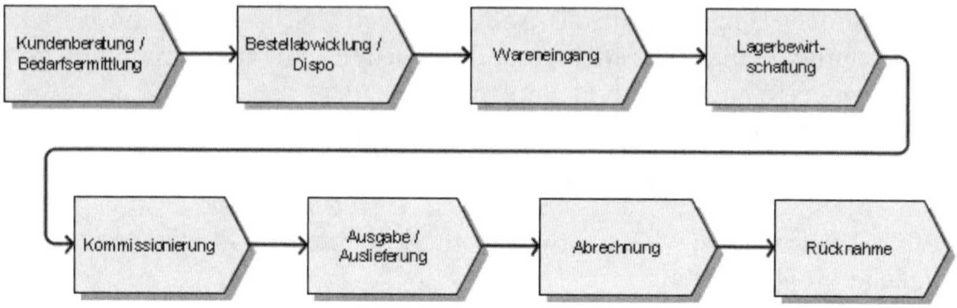

Bild 2.26: Wertschöpfungskettendiagramm von ARIS (Quelle: IDS-Scheer)

diese Darstellung z.B. in Verbindung mit Dokumentenmanagementsystemen.

Diese Darstellungen eignen sich für erste grobe Analysen, einer Kommunikation auf einer sehr pauschalen Ebene und überblicksartigen Darstellungen. Für eine tief gehende Analyse ist dies im Allgemeinen nicht geeignet. Man kann derartige Darstellungen ergänzend und zum Einstieg in ein Thema nutzen. Wenn man in einer Modellierung mehrere Ebenen nutzt, kann man diese Darstellungen auch im „oberen" Bereich nutzen, um die Prozesslandschaft zu strukturieren. Die Wertschöpfungskettendiagramme (WKD) von ARIS sind hierfür ein Beispiel (Bild 2.26).

2.7.3.2 REFA-Darstellung

Ein „Urvater" der Darstellung von Abläufen stammt von der REFA (Bild 2.27). Sehr viele heutige Darstellungstechniken gehen auf diese Darstellung

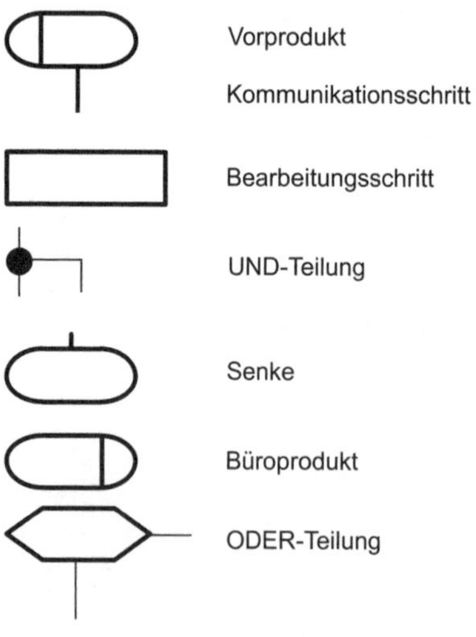

Bild 2.27: Elemente einer REFA-Darstellung

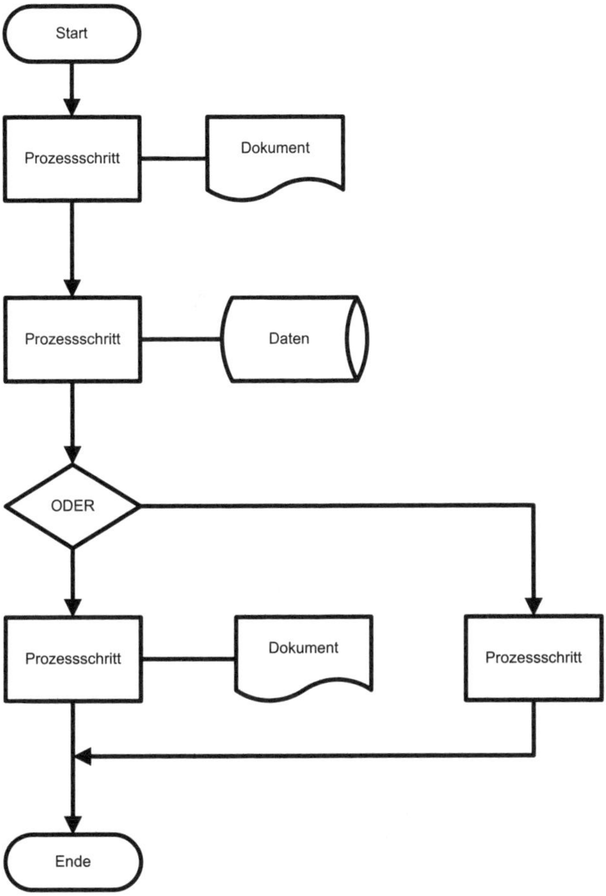

Bild 2.28:
REFA-Darstellung – einfaches Prozessbeispiel

zurück bzw. greifen Elemente dieser Darstellung auf. Sehr häufig findet man im Organisationsbereich die REFA-Methoden. Daher werden diese auch von verschiedenen Herstellern angeboten. Hierzu werden die Prozesse grafisch dargestellt (vgl. Bild 2.28). Innerhalb des Prozesses treten Verzweigungen auf, die entweder alternative Wege (ODER) oder gemeinsam abzuarbeitende/ parallele (UND) Aufgaben beschreiben. Bei der Analyse und der Gestaltung von Prozessen ist die Betrachtung dieser Wege sehr wichtig.

Es gibt noch wesentlich mehr Elemente als die hier gezeigten. Eine weitergehende Tool-Unterstützung, die über die Bereitstellung der Symbole in Grafikprogrammen hinausgeht, konnte sich für diese Darstellung aber nie etablieren.

Diese Art der Beschreibung ist sehr anschaulich und kann daher im Allgemeinen leicht von den befragten Mitarbeitern nachvollzogen werden. Ein

Problem ist, dass man damit auch logisch inkonsistente Systeme aufbauen kann. Aus diesem Grund wird diese Methodik von manchen Herstellern oft modifiziert und ergänzt, mit dem Ziel, diese Gefahr zu reduzieren.

2.7.3.3 Petrinetze

Petrinetze sind eine bestimmte formale Art, Netze bzw. Prozesse darzustellen, zu simulieren und zu berechnen (Bild 2.29). Sie wurden konzipiert, um das Verhalten informationsverarbeitender Automaten zu modellieren. Die Grundlogik ist relativ einfach, trotzdem lassen sich damit sehr komplexe Zusammenhänge darstellen.

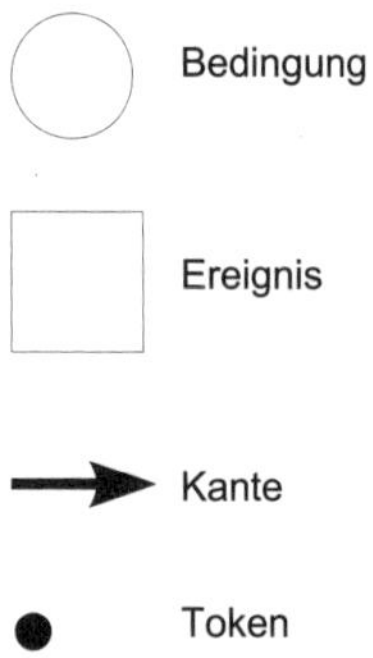

Bild 2.29: Elemente von Petrinetzen

Aus den einzelnen Komponenten (Bild 2.29) lassen sich Petrinetze aufbauen. Ereignisse sind bestimmte Aktivitäten, die durchgeführt werden können, wenn alle vorgelagerten Bedingungen erfüllt sind und die nachgelagerten nicht gültig sind. Die Gültigkeit einer Bedingung wird durch den Token markiert. Die logischen Folgen zwischen Bedingungen und Ereignissen werden durch die Kanten dargestellt. Bedingungen und Ereignisse müssen sich im Netzwerk abwechseln. Daraus lassen sich dann umfangreiche Netzwerke aufbauen (Bild 2.30).

Die Logik eines Petrinetzes lässt sich anhand der Darstellung im Bild 2.30 darstellen: Das Ereignis „A" kann schalten, da die Vorbedingung erfüllt ist, beide Nachbedingungen aber nicht. Dagegen kann „B" nicht schalten, da die Vorbedingungen nicht erfüllt sind. Sobald „A" geschaltet hat, werden die Vorbedingungen von „B" erfüllt! „B" kann aber immer noch nicht schalten, da die Nachbedingung von „B" schon erfüllt ist. Erst wenn dieser Token weitergewandert ist, kann „B" schalten. „D" kann nicht schalten: Zwar ist die Vorbedingung erfüllt, die Nachbedingung jedoch auch; dadurch ist „D" blockiert. „C" dagegen kann schalten, da dessen Nachbedingung frei ist.

Zu dieser Grundform der Petrinetze gibt es zahlreiche Varianten und Erweiterungen.

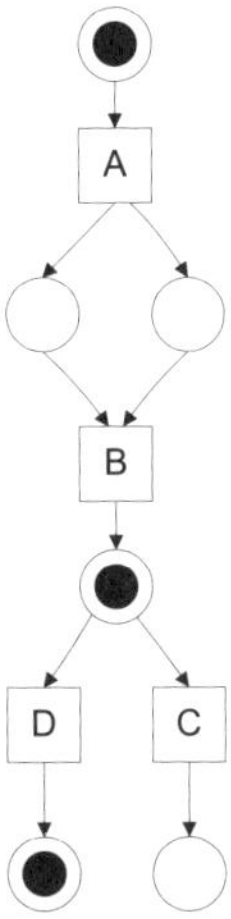

Bild 2.30: Petrinetz

Petrinetze haben den Vorteil, dass sie mathematisch klar strukturiert und eindeutig sind. Dadurch lassen sie sich sehr schnell in Bezug auf ihre logische Konsistenz überprüfen. Aufgrund der wenigen Elemente lässt sich das Grundprinzip zwar schnell verstehen, kompliziertere Abläufe erfordern aber dann oft große Graphen, die in ihrer Gesamtheit dann wieder unübersichtlich werden. Im Prinzip lassen sich mit Petrinetzen nur Ablauflogiken darstellen. Diese lassen sich dann sehr schnell in ein Workflow-System umsetzen. Weitergehende Informationen (z. B. über Informationsobjekte, Rollen etc.) kann man nicht modellieren. Reine Petrinetzdarstellungen findet man daher in Prozessmodellierungstools selten.

2.7.3.4 Ereignisgesteuerte Prozessketten (EPK)

Sehr häufig werden heute im organisatorisch geprägten Umfeld die Ereignisgesteuerten Prozessketten verwendet (Bild 2.31). Diese (von Prof. Dr. Scheer) entwickelte Methodik setzt auf den Petrinetzen auf und erweitert diese in pragmatischer Art und Weise. In seiner Grundform bestehen EPKs nur aus den Elementen:

- Funktionen (Ausführung einer Tätigkeit),
- Ereignisse (Auslöser bzw. Ergebnis einer Tätigkeit),
- Konnektoren (Verbindungen als UND-, ODER- bzw. XOR-Konnektor).

Es wird dabei gefordert, dass immer eine strenge Abfolge „Ereignis – Funktion – Ereignis – Funktion usw.“ eingehalten wird. Um weitere Aspekte der realen Welt in der Modellierung berücksichtigen zu können, wurden die erweiterten Ereignisgesteuerten Prozessketten (eEPK)[3] geschaffen (Bild 2.32).

---

[3] Inzwischen wurde von IDS-Scheer die Differenzierung zwischen EPK und eEPK aufgehoben.

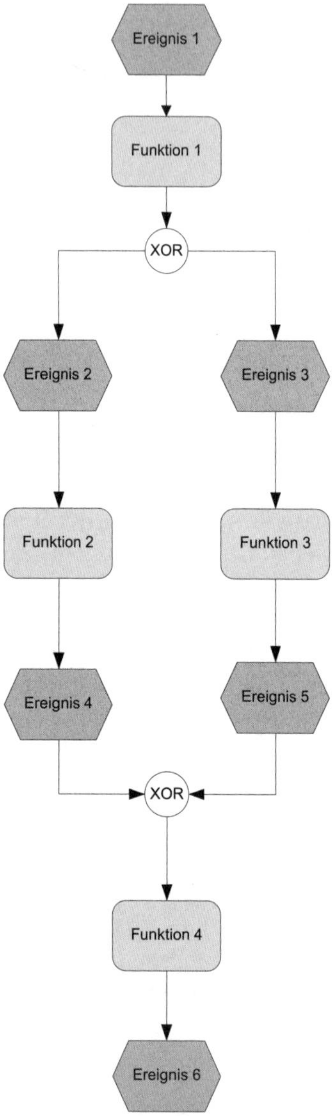

Bild 2.31: „Klassische" EPK aus Funktionen und Ereignissen

Hier kann man noch den Funktionen weitere Modellierungsobjekte zuweisen, wie Rollen, Informationsobjekte usw. Diese Form der Modellierung ist sehr weit verbreitet und erfolgreich. Nicht nur das ARIS-Toolset, sondern sehr viele andere Tools unterstützen diese Modellierungsform. Dazu gibt es auch umfangreiche Literatur (wie z.B. SEIDLMEIER2002 mit einer anschaulichen Darstellung der Modellierung).

Zur Modellierung von EPKs gibt es einige grundlegende Regeln, wie:

- Ereignisse und Funktionen müssen sich abwechseln. Ein Ereignis löst eine Funktion aus und eine Funktion erzeugt ein Ereignis.
- Eine Prozesskette beginnt und endet immer mit einem Ereignis.
- Um nicht auf die Abbildung von linearen Ereignis-Funktions-Folgen beschränkt zu sein, können Verknüpfungsoperatoren eingesetzt werden. Dabei lassen sich für komplexere Sachverhalte auch mehrere Verknüpfungsoperatoren kombinieren.
- Da Ereignisse keine Entscheidungskompetenz besitzen, ist es verboten, nach einem Ereignis mehrere Funktionen über ein „ODER“ oder „exklusives ODER“ anzubinden.

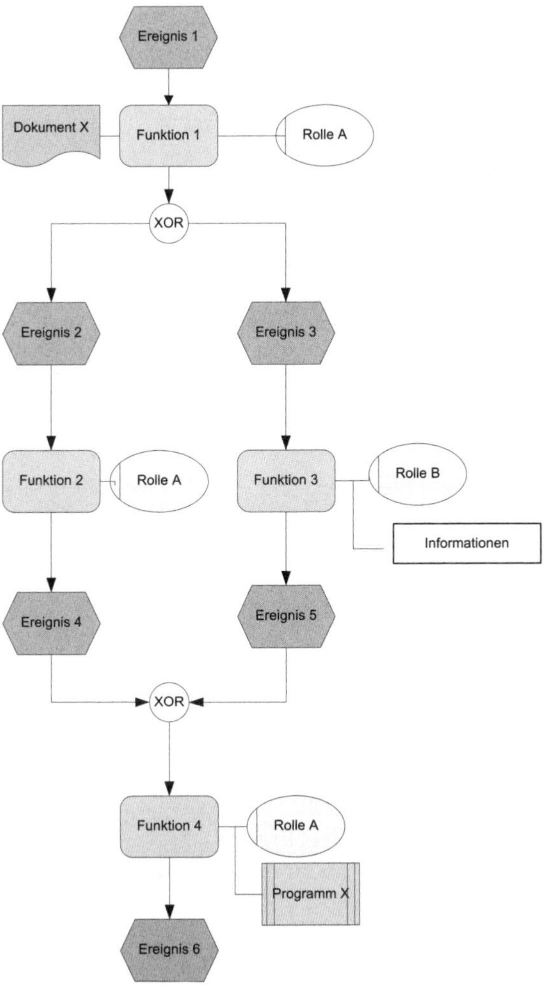

Bild 2.32: EPK-Darstellung um weitere Elemente erweitert („erweiterte EPK" = eEPK)

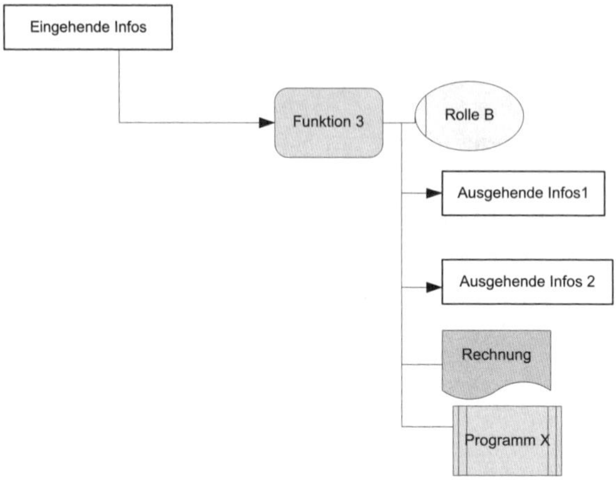

Bild 2.33: Funktionszuordnungsdiagramm

- Werden parallel oder alternativ ablaufende Funktionen wieder zusammengeführt, so muss beim Zusammenführen der gleiche Verknüpfungsoperator wie beim Verzweigen gesetzt werden.

Statt eEPKs zu verwenden, werden auch oft EPKs in Kombination mit Funktionszuordnungsdiagrammen (FZDs) verwendet (Bild 2.33). Insbesondere, wenn man viele ergänzende Informationen hat, werden eEPKs rasch unübersichtlich und der eigentliche Prozessfluss ist oft nicht mehr gut erkennbar.

2.7.3.5 UML-Activity Diagram

Im Zusammenhang mit der Softwareentwicklung werden auch Ablaufdarstellungen verwendet. Diese Aktivitätsdiagramme orientieren sich mehr an den Erfordernissen der Programmierung. Auch hier werden die Konzepte der Petrinetze angewendet. Ein Aktivitätsdiagramm (Activity Diagram) zeigt das dynamische Verhalten des modellierten Systems und stellt die Vernetzung von elementaren Aktionen und deren Verbindungen mit Kontroll- und Datenflüssen grafisch dar (Bild 2.34 s. Seite 47).

Ein Aktivitätsdiagramm kann sehr komplex werden, beschreibt aber dafür auch präzise das Verhalten eines Systems.

2.7.3.6 Business Process Modeling Notation (BPMN)

Die Business Process Modeling Notation (BPMN) wurde im Jahre 2002 bei der IBM entwickelt und von der institutionellen Business Process Management Initiative (BPMI) veröffentlicht. 2005 übernahm die Object Management Group (OMG) die BPMN und fusionierte gleichzeitig mit der BPMI. Seit 2006 ist die BPMN ein offizieller Standard der OMG, die aktuellste Version 1.1 wurde im Februar 2008 veröffentlicht.

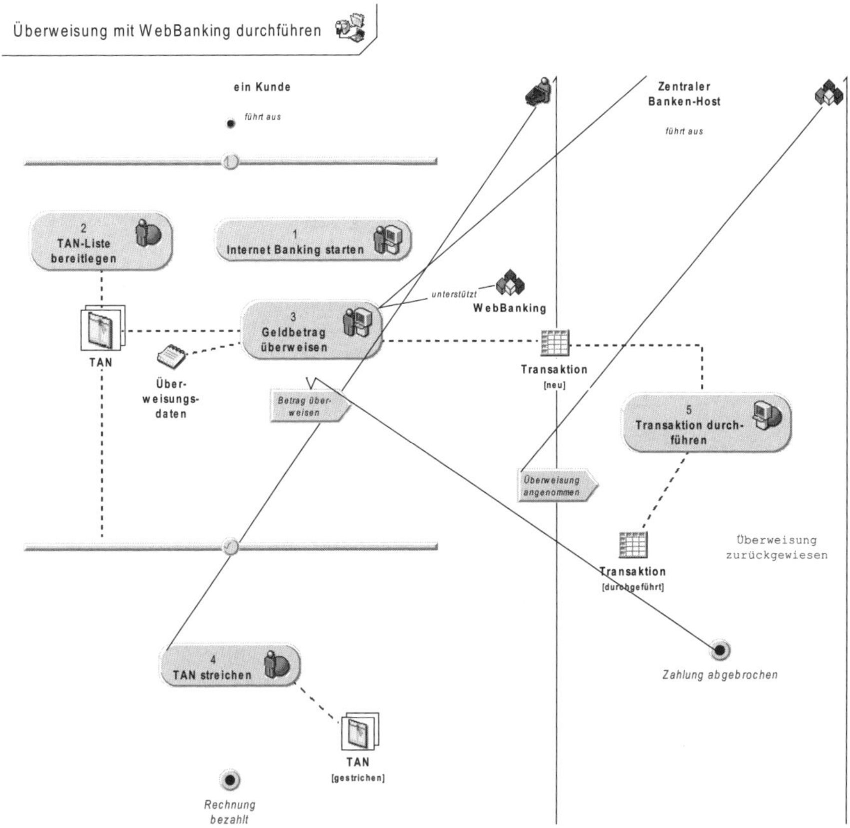

Bild 2.34: Beispiel eines Activity Diagram mit INNOVATOR (Quelle: MID)

Die BPMN besteht aus den folgenden Kernelementen (Bild 2.35):

- **Fluss-Objekte** zur Darstellung der Aktivitäten, Ereignisse und Gateways (Verzweigungen und Zusammenführungen) in einem Prozess.
- **Verbindende Objekte** zur Verknüpfung der Fluss-Objekte untereinander (Sequenzfluss), zur Veranschaulichung der Kommunikation mit Partnern (Nachrichtenflüsse) und zur Verknüpfung mit Artefakten (Assoziationen).
- **Artefakte** zur Anreicherung der Prozessmodelle um erzeugte oder verwendete Daten, zur Gruppierung von Elementen und zur freien Kommentierung.
- **Swimlanes** zur Zuordnung von Prozesselementen zu bestimmten ausführenden Rollen, Systemen oder Ähnlichem.

Die erweiterten Elemente dienen der Präzisierung von Aktivitäten, Ereignissen und Gateways. So wird beispielsweise der Empfang und Versand von

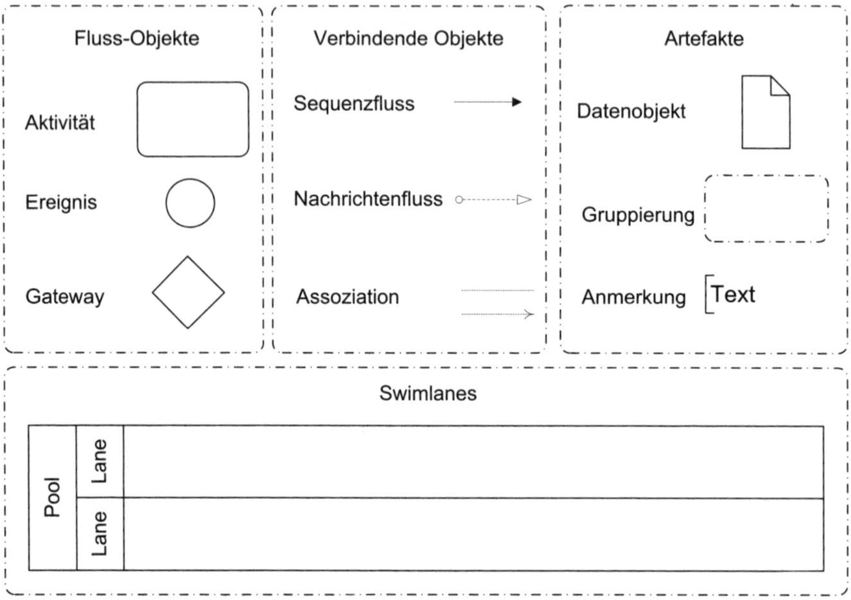

Bild 2.35: Kernelemente der BPMN

Nachrichten explizit visualisiert, der periodische Start von Prozessen, der Umgang mit zeitlichen Verzögerungen oder auch die Verfeinerung in Unterprozessen.

Die BPMN-Spezifikation umfasst insgesamt über 300 Seiten, in denen diese und zahlreiche weitere Aspekte detailliert beschrieben sind (OMG2008).

2.7.3.7 Bewertung der Modellierungsansätze

Die einfachen Metaphern wie „Umlaufmappe" sind zunächst sehr eingängig und eignen sich gut für eine Kommunikation mit Personen, denen abstrakte Darstellungen nicht so vertraut sind. Die Ausdrucksmächtigkeit ist aber sehr eingeschränkt, sie sind schlecht analysierbar und erfordern bei einer technischen Umsetzung viel Nacharbeit.

Formale Modelle sind demgegenüber sehr komplex und für den „Laien" oft nur schwer verständlich. Auch ein Modellierer benötigt Einarbeitungszeit. Dafür kann man sehr viele Aspekte der realen Welt abbilden und die Korrektheit der Abbildung durch geeignete Checks auf ihre innere Konsistenz überprüfen.

Programmnahe Modelle lassen sich gut automatisieren und in Workflows umsetzen. Da sie eine eher technische Sicht auf die Prozesse bilden, blenden sie die organisatorische Sicht oft aus und sind für „Nichttechniker" nur schwer verständlich. Hinzu kommt, dass die Festlegungen für UML- und auch BPMN-Diagramme sich weitgehend auf die Darstellung beschränken und die Semantik nicht präzise festgelegt ist.

In Kapitel 4 wird die EPK im Kontext der Prozessautomatisierung der BPMN gegenübergestellt.

2.8 Konventionen für die Modellierung

Je größer das Projekt und damit je mehr Beteiligte am Projekt, desto wichtiger ist es, gemeinsame Konventionen für die Modellierung zu erarbeiten. Es genügt nicht, ein professionelles Tool zu kaufen und zu meinen, nun hätte man auch Modellierungskonventionen. Derartige Tools sollen ja möglichst flexibel die Anforderungen unterschiedlicher Modellierer und Projekte erfüllen! Werkzeuge wie das ARIS-Toolset stellen z. B. eine Vielzahl unterschiedlicher Modelltypen und Symbole zur Verfügung (Bild 2.36). Wenn nun jeder Modellierer Modelltypen und Modellierungselemente verwendet, die ihm in seinem Umfeld am geeignetsten erscheinen, erhält man nie vergleichbare Modelle.

Andere Systeme wie ADONIS bieten nur primär ein Metamodell und Werkzeuge, um eigene Diagrammtypen und Modellierungsregeln zu definieren. Aber auch jenseits der konkreten Tool-Verwendung werden Konventionen benötigt. Einige Beispiele:

- Glossar für alle verwendeten Begriffe,
- Regeln für die Ebenenbildung in der Modellierung,
- Regeln für die Bildung von Informationsobjekten,
- Regeln zur Definition von Rollen,

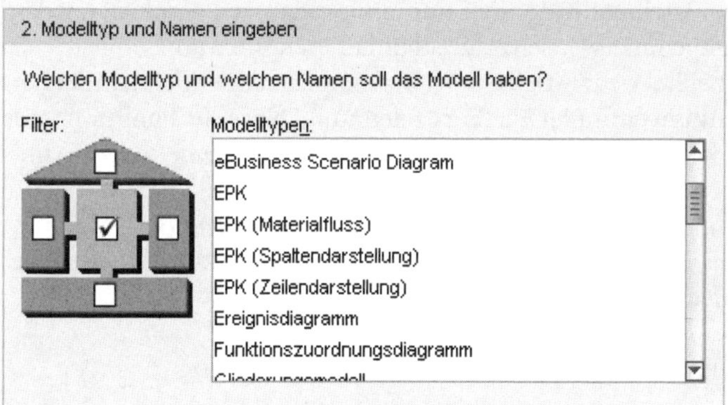

Bild 2.36: Auswahl eines Modelltyps bei ARIS (Quelle: IDS-Scheer)

- Regeln für die Abstimmung der verschiedenen Projektteams untereinander.

Derartige Konventionen sind am Anfang zu erarbeiten. Wenn im Laufe des Projekts Lücken auffallen, müssen diese möglichst rasch geschlossen werden. Einige wichtige Themen sollen hier exemplarisch vorgestellt werden.

2.8.1 Modellierungskonventionen

Ein Tool stellt zunächst im Kern einen grafischen Editor bereit und ein Repository, um Objekte, deren Beschreibung und deren Beziehungen zueinander abzubilden. Es macht im Prinzip keinerlei Vorschriften, wie man diese Werkzeuge nutzt. Einige Werkzeuge bieten zwar methodische Grundeinstellungen, aber im Kern müssen sie flexibel bleiben, um unterschiedlichste Anforderungen erfüllen zu können.

Modellierungskonventionen sollen hier für das Projekt sicherstellen, dass gleiche Sachverhalte der realen Welt von allen Modellierern annähernd gleichartig in den Modellen abgebildet werden. Es muss im Vorfeld dazu natürlich ein Konsens über den Inhalt der Modelle bestehen.

Folgende Punkte sollten in diesen Konventionen geregelt werden:

Gestaltung der Diagramme

- Welche Modelltypen bzw. Diagrammtypen werden verwendet (z. B. EPK, Activity Diagram)?
- Welche Modellierungsobjekte werden in welchen Modelltypen verwendet (z. B. Funktion, Rolle, IT-System)?
- Welche Kantentypen sind zwischen welchen Objekttypen zulässig (z. B. zwischen Funktion und Information: „wird erzeugt", „wird verwendet")?
- Welche Attribute je Modell und Objekt müssen gepflegt werden? Welche können genutzt werden (z. B. Name, Beschreibung)?
- Wertebereiche für Attribute (z. B. zulässige Rollenbezeichnungen).
- Namenkonventionen (z. B. Bezeichnung für eine Funktion muss immer eine Tätigkeit ausdrücken, wie „Bestellung erfassen" oder „Antrag genehmigen").
- Richtlinien für die grafische Gestaltung (Layout) von Diagrammen (z. B.: Müssen Kanten immer rechtwinklig sein oder können sie auch diagonal verlaufen?).

Abbildungsregeln

- Welche Objekte der realen Welt werden wie in den Modellen abgebildet?

Ablage in der Datenbank

- Ablagestrukturen im Repository.
- Fortschreibung und Versionierung von Modellen.
- Verantwortlichkeiten und Zugriffsrechte auf die Modelle.

Regeln

- Oft bringen Tools entsprechend den Diagrammtypen (z. B. bei EPKs) einfache Syntaxregeln mit. Diese gilt es oft zu schärfen.
- Inhaltliche Regeln, um inhaltlich konsistente Modelle zu erzeugen (z. B.: „Alle erzeugten Informationen müssen wieder von anderen Funktionen genutzt werden oder gehen zu externen Partnern").

Es kann hilfreich sein, neben den detaillierten Konventionen für die Modellierer eine verkürzte Fassung als „Lesehilfe" für die übrigen Projektbeteiligten und Interessenten zu verfassen, um die richtige Interpretation der Modelle sicherzustellen.

2.8.2 Ebenenkonzept

Gerade bei umfangreichen Projekten ist es unumgänglich, um die Komplexität und den Überblick zu behalten, mit verschiedenen Ebenen der Modellierung zu arbeiten. Im Sinne eines Top-down-Ansatzes beginnt man auf der obersten Ebene mit einem groben Überblick über die gesamte Prozesslandschaft und verfeinert die einzelnen Prozesse und Subprozesse immer weiter. In diesem Zusammenhang sind mehrere Fragen zu klären:

- Wie viele Ebenen gibt es überhaupt?
- Welche Inhalte sollen auf jeder Ebene dargestellt werden?
- Wie detailliert soll jede Ebene sein?
- Welche Modelltypen und Modellierungselemente sind auf welcher Ebene zulässig?
- Wer ist für welche Ebene zuständig?
- Wie wird die Konsistenz zwischen den verschiedenen Ebenen sichergestellt?

Diese Fragen sind nicht nur für die Steuerungssicht zu klären, sondern genauso für alle Elemente der Modellierung, wie Rollen (Aufbauorganisation), Informationen, IT-Systeme etc.

Im Bild 2.37 wird dargestellt, wie aus einem übergeordneten Diagramm (im Beispiel ein Wertschöpfungskettendiagramm) auf eine EPK verwiesen wird.

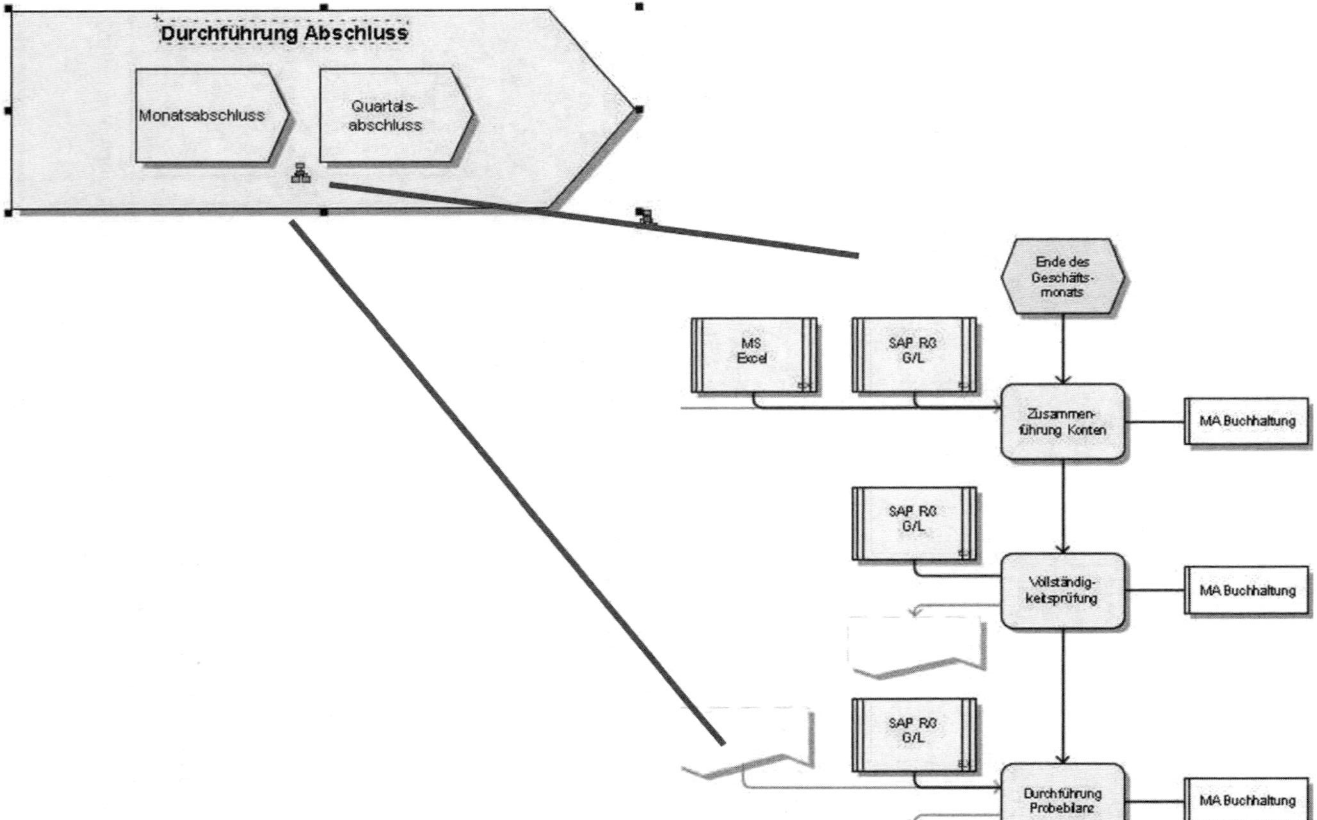

Bild 2.37: Beispiel einer Hierarchisierung

2.8.3 Informationsobjekte

Es gibt verschiedene unterschiedlich gut strukturierte Informationsobjekte. Auf höheren Ebenen sind dies in der Regel nur Aggregationen, wie „Bestellungen“ oder „Angebotsunterlagen“, auf den unteren Ebenen ergeben sich dann meist einzelne Datensätze (wie „Bestellposition“) oder Dokumente (wie „Angebotsannahme“), die sich dann auch exakt modellieren lassen (z. B. ER-Diagramm).

Um eine Konsistenz im Projekt sicherzustellen, müssen entsprechende prozessunabhängige Modelle für Informationsobjekte aufgebaut werden. Meist wird nicht umhinkommen, gesonderte Verantwortlichkeiten im Projekt zu definieren, um dies zu gewährleisten. Diese Modelle sind in der Regel hierarchisch strukturiert und werden oft als UML-Klassendiagramme aufgebaut. Die Hierarchieebenen sollten mit den Prozessebenen harmonisieren.

Wichtig ist, dass die Modellierung der Informationen so weit standardisiert und exakt strukturiert wird, dass sie letztendlich technisch umsetzbar ist.

2.8.4 Rollenkonzept

Die Definition von Rollen ist ein weiteres wichtiges prozessübergreifendes Thema. Auch hier sind exakte Regeln zur Abbildung notwendig, um später daraus die Rechte im IT-System ableiten zu können. Es gelten im Prinzip in Bezug auf Verantwortlichkeiten, Hierarchisierung und Prozessebenen die gleichen Aussagen wie bei den Informationsobjekten.

3 Prozessautomatisierung

3.1 Basiskonzepte

Im Fokus der Prozessautomatisierung stehen solche Aktivitäten, die sich auf die **Steuerung** des Prozesses beziehen. Weiterhin werden Aktivitäten zur **Messung** von Kennzahlen im Rahmen der Prozessdurchführung automatisiert. Alle Aktivitäten, die der tatsächlichen **Wertschöpfung** im Prozess dienen, also z. B. bestimmte Berechnungen durchführen, werden in Abgrenzung hierzu nicht im Rahmen der Prozessautomatisierung betrachtet, auch wenn eine Automatisierung dieser Aktivitäten prinzipiell natürlich gewünscht sein kann. Der Begriff Prozessautomatisierung bezieht sich also nicht zwangsläufig auf die Automatisierung **sämtlicher** Aktivitäten, die im Rahmen der Prozessdurchführung anfallen. Diese Abgrenzung ist notwendig, um die spezifischen Potenziale und Herausforderungen in der Prozessautomatisierung, die sich direkt in den möglichen Einsatzszenarien und sinnvollen Vorgehensweisen ausdrücken, nicht im unüberschaubaren Spektrum der allgemeinen Softwareentwicklung untergehen zu lassen.

Prozesse zu automatisieren bedeutet, Prozessmodelle in die Realität zu überführen. Die Prozessautomatisierung ist daher zunächst der Implementierungs- oder Umsetzungsphase zuzuordnen und der Prozessmodellierung zeitlich nachgelagert. Gleichwohl müssen bereits in der Phase der Prozessmodellierung bestimmte Aspekte der Prozessautomatisierung berücksichtigt werden, um die erstellten Modelle später auch effektiv nutzen zu können. Diese Aspekte beziehen sich in erster Linie auf eine besonders präzise Modellierung, die bei einer rein organisatorischen Prozessimplementierung weit weniger erfolgskritisch als bei der Prozessautomatisierung ist (vgl. Kapitel 4).

In vielen Organisationen wird Mitarbeiter B von Mitarbeiter A darüber informiert, dass A seine Aufgabe beendet hat und nun B an der Reihe ist. In diesem Szenario existiert kein übergeordneter Koordinator, der die Fertigmeldung von A entgegennimmt und nun B seine Aufgabe zuweist. Im Fokus der Prozessautomatisierung steht aber genau diese Aufgabenzuweisung als Form der Prozesssteuerung. Die sogenannte Process Engine, ein IT-System, übernimmt die Rolle des übergeordneten Koordinators. Sie weist den Prozessbeteiligten, seien sie nun interne Mitarbeiter oder externe Partner, über verschiedenste Kanäle Aufgaben zu und wartet dann auf die entsprechende Fertigmeldung. Ist diese erfolgt, wird ausgehend vom hinterlegten Prozessmodell die nächste auszuführende Aktivität ermittelt, und der entsprechende Mitarbeiter erhält seine Aufgabe zugewiesen. Dieses „Human Workflow Management" wird in Abschnitt 3.2 ausführlich beschrieben.

Human Workflow Management ist jedoch nur die eine von zwei möglichen Ausprägungen der Prozessautomatisierung. Denn zunehmend werden die wertschöpfenden Aktivitäten im Rahmen einer Prozessdurchführung nicht mehr von einer menschlichen Arbeitskraft verantwortet, sondern können direkt durch ein IT-System erledigt werden. Hier wurde bislang davon ausgegangen, dass die Aufgabe trotzdem von einem Mitarbeiter übernommen werden musste, der mithilfe einer Benutzeroberfläche mit dem entsprechenden IT-System interagiert. Tatsächlich ist eine solche Oberfläche jedoch nichts weiter als eine Mensch-Maschine-Schnittstelle, die durch eine entsprechende Maschine-Maschine-Schnittstelle ersetzt werden kann (Bild 3.1).

Unter dem Schlagwort „serviceorientierte Architekturen (SOA)“ werden seit einiger Zeit diverse Ansätze diskutiert, die sich mit einem systematischen „Aufbrechen“ von IT-Systemen beschäftigen, um sie mit zahlreichen Schnittstellen („Services“) auszustatten und somit flexibler in Geschäftsprozesse einbinden zu können. Diese zweite Ausprägung der Prozessautomatisierung ist also die prozessorientierte Anwendungsintegration, die in Abschnitt 3.3 besprochen wird.

Das Basiskonzept der Process Engine ist in der Folge ein System, das über allen am Prozess beteiligten Personen und IT-Systemen „schwebt“ und, ausgehend vom hinterlegten Prozessmodell, diesen gleichermaßen Aufgaben zuweist und die entsprechende Fertigmeldung zur Kenntnis nimmt, um die nächste Aufgabe anzustoßen.

Die Messung von Kennzahlen ergibt sich hierbei quasi als „Abfallprodukt“: Da die Process Engine für die Gesamtsteuerung des Prozesses verantwortlich ist, kann sie auch sämtliche Zustände und Zeiten, die im Rahmen der Prozessdurchführung entstehen, erkennen – bildlich gesprochen hat sie z. B.

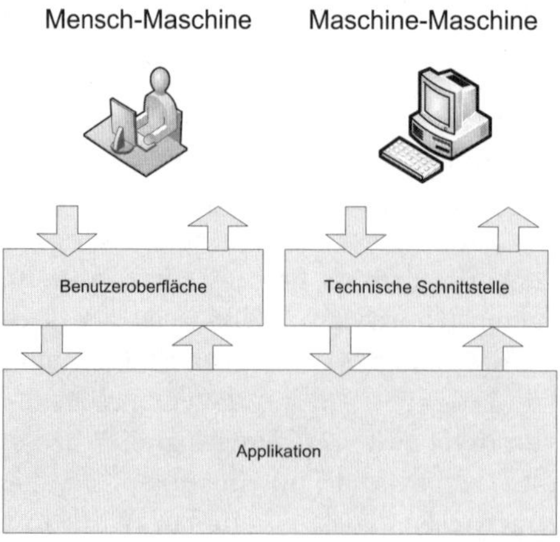

Bild 3.1: Mensch-Maschine- und Maschine-Maschine-Schnittstellen

einem Sachbearbeiter in der Buchhaltung eine Rechnungsprüfung zugeordnet und kann nun mit der Stoppuhr daneben stehen und messen, wie viel Zeit bis zur Fertigmeldung vergeht. Falls sie gleichzeitig das Vorgangsobjekt „Rechnung" durch den Prozess leitet, kann sie weiterhin inhaltliche Kennzahlen, wie z.B. den Rechnungsbetrag, auslesen und zu Auswertungszwecken in die eigene Datenbank speichern. Die Messung, Auswertung und Bereitstellung von Kennzahlen sowie die direkte Anwendung von Geschäftsregeln in automatisierten Prozessen werden in Abschnitt 3.4 aufgegriffen. Hinweise zur Realisierung, Beschaffung oder auch Anmietung einer Process Engine werden in Abschnitt 3.5 geliefert bzw. unter dem Stichwort „Auswahl von BPM-Software" in Kapitel 5 ausführlich beschrieben.

3.2 Human Workflow Management

3.2.1 Historie und Grundlagen

3.2.1.1 Analogie zur papierbasierten Vorgangsbearbeitung

Die Grundidee des Human Workflow Management ist angelehnt an der papierbasierten Vorgangsbearbeitung, weshalb sich die ersten Lösungen in dieser Richtung, die im Laufe der 90er-Jahre aufkamen, als Komponenten von Dokumentenmanagementsystemen (DMS) darstellten.

Hierbei wurde das Prinzip der Bearbeitung und Weiterleitung von Vorgangsobjekten wie Formularen, Akten oder ähnlichen Dokumenten in elektronischer Form umgesetzt. Der klassische Posteingangskorb wurde durch eine virtuelle Inbox, der Ausgangskorb durch eine Outbox ersetzt. Die Ankunft eines Vorgangsobjekts in der Inbox war der Auslöser für den betroffenen Mitarbeiter, dass dieses zu bearbeiten, also eine Aufgabe auszuführen war. Die Ablage des Vorgangsobjekts durch den Mitarbeiter in der Outbox war wiederum das Signal an das System, dass die Aufgabe erledigt war und das Vorgangsobjekt an den nächsten Mitarbeiter in der Arbeitsablaufkette („Workflow") weitergeleitet werden konnte (Bild 3.2).

3.2.1.2 Abgrenzung zum gewöhnlichen E-Mail-Verkehr

Diese frühe Form der Prozessautomatisierung ähnelt sehr stark der Kommunikation via E-Mail. Der entscheidende Unterschied ist jedoch die Tatsache, dass in der E-Mail-Kommunikation der Absender entscheidet, wer seine Nachricht (mit angehängtem Attachment, also quasi dem „Vorgangsobjekt") erhalten soll. Im Workflow-Management wird diese Entscheidung durch die Workflow Engine getroffen, indem sie die hinterlegte Workflow-Definition auswertet. Diese Tatsache ermöglicht die Gestaltung und Anpassung des Workflows durch eine koordinierende Stelle und steigert somit maßgeblich

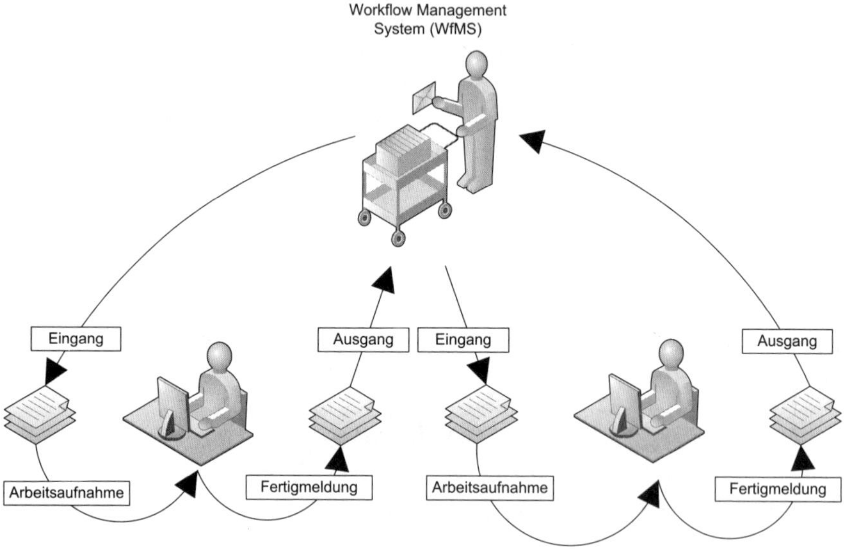

Bild 3.2: Human Workflow Management als Analogie zur Vorgangsbearbeitung

die Agilität des abgebildeten Prozesses – wo zuvor Arbeitsanweisungen an alle Prozessbeteiligten verschickt werden mussten, damit diese sie lasen und sich zukünftig – hoffentlich – daran hielten, konnte nun von zentraler Stelle die Workflow-Definition angepasst und auf Knopfdruck in die Realität überführt werden. Diese direkte Überführung gelang freilich nur deshalb, weil diese frühe Form der Automatisierung nur in stark eingegrenzten Bereichen möglich war (eben den dokumentenbasierten Prozessen), die größtenteils vorgezeichnet waren und keine großen Spielräume in der Prozessgestaltung ließen.

3.2.1.3 Ausdehnung auf weitere Systeme

Das Prinzip der Vorgangsbearbeitung wurde ausgehend von den papierzentrierten Prozessen, die durch DMS abgebildet wurden, auf informationszentrierte Prozesse ausgedehnt, indem die entsprechenden Werkzeuge ebenfalls mit Workflow-Komponenten ausgestattet wurden: Systeme für das Customer Relationship Management (CRM) erlaubten die Definition von Workflows für die Bearbeitung von Kundenkontakten zur Abbildung von Akquiseprozessen, Troubleticket-Systeme ermöglichten die Definition von Workflows für den Softwaresupport, und natürlich übernahmen auch die Enterprise Resource Planning (ERP)-Hersteller die neue Denkweise und richteten vergleichsweise generische Workflow-Komponenten für ihr jeweiliges Funktionsportfolio ein.

Das Ergebnis war eine Reihe von Werkzeugen, die sich auf bestimmte Bereiche im Unternehmen beschränkten, sei es funktional (CRM-Systeme für den Vertrieb) oder in Bezug auf die Arbeitsweise (DMS für dokumentenbasierte Prozesse). Dieses Problem relativierte sich in solchen Unternehmen, wo das ERP-System tatsächlich sämtliche Prozesse des Unternehmens abbilden konnte. Im Gegensatz zu den Hoffnungen, die diesbezüglich in den 90er-Jahren noch existierten, musste jedoch in den meisten Fällen festgestellt werden, dass dies nicht möglich war. Workflow-Management-Systeme mussten also um Schnittstellen erweitert werden, sei es zur Anbindung der im Prozess relevanten Backend-Systeme, sei es zur Anbindung anderer, ebenfalls vorhandener Workflow-Management-Systeme, um systemübergreifende Prozesse vollständig abbilden zu können. Insofern fand eine Erweiterung der Workflow-Management-Systeme um Funktionalitäten der Enterprise Application Integration (EAI) statt, während sich diese Disziplin gleichzeitig weiterentwickelte und im Paradigma der serviceorientierten Architekturen aufging (vgl. Kapitel 3.3).

3.2.1.4 Aktuelles Verständnis

Das aktuelle Verständnis der Prozessautomatisierung nimmt zunächst eine Trennung vor zwischen der Automatisierung des menschlichen Arbeitsablaufs (Human Workflow) und der prozessorientierten Systemintegration (Service Orchestration Workflow), da die jeweiligen Herausforderungen methodisch und technisch sehr unterschiedlich sind. Nichtsdestotrotz müssen in der Praxis beide Disziplinen in den Projekten und entsprechenden Werkzeugen kombiniert werden, um effektiv Prozesse automatisieren zu können, da sich diese sehr häufig in organisatorisch und IT-systemtechnisch heterogenen Landschaften abspielen.

3.2.2 Kanäle für die Einbindung von Prozessbeteiligten

3.2.2.1 Eigenständige Desktop-Anwendungen (DMS etc.)

Die Interaktion mit den am Prozess beteiligten Mitarbeitern erfolgte in den Anfängen des Human Workflow Management direkt in der Anwendung, die auch die Workflow-Steuerung übernahm, bzw. mithilfe der Übergabe des Vorgangs an Systeme, die an das Workflow-Management-System angeschlossen waren, wie z. B. ERP-Systeme.

Grundlage ist stets die Aufgabenliste (Bild 3.3), die dem klassischen Posteingangskorb entspricht. Sie enthält die zugewiesenen Aufgaben (häufig auch „Tasks" genannt), den Zeitpunkt der Zuweisung, unter Umständen einen Termin, zu dem die Aufgabe abgearbeitet sein muss, sowie möglicherweise weitere Informationen und Hinweise. Im dargestellten Beispiel führt die Aus-

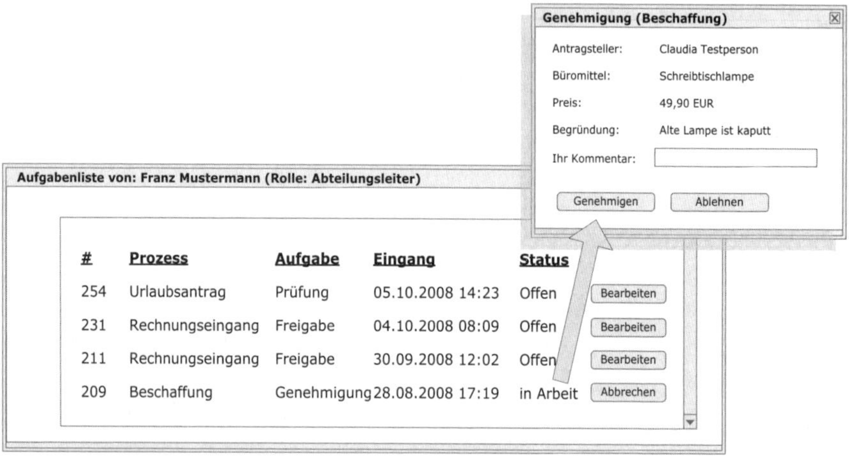

Bild 3.3: Aufgabenliste und zu bearbeitende Aufgabe

wahl einer Aufgabe durch den Bearbeiter zum Aufruf eines angeschlossenen ERP-Systems, in dem sich die entsprechende Maske öffnet, die zum Teil mit Daten aus dem Vorgangsobjekt der Aufgabe gefüllt wurde. Ist die Maske durch den Bearbeiter vollständig ausgefüllt und bestätigt, ist die Aufgabe also erledigt, wird dies dem Workflow-Management-System durch das ERP-System signalisiert. Ein wichtiger Punkt ist hierbei, dass die Daten, die der Bearbeiter einträgt, bzw. der Button, den er zum Abschluss der Aufgabenbearbeitung anklickt, häufig Auswirkungen auf den weiteren Prozessverlauf haben. Im gezeigten Beispiel kann der Bearbeiter eine Korrektur des eingereichten Antrags anfordern, sodass das Vorgangsobjekt (der Antrag) an den Antragsteller zurückgeschickt wird, anstatt zur finalen Freigabe an den Abteilungsleiter weitergereicht zu werden.

Diese Form der Einbindung von Prozessbeteiligten ist auch heute noch häufig anzutreffen. Sie bietet im Wesentlichen zwei Vorteile:

- Den Komfort einer Windows-Anwendung, bei der Aktionen des Anwenders sofort ausgeführt werden und Bedienmechanismen wie „drag and drop“ zur Verfügung stehen.
- Die vertraute Benutzeroberfläche von Systemen, mit denen ohnehin bereits im Unternehmen gearbeitet wird (wie z. B. das ERP-System).

Auf der anderen Seite sind mit diesem Ansatz auch Nachteile verbunden:

- Diese Art der Einbindung erfordert eine installierte Version des Workflow-Clients auf den Arbeitsplatzrechnern der Prozessbeteiligten, was sich negativ auf die Flexibilität auswirkt und lizenztechnisch ein zusätzlicher Kostenfaktor sein kann.

- Eine Anpassung der Struktur von Aufgabenlisten oder auch der Masken in angeschlossenen Systemen erfordert ein erneutes Deployment bei den Prozessbeteiligten, was in komplexen Organisationen eine schwierige Herausforderung sein kann.
- Gerade das Zusammenspiel von Workflow Engines und angeschlossenen Systemen, um dortige Masken zu starten, mit Daten zu füllen und wiederum Daten zu erhalten, erfordert eine äußerst enge technische Integration. Diese ist in der Regel nur für definierte Standardprozesse gegeben, was dem Anspruch einer generischen, allgemeinen Automatisierung aller informationszentrierten Prozesse eines Unternehmens widerspricht. Die Vorteile der Prozessautomatisierung in Bezug auf die ganzheitliche Umsetzung werden somit unterminiert.

Der Ansatz der Anwenderinteraktion mittels Desktop-Masken ist in der Praxis vor allem dann sinnvoll, wenn die Abarbeitung der Aufgabe über den einfachen Umgang mit Datenfeldern hinausgeht, also komplexe Aktionen ausgeführt werden müssen, die in den nachfolgend dargestellten Alternativen nicht anwenderfreundlich abgebildet werden können. Ein typisches Beispiel für eine solche Situation wäre die Validierung gescannter Dokumente durch eine Fachkraft, die prüfen soll, ob alle Elemente des Papierdokuments richtig erkannt wurden, oder ob sie korrigiert werden müssen. Hier würden die typischen Einschränkungen von Webanwendungen oder mobilen Endgeräten den Bedienkomfort in aller Regel unverhältnismäßig beeinträchtigen.

3.2.2.2 Integration in vorhandene Collaboration Clients

Eine Alternative zur Bereitstellung eigenständiger Interaktionsoberflächen, die häufig mit Schulungsaufwänden und Akzeptanzproblemen bei der Belegschaft verbunden sind, ist die Integration von Aufgabenlisten und -masken des Workflow-Management-Systems in vorhandene Collaboration Clients. Damit sind Programme gemeint, die der allgemeinen Kommunikation im Unternehmen dienen, wie dem Nachrichtenaustausch via E-Mail, der Terminkoordination, oder eben der Zuweisung und Verwaltung von Aufgaben. Der populärste Kandidat für eine solche Integration ist sicherlich Microsoft Outlook, aber auch Lotus Notes wird in der Praxis häufig angedockt.

Eine recht pfiffige, weil sehr einfache und doch wirksame Möglichkeit ist auch die Interaktion mit völlig herkömmlichen E-Mails: Bei diesem Ansatz verschickt die Workflow Engine direkt E-Mails an Mitarbeiter, die Aufgaben auszuführen haben (Bild 3.4). Die Beschreibung der Aufgabe ist in der E-Mail enthalten. Ist die Aufgabe ausgeführt, muss der Mitarbeiter die E-Mail lediglich an den Absender zurückschicken („reply-to“), und unter Umständen bestimmte vorgangsrelevante Daten in den vorgesehenen Fel-

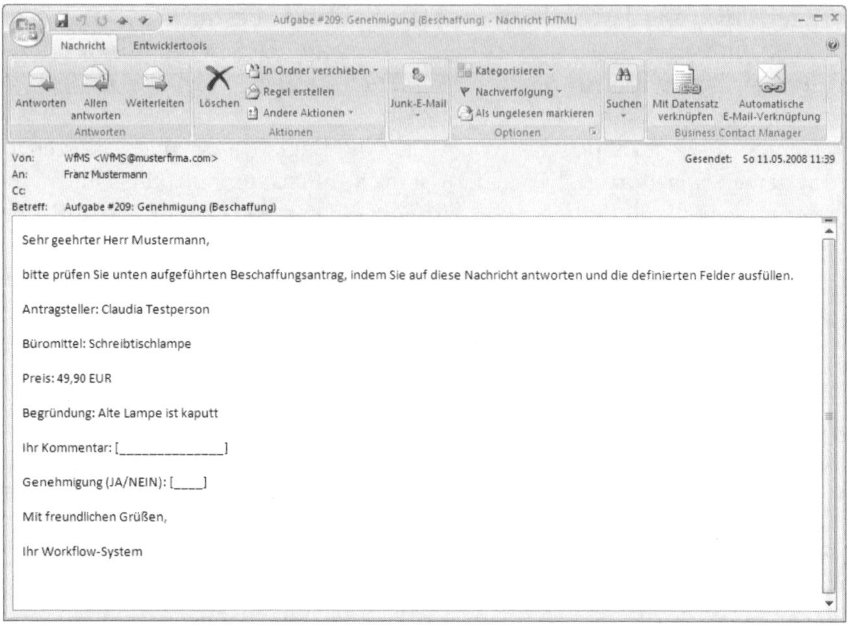

Bild 3.4: Aufgabenzuweisung per E-Mail

dern, die in seiner Aufgabenbeschreibung definiert sind und in der Antwort „zitiert" werden, eintragen – alternativ könnte auch ein Vorgangsobjekt, z. B. eine Excel-Tabelle, als Attachment an den Bearbeiter geschickt, von diesem ausgefüllt und dann wieder zurückgeschickt werden. Die Workflow Engine empfängt die Antwort, wertet die eingetragenen Daten aus und setzt den Prozess fort. Dieser Ansatz ist deshalb interessant, weil er erstens keinerlei Anpassungen in den vorhandenen Collaboration Clients erfordert, sondern mit jedem herkömmlichen Mail Client funktioniert, und weil er zweitens keine Gewöhnung an neue Benutzeroberflächen erfordert, was die Akzeptanz bei der Belegschaft fördert.

3.2.2.3 Webanwendungen

Die Einbindung der Prozessbeteiligten über Webanwendungen („Thin Clients"), die mit jedem herkömmlichen Webbrowser (Internet Explorer, Mozilla Firefox etc.) bedient werden können, gewinnt in jüngerer Zeit zunehmend an Bedeutung. Hauptvorteil dieser Form der Einbindung ist die maximale Flexibilität der Masken: Diese können zentral administriert und bei Bedarf angepasst werden und sind sofort für alle Prozessbeteiligten aktualisiert (Bild 3.5). Aufwendige Deployment-Prozesse auf den Workstations der Mitarbeiter entfallen.

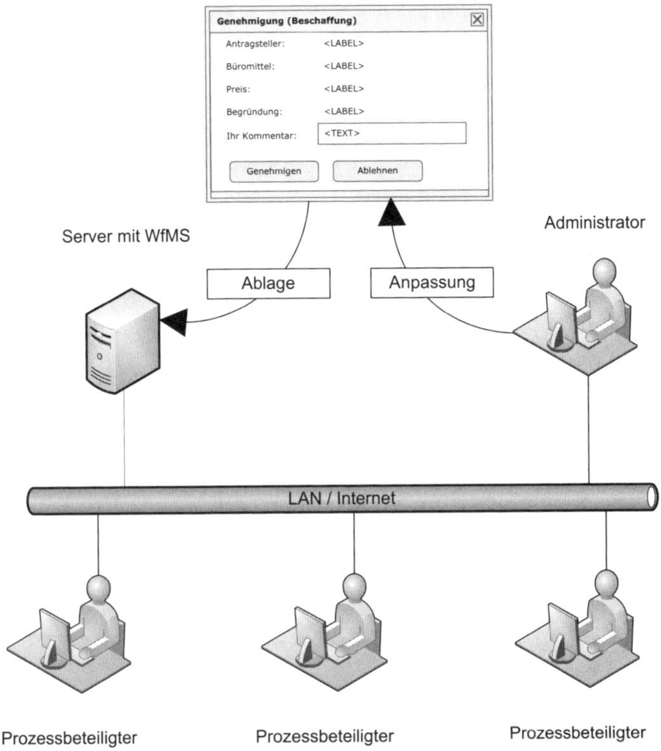

Bild 3.5: Flexible Anpassung von Workflows und Masken

Darüber hinaus ist ein webbasiertes Human Workflow Management überall dort sinnvoll, wo nicht nur die eigene Belegschaft, sondern auch externe Partner an den Prozessen teilnehmen. Bei solchen Lösungen, die häufig als Kunden- oder Lieferantenportale realisiert sind, werden in der Regel Prozesse angestoßen (z.B. durch die Bestellung eines Kunden), oder der Status bzw. das Ergebnis eines Prozesses wird dem Partner verfügbar gemacht (z.B. der Zeitpunkt des Versands oder die gestellte Rechnung). Dementsprechend ist ein webbasiertes Human Workflow Management besonders häufig in Supply Chain-Prozessen bzw. allgemeine im Business-Integrationsbereich anzutreffen, während Prozesse, die vollständig unternehmensintern abgewickelt werden können, erst nach und nach von Desktop-Anwendungen auf Webanwendungen umgestellt werden.

Als nachteilig wurde lange der schlechtere Bedienkomfort von Webanwendungen empfunden, denn das WWW war ursprünglich für die reine Anzeige von Webseiten und nicht für die Bereitstellung von Anwendungen gedacht. Dementsprechend ist der Basisstandard zur Beschreibung von Webseiten und somit auch Workflow-Masken, die Hypertext Markup Language (HTML), lediglich mit einem rudimentären Set an Steuerelementen ausgestattet. Beliebte Desktop-Funktionalitäten wie „drag and drop“ sind auf klassischen Webseiten nicht möglich.

Weiterhin bezieht sich die herkömmliche Kommunikation zwischen einem Webbrowser, der auf der Workstation des Anwenders läuft, und der eigentlichen Anwendung auf dem Server traditionell auf die gesamte Webseite, somit auch auf die komplette Maske. Das hat zur Folge, dass eine punktuelle Aktualisierung einzelner Steuerelemente (Textfelder, Auswahllisten etc.) in einer Maske nicht möglich ist, sondern immer die gesamte Maske aktualisiert wird, was den Bedienkomfort zusätzlich verschlechtert.

Eine Entwicklung, die diese Problematik adressiert und in jüngster Zeit immer beliebter wird, ist die Ajax-Technologie (Bild 3.6). Ajax steht für „Asyn-

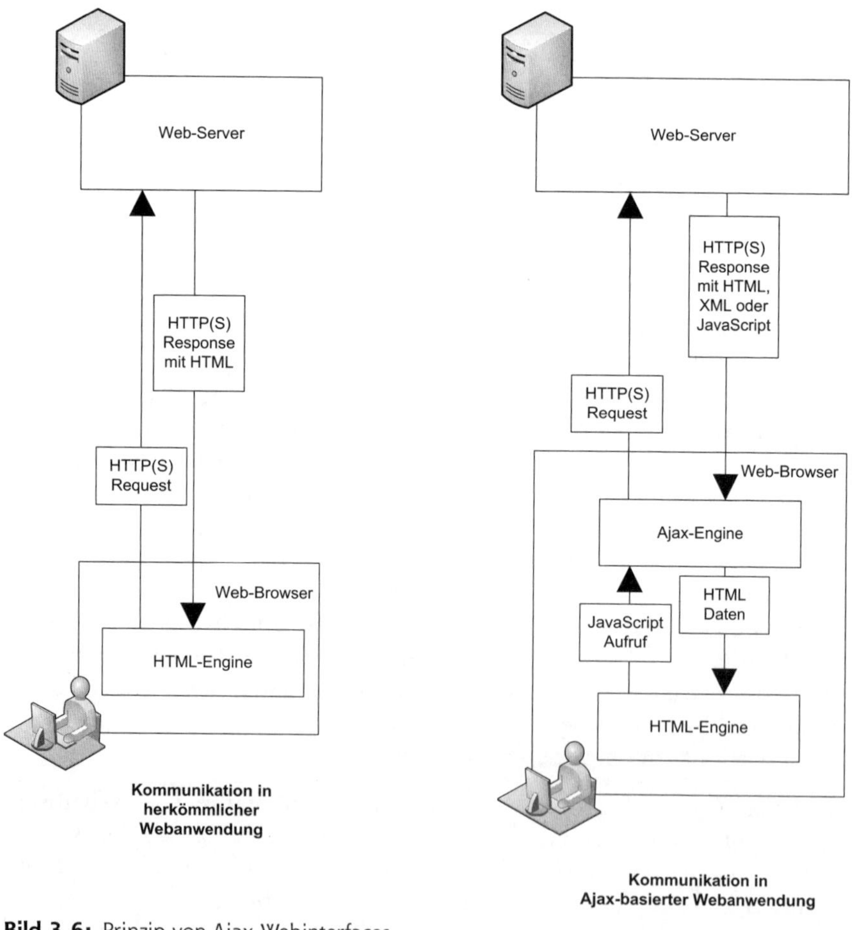

Bild 3.6: Prinzip von Ajax-Webinterfaces

chronous JavaScript and XML". Dahinter steckt eine umfangreiche Nutzung der Programmiersprache JavaScript (nicht zu verwechseln mit Java), die von allen modernen Webbrowsern interpretiert werden kann. Mithilfe von Ajax können innerhalb einer HTML-Seite separierte Server-Anfragen (sogenannte HTTP-Requests) abgesetzt und kann das Ergebnis in Steuerelementen ausgewertet werden, ohne dass die Seite komplett neu geladen werden muss. Auf diese Weise können einzelne Bestandteile einer Maske aktualisiert werden, um beispielsweise eingegebene Daten zu validieren oder kontextsensitive Hilfetexte anzuzeigen.

Gleichzeitig wurden auf Basis von JavaScript weitere, die Bedienung unterstützende Funktionalitäten entwickelt, wie z. B. das bereits angesprochene „drag and drop". In der Summe können Masken bereitgestellt werden, die dem Bedienkomfort von Desktop-Anwendungen annähernd entsprechen. Seit 2005 wird unter dem populär gewordenen Begriff „Web 2.0" aus technischer Sicht diese Verbesserung von Interaktionselementen verstanden (und aus soziologischer Sicht die Partizipation von Websurfern an der Gestaltung von Webinhalten).

Obwohl JavaScript im Allgemeinen und Ajax im Besonderen bereits heute signifikante Vorteile im webbasierten Human Workflow Management generieren, sind auch noch einige Praxisprobleme vorhanden:

- Die Unterstützung von JavaScript wurde lange Zeit aufgrund von Sicherheitsbedenken in vielen Webbrowsern nicht aktiviert, da JavaScript als potenzielles Sicherheitsrisiko galt bzw. teilweise noch heute gilt. Dieses Problem ist dann akut, wenn als unternehmensweite Regelung sämtliche Browser der Belegschaft kein JavaScript verwenden dürfen. Ansonsten kann es vernachlässigt werden, weil nicht davon auszugehen ist, dass die Hersteller von BPM-Suites böswillige JavaScript-basierte Programme auf den Systemen ihrer Kunden einschleusen möchten.
- Ajax erhöht die Komplexität von Webanwendungen gegenüber einfachem HTML. Das führt automatisch zu einem erhöhten Fehlerrisiko und den damit verbundenen Testaufwänden, um Softwarefehler zu vermeiden.
- Im Gegensatz zu Desktop-Anwendungen kann auch eine Ajax-basierte Webanwendung Aktualisierungen in der Maske des Anwenders nur dann vornehmen, wenn dies durch den Anwender oder das JavaScript-Programm ausgelöst wird, nicht aber, wenn die auf dem Server befindliche Anwendung die Maske aktualisieren möchte. Das bedeutet, es muss browserseitig eine regelmäßige Anfrage beim Server erfolgen, ob ein bestimmtes Ereignis stattgefunden hat, um dieses in der Maske auszuwerten und dem Benutzer anzuzeigen (Polling). Dieser Mechanismus ist in der Implementierung aufwendig und erzeugt im Betrieb eine höhere Auslastung des Servers.

- Ein scheinbar banales, in der Praxis aber ernst zu nehmendes Problem ist die Tatsache, dass Ajax-basierte Webanwendungen den beliebten „Zurück"-Button des Webbrowsers aushebeln, d. h., die Schaltfläche bewirkt nicht die gewohnte Funktionalität und kann im schlimmsten Fall sogar zu absolut unterwarteten und unerwünschten Aktionen führen. Dasselbe gilt für die Schaltfläche „Aktualisieren". Für dieses Problem existieren zwar technische Lösungsansätze, diese müssen bei der Konzeption eines modernen, webbasierten Human Workflow Management aber auch rechtzeitig eingeplant werden, was aufgrund der mangelnden Sensibilität für das Problem aufseiten der Entwicklung häufig vernachlässigt wird.

Die wesentliche Stärke des webbasierten Human Workflow Management ist die Flexibilität der Gestaltung von Masken. Diese können zum einen inhaltlich genau an die abzubildenden Prozesse angepasst werden, um also die benötigten Datenfelder und Steuerelemente zu enthalten, und zum Zweiten optisch flexibel gestaltet werden, um beispielsweise das Corporate Design des Unternehmens umzusetzen. Diese Maskengestaltung kann in vielen verfügbaren Lösungen mithilfe von Formular-Editoren geschehen, die eine grundsätzliche Zusammenstellung nach dem What-You-See-Is-What-You-Get-Prinzip mit der Maus erlauben. Allerdings ist es illusorisch zu glauben, man könne die vollständigen Masken eines Human Workflow ebenso einfach wie eine PowerPoint-Präsentation entwerfen. Tatsächlich sind im Feinschliff Tätigkeiten erforderlich, die dem Programmieren zumindest nicht unähnlich sind. So setzen beispielsweise einige BPM-Suites die Transformationssprache XSLT ein (vgl. Abschnitt 3.3.1.3), um HTML-basierte Workflow-Masken zu generieren, was bedeutet, dass der Maskengestalter XSLT beherrschen muss.

In Bild 3.7 ist exemplarisch dargestellt, wie die webbasierte Einbindung von Prozessbeteiligten auf Basis von XML technisch funktionieren kann: Wenn im Rahmen der Prozessdurchführung eine Aufgabe zu erledigen ist, wird der XML-Datenstrom (das Vorgangsobjekt) in einen Maskengenerator geleitet. Dieser verarbeitet die Daten mithilfe eines XSLT-Skripts, das als Masken-Template dient und sowohl Anzeigefelder (Textfelder, Listen etc.) als auch Interaktionselemente (Buttons, Checkboxen etc.) im XHTML-Format generiert. Die entstandene Webseite wird dem Prozessbeteiligten angezeigt (gegebenenfalls nachdem er in seiner Aufgabenliste auf die neue Aufgabe geklickt hat), und er kann die Erledigung der Aufgabe markieren, indem er die abgefragten Inhalte einträgt und das Formular bestätigt. Die erfassten Daten fließen wiederum in den Maskengenerator, der den Datenstrom entsprechend aktualisiert und das Ergebnis an seinen Nachfolger im Prozessfluss weitergibt.

Ein zunehmend beliebter Ansatz zur Einbindung von Prozessbeteiligten ist die Kombination von E-Mail und Webanwendung: Hierbei wird der Mit-

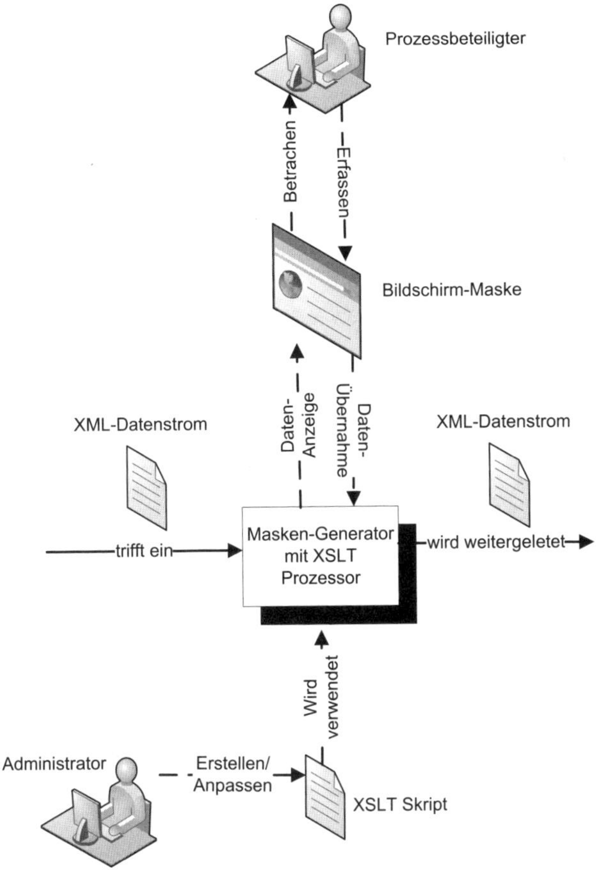

Bild 3.7: Einbindung von Prozessbeteiligten auf Basis von XML und HTML

arbeiter oder externe Partner wie bereits dargestellt per E-Mail von der Workflow Engine aufgefordert, eine beistimmte Aufgabe auszuführen (oder über den Status oder das Ergebnis eines Prozesses informiert). Die Detailinformationen bzw. die Interaktionsmaske, die mit diesem Hinweis verbunden ist, befindet sich jedoch nicht in der E-Mail, sondern ist in der Webanwendung zu finden, auf die aus der E-Mail heraus verlinkt wird (Bild 3.8).

3.2.2.4 Mobile Clients (SMS, Palm etc.)

Vor dem Hintergrund des Siegeszuges mobiler Endgeräte, seien es „einfache" Handys, intelligente Smartphones oder der Personal Digital Assistant, ist die Einbindung von Prozessbeteiligten über solche Kanäle zunehmend attraktiver geworden. Der einfachste und in der Praxis häufig ausreichende Weg ist

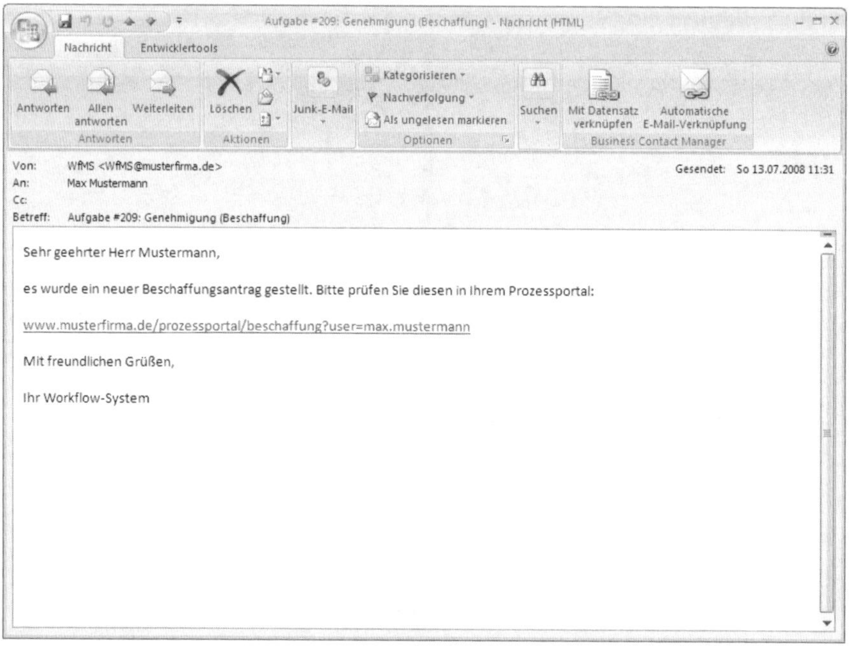

Bild 3.8: Aufgabenzuweisung per E-Mail und Link

die Interaktion mit Mitarbeitern und Partnern via SMS, die diese von der Workflow Engine empfangen bzw. an diese zurücksenden. Hierbei ist ein Vorgehen ähnlich der Einbindung mit einfachen E-Mails denkbar, sodass SMS-Nachrichten auch Links auf Webseiten enthalten können, die wiederum speziell für mobile Endgeräte ausgelegt sind.

Aber auch die direkte technische Umsetzung von Aufgabenlisten auf Smartphones ist möglich, z. B., wenn diese die Programmiersprache Java unterstützen, was zunehmend der Fall ist. Diese Implementierung ist jedoch aufwendiger und fehlerträchtiger und findet deshalb in der Praxis bislang keine breite Verwendung.

3.2.3 Abbildung von Rollen und organisatorische Beziehungen

3.2.3.1 Rollen in Workflows

Eine wichtige Funktion des Human Workflow Management ist die Umsetzung von Rollenkonzepten. Zugrunde liegt der Wunsch, dass die am Prozess beteiligten Mitarbeiter ihre Aufgaben nicht immer persönlich zugewiesen bekommen, sondern weil sie eine bestimmte Stelle bekleiden bzw. eine bestimmte Funktion im Unternehmen übernommen haben. Rollen müssen also in der Modellierungskomponente des Workflow-Systems definiert und einzelnen Mitarbeitern zugeordnet werden, wobei hier in der Regel eine M:N-Zuordnung möglich ist, d.h., eine Rolle kann von unterschiedlichen Personen (M) bekleidet werden, eine Person kann aber auch unterschiedliche Rollen (N) übernehmen.

3.2.3.2 Beziehungen zwischen Prozessbeteiligten

Zusätzlich müssen häufig bestimmte Vorgangsobjekte ausgehend von Beziehungen zwischen den Prozessbeteiligten zugewiesen werden (Bild 3.9).

Ein leicht nachvollziehbares Beispiel für diesen Umstand ist der Urlaubsantragsprozess: Dieser wird von einem bestimmten Mitarbeiter gestellt. Das Workflow-System muss das Vorgangsobjekt, den Urlaubsantrag, dem Mitarbeiter zur Prüfung vorlegen, der gegenüber dem Antragsteller die Rolle „Abteilungsleiter" einnimmt. Es findet also sowohl eine Auswertung der Rolle als auch der Beziehung gegenüber dem Antragsteller statt, um nicht irgendeinen Abteilungsleiter, sondern den richtigen anzusprechen. Hat der Abteilungsleiter den Urlaubsantrag genehmigt (indem er in der Maske zur Aufgabenbearbeitung den entsprechenden Button angeklickt hat), wird zum einen der Antragsteller informiert, zum Zweiten wird einem Mitarbeiter, der die Stelle „Sachbearbeiter" in der Personalabteilung bekleidet, der Vorgang in die Aufgabenliste gelegt, um ihn im Personalsystem einzubuchen und zu archivieren.

Der letzte Schritt macht ein weiteres Prinzip der rollenbasierten Aufgabenzuordnung deutlich: Es bekommt nicht eine einzelne Person den Vorgang in die Aufgabenliste gelegt, sondern alle Personen, die die Rolle bekleiden, der die Aufgabe zugewiesen wird (hier existiert also in der Regel eine 1:N-Beziehung, d.h., eine Rolle kann zwar unterschiedliche Aufgaben zugewiesen bekommen, aber eine Aufgabe kann immer nur einer Rolle zugewiesen werden). Aus dieser zentralen, einer Rolle zugeordneten Aufgabenliste nimmt sich dann der nächste freie Mitarbeiter, der diese Rolle bekleidet, die Aufgabe zur Bearbeitung heraus, wie z.B. einer der Sachbearbeiter in der Personalabteilung.

Diese Funktionalität ist jedoch häufig dann nicht erwünscht, wenn innerhalb eines Prozesses eine bestimmte Person den Vorgang schon einmal bearbeitet hat, und dieser zu einem späteren Zeitpunkt durch die Rolle, die diese Person bekleidet hat, wieder bearbeitet werden soll. In diesem Fall kann im Workflow-System konfiguriert werden, dass automatisch derselben Person die Aufgabe in die Aufgabenliste gelegt wird, die den Vorgang schon einmal auf dem Tisch hatte, sodass die zentrale Aufgabenliste der Rolle umgangen wird. Ein typisches Beispiel hierfür wäre die Troubleticket-basierte Kommu-

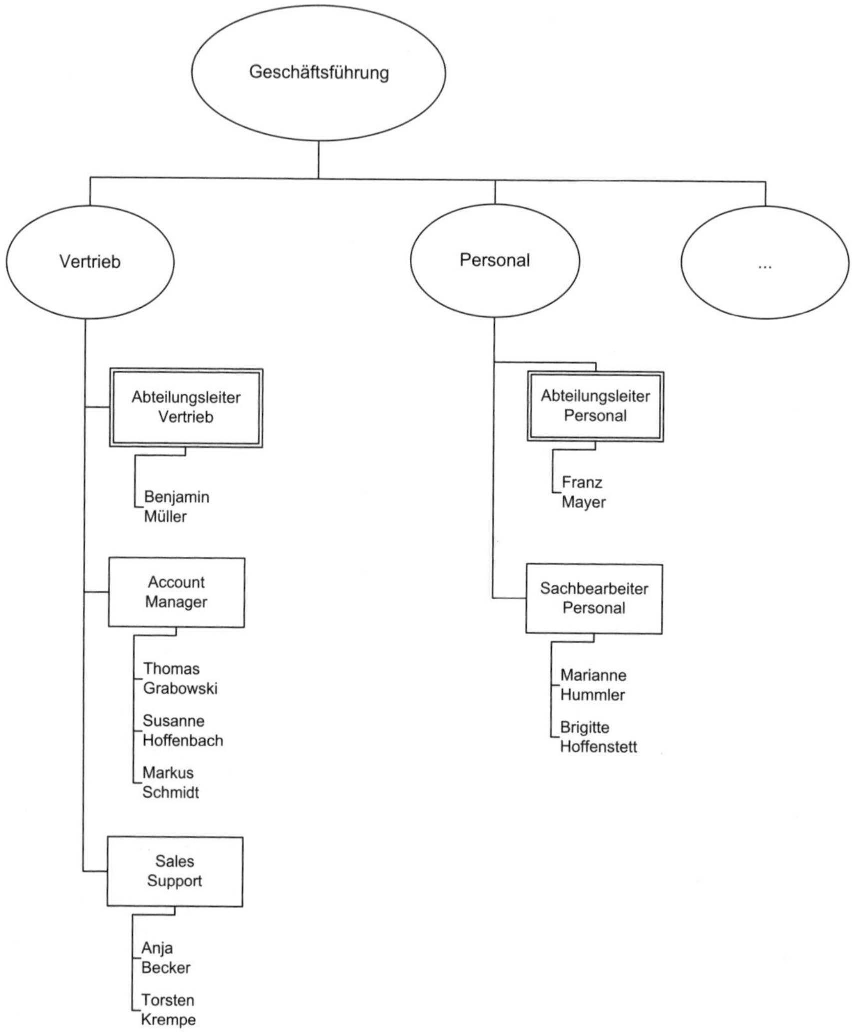

Bild 3.9: Einfaches Organigramm

nikation eines Support-Mitarbeiters mit einem Kunden, die möglicherweise einen Austausch von Mails erfordert, die stets denselben Support-Mitarbeiter erreichen sollen, sodass der Bearbeiter des Problems innerhalb des Supports konstant ist.

3.2.3.3 Vertreterregelungen

Eine weitere wichtige Beziehung zwischen den Angehörigen einer Organisation bezieht sich auf Vertreterregelungen. Es muss sichergestellt werden, dass die Aufgaben, die einer bestimmten Person zugewiesen werden, bei deren Abwesenheit von einem geeigneten Vertreter übernommen werden. Dies gilt für die tägliche Arbeit in der „realen" Welt genauso wie für automatisierte Prozesse. Deshalb werden im Organigramm, das ein Workflow-System auswertet, entsprechende Vertreterregelungen modelliert (Bild 3.10). Diese können sich entweder aus der übernommenen Funktion im Unternehmen ableiten (z.B. der stellvertretende Abteilungsleiter) oder als direkte Beziehungen zwischen einzelnen Personen modelliert werden.

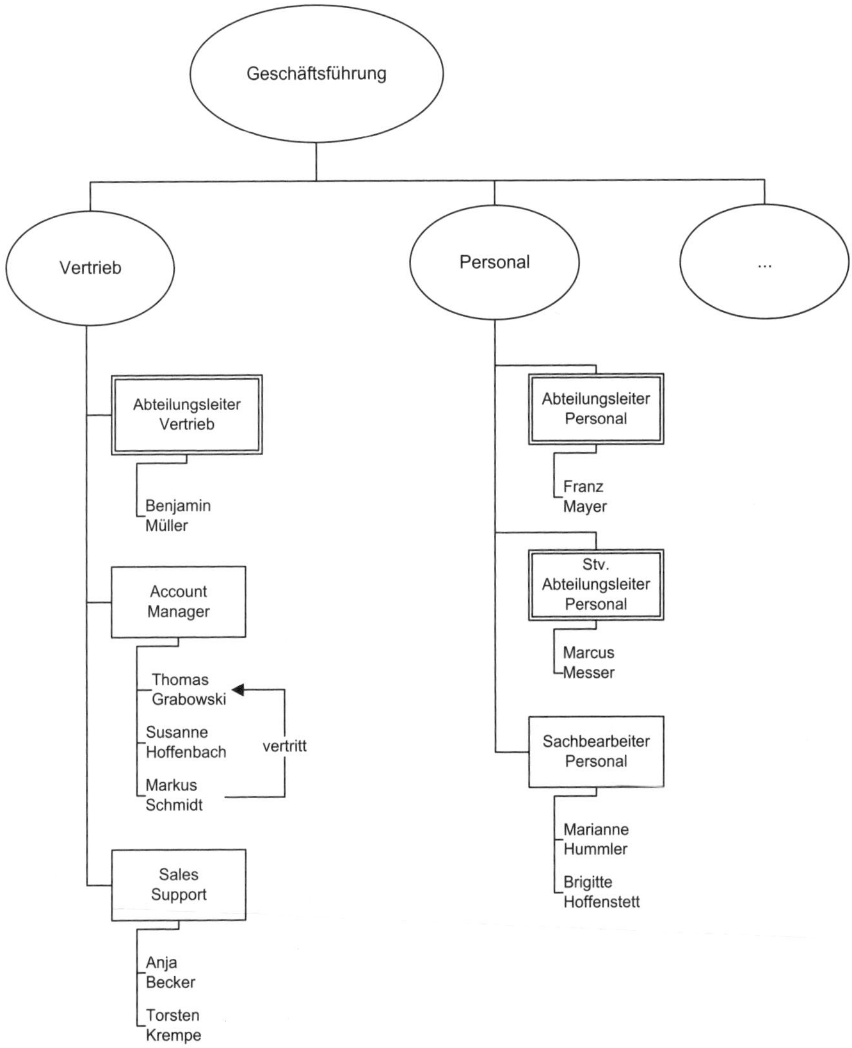

Bild 3.10: Organigramm mit Vertreterbeziehungen

3.2.3.4 Kopplung mit führenden Systemen

Die Pflege der Aufbauorganisation, indem also beispielsweise ein Organigramm modelliert wird, kann prinzipiell direkt im Human Workflow Management-System erfolgen. Mitunter führt dies jedoch zu einer redundanten Datenpflege, da es bereits bestehende HR-Systeme oder HR-Komponenten innerhalb des im Einsatz befindlichen ERP-Systems geben kann, sodass hier eine Synchronisierung erforderlich ist. Zu diesem Zweck bieten viele Human Workflow Management-Systeme entsprechende Schnittstellen, um sich beispielsweise mit SAP-HR abzugleichen, oder auch mit einem Active Directory, über das per LDAP (Lightweight Directory Access Protocol) kommuniziert wird. Gerade Letzteres kann auch zum Einsatz gebracht werden, um Zugangsdaten für Prozessportale, die auf Human Workflow Management basieren, nicht in einer eigenen Datenbank vorhalten zu müssen, sondern eine direkte Authentifizierung mit einem zentralen Active Directory oder anderen LDAP-fähigen Benutzerverzeichnis vorzunehmen.

3.2.3.5 Zuweisung auf Basis von Kompetenzprofilen

In wissensintensiven Geschäftsprozessen kann es notwendig sein, dass bestimmte Aufgaben nur von bestimmten Kompetenzträgern ausgeführt werden, die sich entsprechend spezialisiert haben bzw. die einschlägigen Erfahrungen besitzen. Bei der kompetenzbasierten Aufgabenzuweisung werden durch die Workflow Engine detaillierte Profile der infrage kommenden Mitarbeiter ausgewertet, um zu entscheiden, welche Person für die Abarbeitung der Aufgabe am besten geeignet ist. Diese Form der Zuweisung wird beispielsweise in Callcentern eingesetzt, beispielsweise im Bereich des Kundensupports oder der Reklamationsbearbeitung.

3.2.4 Timeout Management und Workload Balancing

Ein klassisches Problem suboptimaler Prozesse ist die Tatsache, dass Prüfungen „liegen bleiben“, Anfragen „verschleppt werden“ oder auch bestimmte anstehende To-dos einfach „vergessen werden“. Abstrakt gesprochen geht es immer darum, dass bestimmte Aufgaben nicht fristgerecht, d. h. zu einem definierten Termin oder innerhalb einer definierten Zeitspanne, ausgeführt werden.

Aus diesem Grunde kommen dem Timeout Management und dem Workload Balancing im Human Workflow Management eine besondere Bedeutung zu. Das Timeout Management erlaubt dem Workflow-Administrator, für die Abarbeitung von Aufgaben Fristen einzurichten (Bild 3.11). Ein Beispiel wäre, dass ein Urlaubsantrag durch den Abteilungsleiter innerhalb von zwei Tagen zu prüfen ist. Das WfMS, in dem diese Frist konfiguriert wurde und

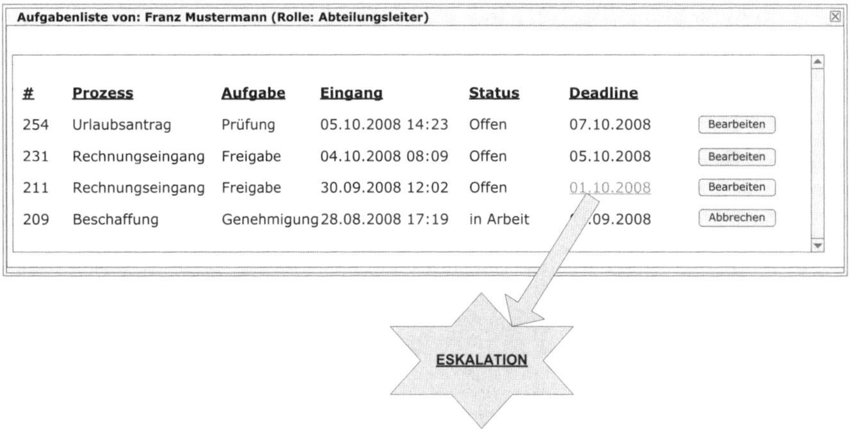

Bild 3.11: Aufgabenliste mit Deadlines

das die Aufgabe „Urlaubsantrag prüfen" zugewiesen hat, kann dadurch eine definierte Eskalation ausführen, wenn die Aufgabe nach zwei Tagen noch nicht abgearbeitet wurde (softwaretechnisch gesprochen hätte ein „Timeout" stattgefunden). Diese Eskalation kann ganz unterschiedlich gestaltet sein: Es könnte sich um eine Erinnerungsmail handeln, die dem Abteilungsleiter automatisch zugestellt wird. Eine drastischere Konsequenz wäre eine E-Mail, die dem Vorgesetzten des säumigen Aufgabenträgers zugestellt wird, damit dieser den Druck erhöht (dies würde die in Kapitel 3.2.3 dargestellte Hinterlegung von Rollen erfordern). Auch die Zuweisung der Aufgabe an den hinterlegten Vertreter des Abteilungsleiters wäre denkbar. Prinzipiell kann ein Eskalationsprozess genauso frei gestaltet sein wie der Workflow selbst, es wäre also z. B. auch ein mehrstufiges Verfahren mit einer ersten Erinnerungsmail und späterer Eskalation an den Vorgesetzten denkbar.

Nicht immer, aber häufig, ist die Ursache einer Verschleppung von Aufgaben die Überlastung einzelner Mitarbeiter. Diese haben so viele Vorgänge auf dem Tisch, dass sie diese nicht rechtzeitig abarbeiten können und sich in ihrer persönlichen Aufgabenliste ein Rückstau ergibt. Zum selben Zeitpunkt können andere Mitarbeiter, die diese Vorgänge ebenfalls bearbeiten könnten, unausgelastet sein, d. h., es ergeben sich dort Leerläufe. Dieses Problem tritt insbesondere in komplexen Organisationen auf, die wenig prozessorientiert arbeiten, sondern aus funktional oder auch geografisch gegliederten, verteilten Abteilungen bestehen.

Hier setzt das Workload Balancing an, das immer häufiger in WfMS zu finden ist: Die gefüllten Aufgabenlisten der Mitarbeiter werden durch das WfMS kontinuierlich überprüft, und es wird festgestellt, ob sie über- bzw. unterfüllt sind. Ist dies der Fall, werden Aufgaben überlasteter Mitarbeiter, die noch nicht in Bearbeitung sind, automatisch in die Aufgabenlisten unterlasteter Mitarbeiter gelegt, um eine Gleichverteilung der Arbeitslast zu erzielen.

3.2.5 Schwach strukturierte Human Workflows

Die vorgestellten Prinzipien und Methoden für das Human Workflow Management gehen von stabilen Prozessen aus. Das bedeutet, dass ein Workflow klar definiert wurde und durch die Engine in immer gleicher Weise abgearbeitet werden kann. Eventuelle Varianten in der Abarbeitung sind durch klar definierte Verzweigungen mit entsprechenden Prozesspfaden vorhergesehen. Sollte eine Prozessveränderung stattfinden, wird der Workflow vollständig oder punktuell umdefiniert. Eine Veränderung der sachlich-logischen Reihenfolge der Arbeitsschritte **während** einer Prozessausführung, eventuell sogar durch den Prozessbeteiligten selbst ausgelöst, ist jedoch nicht möglich.

Diese Tatsache kann in bestimmten Situationen zu Problemen führen, und zwar immer dann, wenn Arbeitsschritte unvorhergesehen übersprungen oder zusätzlich durchgeführt werden sollen. Ein typisches Beispiel wäre ein Bestellprozess, in dessen Verlauf sich ergibt, dass der Kunde eine besonders schlechte Bonität besitzt, gleichzeitig aber eine besonders teure Ware bestellen möchte. Nun könnte es erforderlich sein, dass der Vorgesetzte des Kundenbetreuers diesen Vorgang explizit prüft und genehmigt, oder auch, dass die Ware nicht wie im Prozessmodell vorgesehen auf Rechnung, sondern lediglich auf Vorkasse, also nach vorherigem Zahlungseingang, geliefert wird. Die erste Variante der zusätzlichen Prüfung kann in vielen WfMS durch eine integrierte Delegationsfunktion abgebildet werden, bei der ein Mitarbeiter die ihm zugewiesene Aufgabe an einen von ihm zu bestimmenden Kollegen, Vorgesetzten etc. mit einem Kommentar versehen weiterleitet. Die zweite Variante hingegen stellt eine umfangreiche Prozessänderung dar, die in aller Regel nur schwer in WfMS abgebildet werden kann. Nichtsdestotrotz gibt es Systeme, die eine Unterstützung für dieses Szenario, die sogenannten Adhoc-Workflows, anbieten. Diese weisen dann signifikante Ähnlichkeiten mit klassischen Collaboration-Systemen, wie Groupware-Server, auf.

3.3 Prozessorientierte Anwendungsintegration

3.3.1 Klassische Anwendungsintegration

3.3.1.1 Problematik einer heterogenen IT-Landschaft

Mit der Einführung von ERP-Systemen erhofften sich in den 90er-Jahren viele Unternehmen eine Abschaffung ihres „Software-Zoos", also der bis dahin im Einsatz befindlichen Sammlung isolierter Anwendungen. Die Erfahrungen der letzten zehn Jahre zeigen jedoch, dass diese Hoffnung häufig enttäuscht wurde – früher oder später reicht auch das leistungsfähigste ERP-System nicht mehr aus, um tatsächlich alle Geschäftsprozesse abbilden zu können. Insbesondere dann nicht, wenn die Dynamik des Marktes, auf dem das Unternehmen agiert, zunimmt, und die strategische und somit auch organisatorische und prozessuale Ausrichtung häufig angepasst werden müssen. Mittlerweile gehört der Glaube an die eierlegende Wollmilchsau, gern auch „ERP-Killerapplikation" genannt, in den meisten Unternehmen der Vergangenheit an, und man konzentriert sich stattdessen auf Lösungsansätze, um das Zusammenspiel der verschiedenen genutzten Systeme zu optimieren.

Dieses Zusammenspiel ist von essenzieller Bedeutung, weil viele Geschäftsprozesse nicht nur in einem System, sondern in vielen abgewickelt werden. Der Wechsel von einem System zum nächsten stellt jedoch einen Systembruch (Bild 3.12) dar, der mit Aufwänden und einem erhöhten Fehlerrisiko verbunden ist – wie z. B. die Kundendaten, die manuell abgetippt werden müssen, um aus dem CRM-System in das Fibu-System überführt zu werden.

Die Überwindung von Systembrüchen kann durch zwei verschiedene Ereignisse ausgelöst werden:

- **Regelmäßiger Zeitpunkt**
  Ein zeitgesteuerter Datenaustausch findet meistens statt, um **Stammdaten** aus System A in das System B zu überführen, bzw. diese miteinander abzugleichen. In der Regel wird eine Uhrzeit gewählt, zu der ansonsten nicht

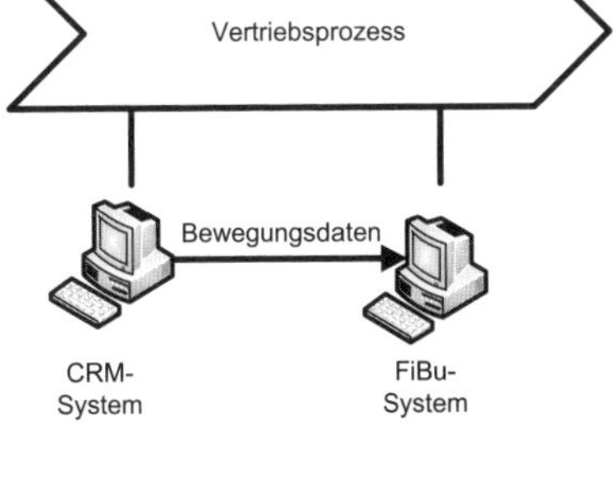

Bild 3.12: Systembruch im Prozess

gearbeitet wird, also z. B. von 01:00 Uhr bis 03:00 Uhr nachts, um die Auslastung des Netzwerks nicht zu sehr zu strapazieren.

- **Ereignis im Prozess**
  Dies kann eine Benutzeranweisung sein (z. B.: „Daten in System B überführen"), oder auch ein Zustand, der im System erreicht wird und automatisch die Datenüberführung anstößt. Ein ereignisgesteuerter Datenaustausch bezieht sich in der Regel auf **Bewegungsdaten**, es werden also abstrakte Vorgangsobjekte, wie z. B. der Urlaubsantrag, transportiert, weshalb sich hier ein direkter Bezug zum Prozessablauf herstellen lässt.

3.3.1.2 Point-to-Point, Hub and Spoke und Bus-oriented

Die naheliegende und deshalb in vielen Unternehmen auch heute noch praktizierte Lösung ist die Programmierung einer direkten Schnittstelle zwischen zwei Systemen, um den Systembruch innerhalb eines Prozesses, der beide Systeme einbezieht, abzuschaffen. Diese Schnittstelle kann auf unterschiedlichen Kanälen basieren, wie dem Aufruf einer direkten Schnittstelle, dem Austausch von Dateien, oder auch der direkten Manipulation von Daten, die System 2 in einer Datenbank hält, durch das System 1. Die Vor- und Nachteile dieser unterschiedlichen Ansätze werden im Abschnitt 3.3.3 genauer betrachtet.

Unabhängig vom verwendeten Kanal ist jedoch diese direkte Integration, auch **Point-to-Point-Integration** (Bild 3.13) genannt, zwar kurzfristig die einfachste, langfristig aber häufig nicht die sinnvollste:

Die Programmierung von Schnittstellen ist keine triviale Aufgabe, sondern technisch anspruchsvoll. Auch ist das Ergebnis ein Programmcode, dessen

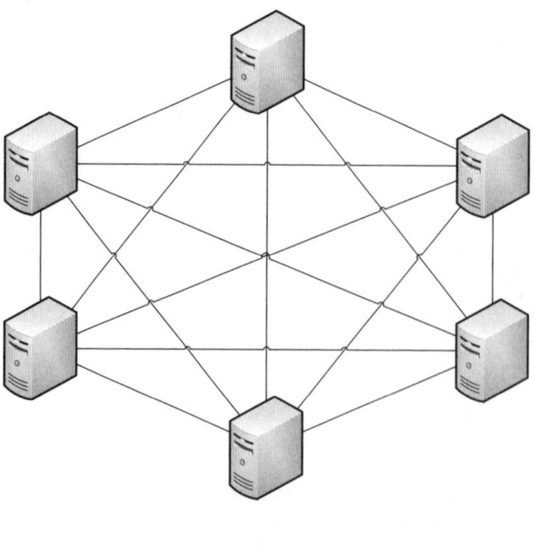

Bild 3.13: Prinzip der Point-to-Point-Integration

Anpassbarkeit relativ aufwendig ist. Dies ist gerade in einem dynamischen Umfeld mit häufigen Prozess- und somit auch Schnittstellenanpassungen problematisch.

Dieses Problem wird dramatisch verschärft durch die Tatsache, dass die Anzahl der benötigten Schnittstellen überproportional zur Anzahl der Systeme wächst, die miteinander integriert werden müssen.

Formel zur Berechnung der benötigten Anzahl Schnittstellen x in einer Point-to-Point-Integrationsarchitektur mit n Anwendungen:

$$x = \frac{n * (n - 1)}{2}$$

Somit ergeben sich bei fünf Anwendungen zehn Schnittstellen, die entwickelt und gewartet werden müssen, und bei 20 Anwendungen sind es bereits 190 Schnittstellen, was im Grunde nicht mehr vernünftig zu leisten ist.

Vor diesem Hintergrund hat sich die Hub-and-Spoke-Architektur zur Anwendungsintegration entwickelt, die – im Gegensatz zum Point-to-Point-Ansatz – mit dem weitverbreiteten Begriff der „Enterprise Application Integration (EAI)“ verbunden werden kann (Bild 3.14). Im Zentrum dieser Architektur steht ein EAI-Server, also eine Software, die die Entgegennahme und den Versand von Daten aus bzw. an die angeschlossenen Anwendungen übernimmt. Der Vorteil liegt auf der Hand: Es muss pro Anwendung nur noch eine Schnittstelle entwickelt werden, nämlich die zur Anbindung an den EAI-Server, um die Anwendung mit allen anderen angeschlossenen Anwendungen zu integrieren. Ein weiterer Vorteil sind die zahlreichen Konnektoren, die von den Anbietern von EAI-Systemen bereits mitgeliefert werden, und die eine eigene Schnittstellenprogrammierung häufig überflüssig machen. Da mit einer solchen Lösung relativ hohe Investitionen verbunden sind (in der Regel im fünfstelligen Euro-Bereich), macht sie nur in Unternehmen Sinn, bei denen tatsächlich langfristig mehr als zwei oder drei Anwendungen integriert werden müssen.

Ein Nachteil des Hub-and-Spoke-Ansatzes besteht ebenfalls in der Skalierbarkeit: Wenn sehr viele Anwendungen integriert werden müssen und der Datenaustausch häufig und mit hohen Volumina stattfindet, stellt der EAI-Server in Bezug auf die Performance schnell einen Flaschenhals dar. Dieses Problem ist eine direkte Folge der (eigentlich gewünschten) Zentralisierung der Austauschplattform. Jüngere Konzepte wie das des Enterprise Service Bus (ESB) greifen deshalb den Gedanken der Dezentralisierung mithilfe verteilter Softwarekomponenten auf, um dieses Problem zu umgehen.

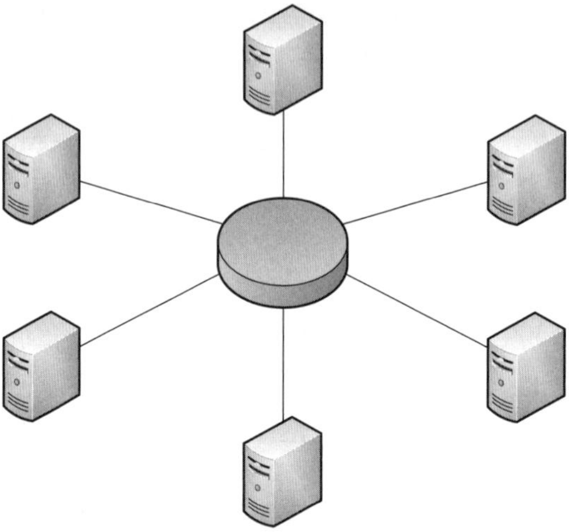

Bild 3.14: Prinzip der Hub-and-Spoke-Integration

3.3.1.3 Datentransformationen

Ein großes Problem in der praktischen Anwendungsintegration sind die unterschiedlichen Datenstrukturen der jeweiligen Anwendungen. Mittlerweile existiert eine standardisierte, d. h. anwendungsübergreifende Form der Datendarstellung, die sich weltweit durchgesetzt hat: die Extensible Markup Language (XML). Die XML besitzt eine definierte Syntax, die einerseits eine sehr präzise Datenbeschreibung ermöglicht, was für den Einsatz in Anwendungsschnittstellen unabdingbar ist, die aber gleichzeitig auch für Menschen relativ leicht lesbar ist. Da XML-Dateien zeichenbasiert und nicht binär sind, sind sie plattformunabhängig – ein weiterer wichtiger Grund für den weltweiten Erfolg der Sprache.

XML in ganzer Breite darzustellen würde den Rahmen dieses Buches sprengen, es soll jedoch zum besseren Verständnis ein einfaches Datenobjekt „Beschaffungsantrag“ exemplarisch in XML dargestellt werden:

```
<Beschaffungsantrag>
      <Antragsteller>
            <Nachname>Testperson</Nachname>
            <Vorname>Claudia</Nachname>
      </Antragsteller>
      <Bueromittel>
            <Bezeichnung>Schreibtischlampe</Bezeichnung>
            <Preis>49,90</Preis>
      </Bueromittel>
      <Begruendung>Alte Lampe ist kaputt</Begruendung>
</Beschaffungsantrag>
```

Die zwei Basisprinzipien von XML sind in diesem Beispiel erkennbar:

- Datenfelder werden in spitze Klammern gesetzt, die sogenannten „Tags“, wobei <Datenfeld> ein „öffnendes“ Tag ist und </Datenfeld> ein schließendes. Der Inhalt des Datenfeldes steht zwischen dem öffnenden und dem schließenden Tag.
- Datenfelder können verschachtelt werden, womit komplexere Objektstrukturen in der Datenbeschreibung ermöglicht werden. In diesem Beispiel besteht ein Beschaffungsantrag aus einem Antragsteller, einem (gewünschten) Büromittel und einer Begründung des Antragstellers. Der Antragsteller wiederum besitzt einen Nachnamen und einen Vornamen, das Büromittel eine Bezeichnung und einen Preis.

Die am Markt befindlichen EAI-Server und Bussysteme haben sich mittlerweile mehrheitlich auf XML als zentrales Datenformat festgelegt, d.h., sie konvertieren die Daten der angeschlossenen Anwendungen aus den jeweiligen Formaten nach XML bzw. stellen den Anwendungen ihre Daten im jeweiligen Format bereit, indem sie diese aus XML dorthin konvertieren.

Dabei benutzen diese Systeme zwei weitere Standards, die sich im Umfeld von XML entwickelt haben:

Der erste lautet „XML Schema“ und ist ein Regelwerk zur Beschreibung von XML-Daten**strukturen** (XML Schema Definition [XSD]), um die allgemeine Syntax, die durch XML bereitgestellt wird, für ganz bestimmte Arten von XML-Dateien durch Restriktionen bewusst einzuschränken. Eine solche Restriktion kann beispielsweise die Festlegung sein, dass ein Beschaffungsantrag auf jeden Fall das gewünschte Büromittel enthalten muss, und dass zum gewünschten Büromittel auf jeden Fall ein Preis angegeben werden muss, der wiederum nur als Zahl mit zwei Nachkommastellen genannt werden darf. Mithilfe von XSD lassen sich also sowohl primitive als auch komplexe Datentypen definieren, was in der Praxis ein erfolgsentscheidendes Werkzeug zur Sicherung der Datenqualität ergibt: Ein EAI-Server oder Service Bus kann die aus den Anwendungen erhaltenen Daten gegen das definierte Schema prüfen, und im Falle einer Abweichung z.B. die Datenannahme verweigern und/oder eine Fehlermeldung an den Administrator schicken. Dieser präventive Umgang mit „schlechten“ Daten ist um ein Vielfaches besser, als wenn diese einfach unbesehen an das nächste System geleitet und dort importiert würden, um dann zu einem sehr viel späteren Zeitpunkt im Prozess für Irritationen oder kritische Fehler zu sorgen.

Der zweite Standard heißt „Extensible Stylesheet Language Transformation (XSLT)“. XSLT ist eine Programmiersprache zur Transformation von XML-Daten. Eine solche Transformation ist in der Praxis der Anwendungsintegration sehr häufig notwendig, um den diversen unterschiedlichen Datenstrukturen gerecht zu werden. XSLT-Dateien sind selbst in XML dargestellt. Im

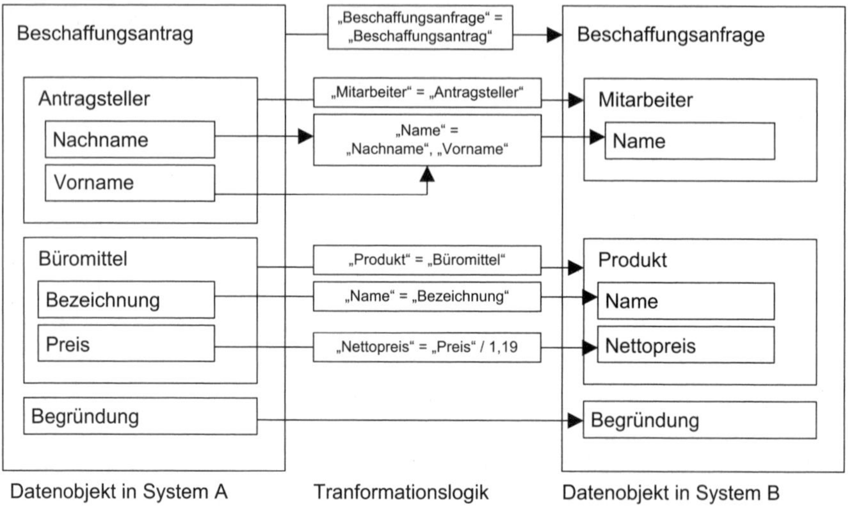

Bild 3.15: Einfache Transformationslogik

Bild 3.15 wird das Datenobjekt „Beschaffungsantrag" aus einer Struktur, die für System A geeignet ist, in eine andere Struktur transformiert, um wiederum System B bereitgestellt werden zu können. Solche Transformationsregeln können sehr einfach sein, indem der Inhalt eines Feldes auf ein Feld gemappt wird, das einfach nur anders bezeichnet ist. Oder sie sind hochgradig komplex und beinhalten komplizierte Algorithmen zur Berechnung von Werten oder dem Zusammenführen oder Aufteilen von Zeichenketten.

In diesem Beispiel wird das Datenobjekt „Beschaffungsantrag", wie System A es kennt, auf das für System B geeignete Datenobjekt „Beschaffungsanfrage" gemappt. Die beiden Objekte sind sich prinzipiell ähnlich, beide beinhalten einen Antragsteller, der in System B „Mitarbeiter" heißt, ein Büromittel (A) bzw. Produkt (B) und eine Begründung. Allerdings besteht der Mitarbeiter in System B nicht aus zwei separierten Datenfeldern, sondern einem einzigen, weshalb in der Transformationslogik die beiden Datenfelder „Nachname" und „Vorname" zusammengefasst werden müssen. Außerdem wird das Produkt in System B im Feld „Name" beschrieben und der Preis wird explizit als Nettopreis erwartet.

An dieser Stelle werden in der Transformationslogik zwei Annahmen getroffen: erstens, dass der Preis in System A stets als Bruttopreis eingetragen ist, und zweitens, dass der Mehrwertsteuersatz für das gewünschte Produkt konstant bei 19% liegt. Genau solche Annahmen sind häufig notwendig, aber auch eine häufige Fehlerquelle, da sie mitunter auf Irrtümern basieren oder zum Zeitpunkt der Einrichtung zwar zutrafen, dies nach einiger Zeit aber nicht mehr tun. Sie sind die klassischen Sollbruchstellen in einem Integrationsprojekt und müssen entweder vermieden oder explizit dokumentiert werden. In Abschnitt 3.3.4 wird dieses Problem unter dem Gesichtspunkt der inhaltlichen Datenabstimmung zwischen Unternehmen noch einmal aufgegriffen.

3.3.2 Serviceorientierte Architekturen (SOA)

3.3.2.1 Prinzipielle Erklärung und Abgrenzung

Im Kontext der Anwendungsintegration ist in jüngerer Zeit ein Paradigma der Softwaretechnik zu großer Popularität gelangt: das Prinzip der serviceorientierten Architektur (SOA). Ein negativer Nebeneffekt dieses Hypes ist die Ausdehnung des Begriffes auf verschiedenste Problemstellungen, was zu allgemeiner Verwirrung und, daraus resultierend, zum Teil sogar Ablehnung des Themas geführt hat. Aus diesem Grund soll an dieser Stelle zunächst eine Klärung und Abgrenzung des Begriffes vorgenommen werden.

Diese Klärung orientiert sich an der Differenzierung des SOA-Begriffes, die Prof. Dr. Robert Winter vom Institut für Wirtschaftsinformatik an der Universität St. Gallen vornimmt [WINTER2007].

Die Darstellung in Bild 3.16 ist angelehnt an das Business Engineering Framework der Universität St. Gallen, die zwischen fünf Ebenen der Unternehmensarchitektur unterscheidet:

- Die **strategische Ebene** bezieht sich auf die grundsätzlichen Geschäftsmodelle des Unternehmens.
- Die **organisatorische Ebene** beinhaltet u. a. die Gestaltung sämtlicher Geschäftsprozesse eines Unternehmens, insbesondere mit der Ambition der strategischen Ausrichtung.
- Die **Integrationsebene** (manchmal auch Agilitätsebene) verbindet Business und IT, indem sie die organisatorischen Anforderungen auf die unter ihr liegende
- **Softwareebene** abbildet. Diese Ebene umfasst sämtliche Anwendungen eines Unternehmens.
- Die **Infrastrukturebene** wiederum bezieht sich auf die physische IT, also auf die Computer, Netzwerke, Peripheriegeräte etc.

Während die strategische Ebene aufgrund der steigenden Dynamik in den Märkten mittlerweile alle ein bis zwei Jahre angepasst werden muss, und die organisatorische Ebene sogar alle drei bis sechs Monate, können die Ebenen Software- und Infrastruktur lediglich alle sechs bis zehn Jahre, nämlich im Rahmen umfangreicher IT-Entwicklungs- bzw. IT-Beschaffungsprojekte, angepasst werden. In der Folge ist die IT in vielen Unternehmen ein Risiko für die inzwischen geradezu überlebenswichtige Beweglichkeit geworden. Dieses

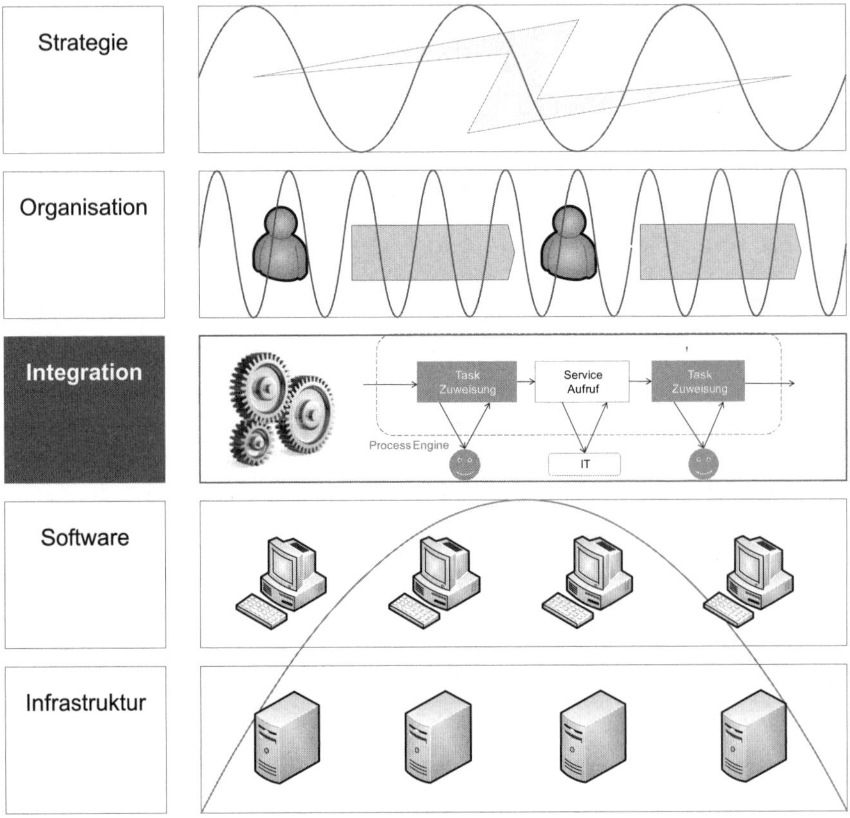

Bild 3.16: Differenzierung des SOA-Begriffes nach Winter

Agilitätsproblem soll zum einen durch die Gestaltung der Integrationsebene gelöst werden und ist zum Zweiten die wesentliche Motivation für das SOA-Paradigma. Allerdings unterscheidet Winter ausgehend vom Business Engineering Framework zwischen drei möglichen Ausprägungen der SOA-Diskussion:

Serviceorientierte Softwarearchitektur (SOSA)

Das Betrachtungsobjekt eines SOSA-Engagements sind die Anwendungen, die mit technischen Schnittstellen (Softwareservices) auszurüsten sind. Diese Services kapseln Anwendungsfunktionalität auf relativ feingranularer Ebene. Hauptambition einer SOSA sind Interoperabilität, also die Fähigkeit zur plattformübergreifenden Zusammenarbeit von Anwendungen, und Wiederverwendbarkeit der Services. Im Business Engineering Framework ist SOSA dementsprechend der Softwareebene zuzuordnen.

Serviceorientierte Integrationsarchitektur (SOIA)

Auf der Integrationsebene spielen sich die Aktivitäten zum prozessorientierten Aufbau einer SOA ab. Hier werden die auf der Softwareebene umzusetzenden fachlichen Services definiert und auf die Organisationsebene ausgerichtet. Die Gestaltungsziele einer SOIA sind dementsprechend Business-IT-Alignment und Flexibilität der Services.

Serviceorientierte Prozessarchitektur (SOPA)

Die Idee der SOPA ist wiederum die Definition von Services auf Organisationsebene, die durch Unternehmensprozesse umgesetzt werden und somit mit maximaler Effektivität und Effizienz gestaltet sein sollen.

Die von Winter vorgeschlagene Differenzierung ist sehr hilfreich, um die vielen verschiedenen öffentlichen Diskussionen, Vorschläge, aber auch die Kritik zu sortieren und zu bewerten, die sich momentan unter dem allgemeinen Schlagwort „SOA" abspielen, und um einen nüchternen Abgleich mit der Praxis vorzunehmen.

Dieser nun folgende Abgleich basiert auf den Erfahrungen und Schlussfolgerungen der Autoren dieses Buches und soll somit nicht als Auffassung von Winter oder der Universität St. Gallen dargestellt werden, auch wenn hier möglicherweise Übereinstimmungen existieren.

3.3.2.2 SOSA in der Praxis

Betrachtet man zunächst den Bereich „SOSA", so stößt man heute bereits auf viele erfolgreiche Praxisprojekte. SOSA ist ein sehr technisches Thema, und schon seit einigen Jahren haben sich die im Bereich der „Web Services" definierten Standards in der Praxis bewährt. Das Basisprinzip von Softwareservices ist das Zusammenspiel von Service-Provider, Service-Consumer und Service-Verzeichnis.

Der Consumer, also eine Anwendung, ruft einen von einem Provider, also einer anderen Anwendung, bereitgestellten Web Service auf (Bild 3.17). Der Kanal für diesen Aufruf ist in der Regel HTTP (Hypertext Transfer Protocol) bzw. das verschlüsselte und mit Authentifizierung versehene HTTPS (HTTP Secure). Prinzipiell können aber auch andere Kanäle genutzt werden, wie z.B. SMTP (Simple Mail Transfer Protocol), das auch für den Versand von E-Mails benutzt wird. Der Provider führt die mit dem Service verbundene Funktion aus und gibt das Ergebnis an den aufrufenden Consumer zurück. Dieser Nachrichtenaustausch basiert häufig, aber nicht zwangsläufig, auf dem sogenannten SOAP-Protocol. Die Beschreibung des Service, die vom Provider veröffentlicht wird und durch den Consumer vor einem Aufruf ge-

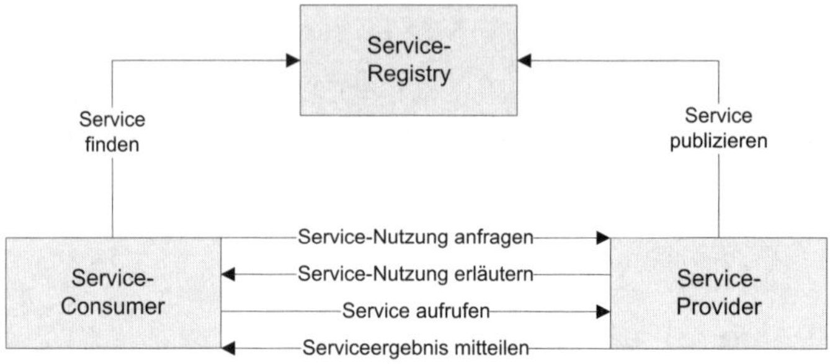

Bild 3.17: Nutzung von Web Services

lesen werden muss, enthält die „Leistungsbeschreibung" sowie die notwendigen Parameter, die der Consumer in seiner Anfrage übergeben muss, damit der Service ausgeführt werden kann. Diese Beschreibung wird in WSDL-Dateien bereitgestellt (Web Service Description Language). Beide Standards zur Realisierung von Web Services basieren ihrerseits auf XML. Proportional zur Komplexität der SOA steigt auch die Bedeutung eines Verzeichnisses, das die definierten Services verwaltet, eine sogenannte Service-Registry. Diese Registry kann von einem interessierten Service-Consumer ähnlich wie ein Telefonbuch benutzt werden, um die Adressen von Services zu ermitteln, die Leistungen bereitstellen, die der Consumer benötigt. Im Kontext von Web Services wurden solche Verzeichnisse anfangs mithilfe des ebenfalls XML-basierten Standards UDDI (Universal Description, Discovery and Integration) aufgebaut, der sich jedoch im Gegensatz zu SOAP und WSDL auf breiter Front bislang nicht wirklich durchsetzen konnte.

Mittlerweile existieren viele weitere Standards und Frameworks, die spezielle Aspekte einer Web Services-Architektur adressieren, wie z.B. das Thema Sicherheit. Wesentlich für das Verständnis aus übergeordneter Perspektive ist jedoch lediglich dieses relativ einfache Basisprinzip.

Der Gedanke hinter der SOA-Umsetzung mittels Web Services ist auch Teil des allgemeinen Strebens nach Modularisierung in der klassischen Programmierung, indem Programmlogik in Funktionen oder Methoden zusammengefasst wird, die dann aus verschiedenen anderen Programmteilen heraus aufgerufen werden können. Auch die programmiersprachenübergreifende Modularisierung von Code wird bereits seit Jahrzehnten unternommen – ein relativ bekannter Ansatz ist der bereits 1991 veröffentlichte CORBA-Standard. In der Folge ist das SOA- bzw. SOSA-Paradigma an sich nicht neu, wohl aber die Realisierung mittels Web Services, die sich gegenüber früheren Versuchen wie CORBA auf breiter Front durchsetzen konnten. Diese Differenzierung ist wichtig, um Kritikern begegnen zu können, die SOA zu Unrecht als „alten Wein in neuen Schläuchen" diskreditieren wollen.

Insgesamt sind die Potenziale und Herausforderungen, die mit reinen SOSA-Projekten verbunden sind, heutzutage weitestgehend erforscht und bekannt, sodass eine umfangreiche Praxisreife erreicht wurde. Das bedeutet nicht, dass SOSA trivial wäre. Im Gegenteil, der auf Aufbau und Betrieb einer sauberen SOA auf Softwareebene ist außerordentlich anspruchsvoll und muss von hochgradig kompetenten IT-Architekten verantwortet werden, und es existieren zahlreiche wissenschaftliche und praktische Fachbücher, die sich allein diesem Thema widmen. Der Bezug zum Geschäftsprozessmanagement ist jedoch nicht wirklich vorhanden, denn dieser wird auf der SOIA-Ebene hergestellt. Insofern ist auch die mitunter zu hörende Aussage unsinnig, SOA könne ohne Prozessmanagement nicht effektiv funktionieren – eine SOA auf reiner Softwareebene kann das sehr wohl.

3.3.2.3 SOIA in der Praxis

Die Integrations- oder Agilitätsebene umreißt das Themengebiet, das in der öffentlichen Diskussion auch gern als Zusammenspiel von BPM und SOA bezeichnet wird. Es geht um die an der Unternehmensorganisation ausgerichtete Definition und Wartung von Services sowie um ihre prozessorientierte Nutzung. Leider befinden sich die Kenntnisse und Erfahrungen im SOIA-Bereich heute noch weit unter dem Niveau der SOSA-Ebene. Das bedeutet, es existieren noch viele offene Fragen, wie eine SOIA richtig umgesetzt werden kann – und teilweise sind noch nicht einmal die richtigen Fragen gestellt worden.

Als relativ sicher gilt die grundsätzliche Feststellung, dass sich die Prozessagilität aus der Fähigkeit ableitet, definierte Services relativ einfach neu kombinieren zu können, und dass es deshalb eine Möglichkeit geben muss, die Reihenfolge der Nutzung vieler Services direkt an der Prozesslogik auszurichten und diese Reihenfolge über einen Mechanismus verändern zu können, der keine direkte Programmierung erfordert. Dieser Überlegung führt zunächst zum Ansatz der **Service-Orchestrierung**, bei dem eine Orchestration Engine die Rolle eines Dirigenten übernimmt, und wie bei einem Orchester ausgehend vom Prozessmodell mal den einem, mal den anderen Service zur Ausführung einer Aufgabe anweist. Solche Aufgaben können sich auf einfache Datenoperationen beziehen, wie das Auslesen von Kundenstammdaten aus einem CRM-System, oder auf komplexe Geschäftslogik, wie die Berechnung eines Beleihungswertes im Rahmen einer Baufinanzierung.

Sofort drängt sich der Vergleich zum Human Workflow Management auf: Dort übernimmt die Workflow Engine diese Rolle, und die am Prozess beteiligten Mitarbeiter und Partner stellen mit ihrer Arbeitskraft und Kompetenz die „Services“ bereit, die mittels Aufgabenzuweisung aufgerufen werden.

Somit wird auch ersichtlich, warum ein ganzheitliches Business Process Management die Methoden „Human Workflow Management" und „Service Orchestration" gleichermaßen abdecken muss.

Eine für die praktische Service-Orchestrierung sehr wichtige Differenzierung ist die Unterscheidung von synchronen und asynchronen Service-Aufrufen („Service Calls", Bild 3.18): Bei einem synchronen Service Call geht der Consumer davon aus, dass der Provider kurzfristig die Aufgabe abarbeiten und das Ergebnis zurückgeben wird. Dementsprechend wartet der Consumer auf diese Antwort und führt keine weiteren Prozessschritte aus. Dieses Szenario macht Sinn, wenn der Provider nicht überlastet ist oder die auszuführende Aufgabe nicht zu viel Zeit in Anspruch nimmt, wie z. B. die Ausführung einer überschaubaren Berechnung. Mitunter kann der Consumer aber nicht wissen, wie lange die Antwort des Providers auf sich warten lassen wird. Mög-

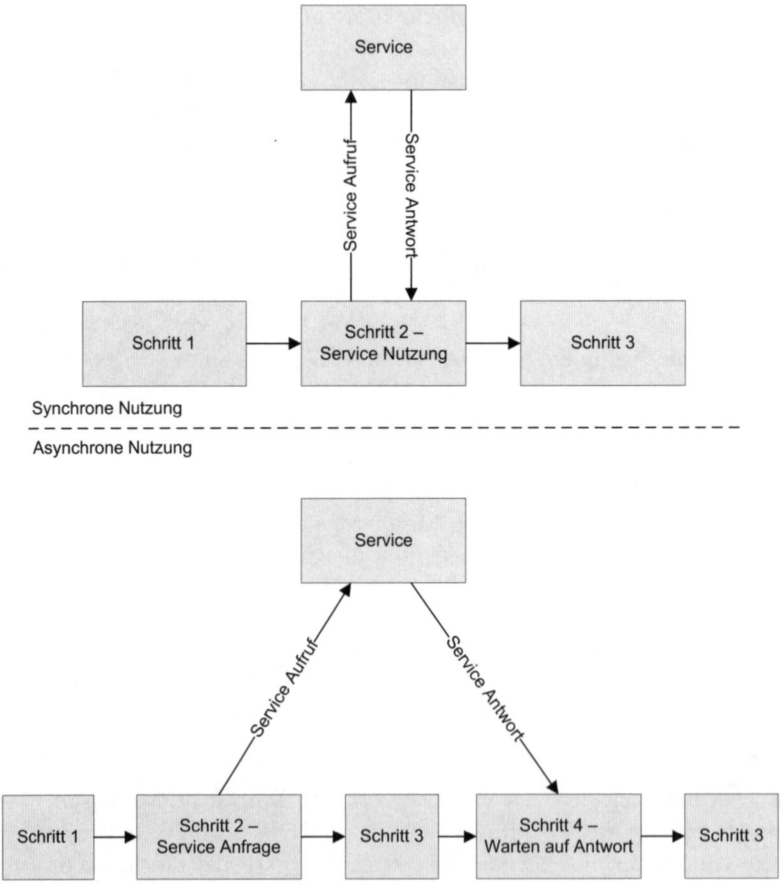

Bild 3.18: Unterschied zwischen synchronen und asynchronen Service Calls

licherweise dauert es Stunden, Tage oder gar Monate, weil die Realisierung des Service selbst ein komplexer Prozess ist. In solchen Fällen wird der Service asynchron aufgerufen, d. h., der Provider schickt nach erfolgtem Service Call lediglich eine Empfangsbestätigung und beendet dann vorerst die Kommunikation. Der Consumer führt seinen Prozess weiterhin aus, sofern er hierzu nicht auf die Antwort des Providers angewiesen ist, und irgendwann, zu einem späteren Zeitpunkt, meldet sich der Provider mit dem Ergebnis der erledigten Aufgabe. Diese Meldung findet dann als Aufruf des Consumers durch den Provider statt, weshalb dieser Vorgang auch „Callback" genannt wird.

Um diese abstrakte Darstellung besser greifbar zu machen, kann man sich Beispiele aus der physischen Welt vor Augen führen: Im Rahmen des jährlichen Prozesses der Einkommenssteuererklärung überkommt den Bürger, während er das Formular ausfüllt, eine Idee zur Steueroptimierung. Weil er nicht weiß, ob diese auch legal ist, nimmt er die Beratungsleistung seines Steuerberaters in Anspruch, und ruft diesen kurzerhand an. Technisch gesehen führt er via Telefon einen Service Call durch, wobei er in diesem Call seine Frage als Parameter übergibt, und nun darauf wartet, dass der Steuerberater die Aufgabe des darüber Nachdenkens ausführt, und ihm in seiner Antwort seine Einschätzung der rechtlichen Lage mitteilt. Solange der Bürger am Telefon sitzt und auf die Antwort wartet, unterbricht er das Ausfüllen des Formulars, und sein Prozess ist in einen Wartezustand eingetreten. Es handelt sich also um einen synchronen Service Call.

Hätte der Bürger hingegen damit gerechnet, dass der Steuerberater gerade nicht verfügbar ist oder seine Fragestellung so komplex ist, dass diese eine ausführliche Prüfung erfordert, hätte er seinen Service Call möglicherweise via E-Mail durchgeführt. Dann hätte er, ohne auf die Antwort zu warten, das Ausfüllen seines Formulars fortgesetzt. Irgendwann wäre er an einem Punkt angelangt, wo er die Antwort des Steuerberaters gebraucht hätte, um das Formular zu finalisieren, und wäre in einen Wartezustand eingetreten (zumindest, was diesen Prozess angeht). Technisch gesehen hätte er auf den Callback des Service gewartet, den er zuvor via E-Mail asynchron aufgerufen hätte (Bild 3.19).

Die Nutzung asynchroner Service Calls ist mit einer besonderen Herausforderung verbunden, die sich ebenfalls mit dem skizzierten Beispiel erklären lässt: Die Antwort des Steuerberaters erreicht den Bürger vermutlich ebenfalls per E-Mail. Dieser registriert zunächst den Erhalt und erkennt anhand des Absenders, dass es sich um eine E-Mail seines Steuerberaters handelt, und (für gewöhnlich) anhand des Betreffs, dass sich diese nicht auf die noch offene letzte Honorarabrechnung bezieht, sondern eine Antwort auf die zuvor gestellte Frage ist. Er hat also eine gedankliche Zuordnung der Nach-

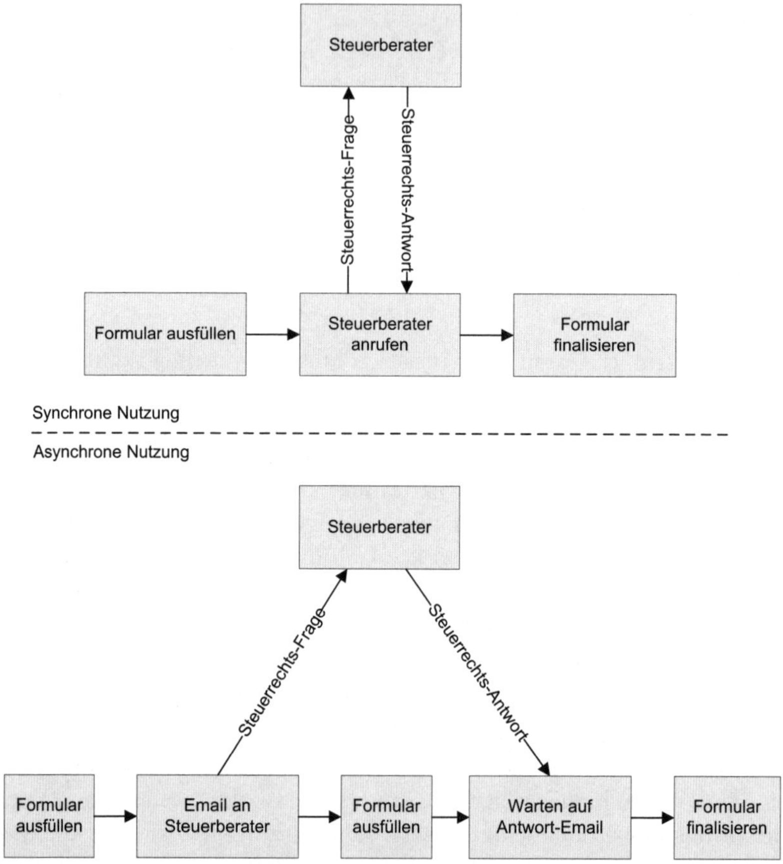

Bild 3.19: Synchrone und asynchrone Nutzung eines Steuerberaters

richt zu seinem Prozess vorgenommen. Dieser schlüsselbasierte Zuordnungsvorgang wird **Correlation Handling** genannt und ist eine unabdingbare, aber auch schwierige Anforderung im Rahmen der Service-Orchestrierung.

Einige Service Orchestration-Prozesse funktionieren aus der Business-Perspektive nur nach dem Alles-oder-nichts-Prinzip: Es müssen alle Service-Aufrufe erfolgreich durchgeführt werden. Sollte auch nur ein Service-Aufruf fehlschlagen, müssen alle bereits erfolgten Aufrufe rückgängig gemacht werden. Dieses Prinzip der Atomarität dient der Transaktionssicherheit und gilt beispielsweise im Rahmen von Überweisungen: Wenn im ersten Service Call der Betrag vom Konto A abgebucht wurde, jedoch der zweite Service Call zur Buchung auf Konto B fehlschlägt (z. B., weil es einen technischen Defekt im Netzwerk gibt), muss der Betrag auf das Konto A zurückgebucht werden, damit das Geld nicht „verloren“ geht. In derart kritischen Szenarien muss für jeden Service, der eine Aktion ausführt, vom Service-Provider ein zweiter Service bereitgestellt werden, der genau diese Aktion wieder rückgängig machen kann und durch die Orchestration Engine im Fehlerfall aufgerufen werden kann. Der Umgang mit solchen Szenarien wird für gewöhnlich **Compensation Handling** genannt.

Die bis hierher vorgestellten Konzepte

- prozessorientierte Service-Nutzung über Service Orchestration,
- synchrone versus asynchrone Service Calls,
- Correlation Handling zur Zuordnung von Callbacks sowie
- Compensation Handling zur Realisierung atomarer Service Orchestrations

sind bei Weitem nicht alle, aber die in der Praxis besonders häufigen Aspekte, die es bei der technischen Umsetzung einer SOIA zu beachten gilt. Sie werden in vielen BPM-Suites entweder proprietär oder durch Implementierung von Standards wie z. B. BPMN zur optischen Gestaltung oder BPEL zur technischen Realisierung abgebildet.

Während diese Herausforderungen, wenngleich anspruchsvoll, so doch intellektuell bereits weit durchdrungen sind, existieren weitere, vergleichsweise mangelhaft geklärte Probleme auf der SOIA-Ebene. Ein besonders schwieriges Problem bezieht sich auf die sinnvolle fachliche Abgrenzung von Services. Diese Abgrenzung mündet in eine Service-Definition, die wiederum Grundlage der Service-Implementierung ist. Dieser Prozess ist aufwendig, führt aber, sofern erfolgreich durchlaufen, erst wirklich zum gewünschten Effekt der flexiblen Nutzung von Services, um sie in verschiedenen Prozessen einsetzen zu können bzw. innerhalb eines Prozesses zu verschiedenen Zeitpunkten aufrufen zu können und somit Prozessänderungen rasch umzusetzen – also genau der Zielsetzung der Integrationsebene, die dynamische Organisationsebene mit der starren Softwareebene flexibel zu verbinden. Wenn diese organisatorische Ausrichtung fehlschlägt, führt dies im Ergebnis zu starren Services, die nur eine ganz bestimmte fachliche Anforderung abbilden und nur zu einem ganz bestimmten Zeitpunkt innerhalb eines Prozesses aufgerufen werden können. In der Konsequenz könnten die implementierten Services zwar dank Orchestration Engine relativ schnell neu kombiniert werden, sind aber selbst gar nicht fähig zu unterschiedlichen Kombinationen, weil der Grad der „losen Kopplung“ nicht ausreicht und logische Abhängigkeiten zwischen den Services bestehen, die eine bestimmte Reihenfolge der Ausführung erzwingen, obwohl diese Reihenfolge nicht zwangsläufig der Prozesslogik geschuldet ist.

Für den Prozess der SOIA-gerechten Abgrenzung, Definition und Implementierung von Services gibt es (noch) kein Patentrezept, sondern nur die häufig leidvollen Erfahrungen derjenigen, die ihn bereits durchlaufen haben. Nicht wenige gehen tatsächlich den Weg über die Prozesse: Sie sammeln sämtliche Abläufe, die durch die SOIA zukünftig unterstützt werden sollen, und identifizieren die Gemeinsamkeiten und Unterschiede der jeweils benötigten IT-Unterstützung einzelner Schritte und Aktivitäten. Aus dieser Sammlung entsteht ein Domänenmodell, in dem sich zunächst Gruppen von Services zusammenfassen lassen. Innerhalb der Domänen werden dann einzelne Services voneinander abgegrenzt, wobei es durchaus zu Überlappungen in der bereitgestellten Leistung kommen darf. Die Implementierung dieser sehr grobgranularen Services muss dann auch nicht direkt in Code erfolgen, sondern kann selbst wieder eine Orchestrierung eher feingranularer Services sein – wobei man sehr darauf achten muss, die unterschiedlichen Prozessebenen konsistent aufeinander abzustimmen. So kann es vorkommen, dass ein feingranularer Service in unterschiedlichen grobgranularen Services Verwendung findet.

Sind Services implementiert und publiziert, können sie durch die „Allgemeinheit“ innerhalb, mitunter auch außerhalb des Unternehmens genutzt werden. Aufgrund des dezentralen Charakters einer SOA muss auch nach der Implementierung der Betrieb der Services gewissenhaft betreut werden, weshalb man hier auch vom **Service Lifecycle Management** spricht. Schließlich darf es nicht passieren, dass ein Service zur Angebotskalkulation, der im Unternehmensbereich A entwickelt und betrieben wird, eines Tages abgeschaltet wird, ohne alle anderen Unternehmensbereiche, die den Service in ihren Prozessen nutzen, rechtzeitig darüber zu informieren. Eine weitere unerwünschte Entwicklung wäre die Einrichtung einer eigenen Angebotskalkulation durch Unternehmensbereich B, weil sie den Service von Bereich A für mangelhaft hält, sodass innerhalb des Unternehmens zwei verschiedene Services für dieselbe fachliche Anforderung existieren. Die Sicherstellung der Service-Verfügbarkeit, die Vermeidung eines Wildwuchses und weitere Aspekte des Service Lifecycle Management werden im Rahmen einer **SOA-Governance** organisiert. Doch auch für den Aufbau einer solchen Governance existieren bislang keine standardisierten, wissenschaftlich fundierten und praxiserprobten Verfahren, sondern lediglich die ersten punktuellen Erfahrungen von Unternehmen, die eine SOA größeren Umfangs eingeführt haben.

Abschließend muss konstatiert werden, dass sich SOIA momentan immer noch in einem Prozess der Entdeckung befindet. Zwar haben viele, vor allem größere Unternehmen bereits umfangreiche Projekte zur Steigerung ihrer Agilität durch die Einrichtung einer solchen Ebene angestoßen, und einige haben auch schon erste Erfolge melden können. Aber in der Breite existieren noch nicht ausreichend viele analysierbare Ergebnisse, um eindeutige Muster für alle auftretenden Herausforderungen ableiten zu können. Wer sich mit der Einrichtung einer SOIA beschäftigt, muss deshalb Pioniergeist und einen längeren Atem mitbringen, denn es passiert noch vieles nach dem Prinzip „Versuch und Irrtum". Es wird vermutlich noch einige Jahre dauern, bis sich der Erfahrungshorizont im SOIA-Bereich auf dem heutigen Niveau der SOSA-Ebene befindet – diese zunächst negative Feststellung bedeutet natürlich gleichzeitig auch eine Chance für Unternehmen, die als „First Mover" eine Agilitätsebene in ihrer Prozesslandschaft entwickeln und somit einen Vorsprung gegenüber ihren Wettbewerbern realisieren wollen.

Die Idee der SOIA-Ebene steht auch in einem direkten Zusammenhang mit der allgemeinen Zusammenführung der Organisations- und IT-Perspektive von Business Process Management. Weitere Herausforderungen und Lösungsansätze in diesem Themenfeld werden in Kapitel 4 beschrieben.

3.3.2.4 SOPA in der Praxis

Zum Thema Service-Orientierung auf Prozessebene gibt es über die allgemeine Zielsetzung hinaus in der Praxis momentan noch nicht viel zu sagen: Die Klärung der wesentlichen Fragen der SOIA-Ebene ist Voraussetzung, um sich überhaupt seriös mit Vorgehensweisen zur Einrichtung einer serviceorientierten Organisation befassen zu können. Deshalb ist es müßig, sich heute bereits die Frage zu stellen, wie man die eigenen Geschäftsprozesse organisatorisch „serviceorientiert" gestalten kann. Diskussionen und Publikationen zu diesem Thema rutschen derzeit schnell in eher schwammige Diskurse über Kundenorientierung und Dienstleistungsmentalität ab und münden gern in Forderungen wie: „Prozesse müssen als Service gegenüber dem Kunden gestaltet werden, denn dieser muss im Mittelpunkt der Betrachtung stehen." Diese Ambition ist zwar löblich, aber gleichzeitig eine absolute Binsenweisheit und hat mit dem eigentlichen SOA-Paradigma nichts mehr zu tun.

3.3.3 Integration bestehender Systeme (Legacy Integration)

3.3.3.1 Problematik der Altsysteme

Die aktuelle Fachliteratur zum Thema SOA beschäftigt sich überwiegend mit den theoretischen Grundlagen der angestrebten „losen Kopplung" von Applikationen, dem Service Lifecycle Management, der SOA-Governance und Aspekten wie Sicherheit und Performance. Die ausschließliche Betrachtung dieser Aspekte ist allerdings nur dort ausreichend, wo eine SOA quasi auf der „grünen Wiese" aufgebaut werden kann, indem neue Softwaresysteme entwickelt bzw. eingeführt werden.

In der aktuellen Praxis ist dieser Sachverhalt jedoch häufig überhaupt nicht gegeben: Stattdessen möchte ein Unternehmen zunächst einmal eine SOA im kleineren Rahmen einrichten und Erfahrungen sammeln, um zu sehen, ob das Konzept den erhofften Nutzen bringt und die damit verbundenen Aufwände rechtfertigt – man spricht hier auch von „think big, start small“. Solche Projekte finden in aller Regel innerhalb historisch gewachsener IT-Landschaften statt, die mit Anwendungen ausgestattet sind, die alles Mögliche können, aber keine Web Service-Schnittstellen bereitstellen.

Mit optimalen Strategien zur Anbindung bestehender Systeme, um sie in eine prozessorientierte SOA zu integrieren, beschäftigt sich die sogenannte Legacy Integration. Im Grunde handelt es sich hier um eine Verquickung des SOA-Ansatzes mit den Techniken der klassischen EAI. Die Besonderheit besteht darin, dass die bestehenden Systeme selbst häufig nicht oder nur oberflächlich angepasst werden können, eine Programmierung komplexer neuer Schnittstellen in den Anwendungen also keine Option ist. Diese Situation entsteht dann, wenn das System besonders alt und deshalb kein Support mehr verfügbar ist, wenn es sich um eine Individualentwicklung handelt, deren „Schöpfer“ nicht mehr im Unternehmen arbeitet bzw. als externer Dienstleister nicht mehr verfügbar ist, oder wenn eine solche technische Anpassung außerordentlich hohe Kosten verursachen würde. Erforderlich ist in solchen Fällen also eine „noninvasive“ oder zumindest „minimalinvasive“ Anbindung.

Die Zielsetzung ist, die Funktionen der Anwendung über standardisierte Schnittstellen (in der Regel Web Services) verfügbar zu machen. Es muss also ein Programm entwickelt werden, das sich wie eine Schale um die einzelnen Funktionen der Anwendung legt, sie nach innen über verschiedenste Kanäle anbindet und nach außen als Web Service kapselt. Diese Programme werden deshalb auch „Wrapper“ genannt, und BPM-Lösungen für die Prozessautomatisierung in IT-Landschaften mit Altsystemen müssen Wrapper-Funktionalitäten besitzen – in der Regel sind sie Teil des in der BPM-Lösung enthaltenen Enterprise Service Bus (ESB), der als Bindeglied zwischen der reinen Process Engine und den diversen zu orchestrierenden Services bzw. aufzurufenden proprietären Schnittstellen agiert (Bild 3.20).

Die möglichen Ansätze für ein solches Wrapping lassen sich grundsätzlich in Anbindungen auf Applikationsebene und in Anbindungen auf Datenebene unterteilen (Bild 3.21).

3.3.3.2 Anbindung auf Applikationsebene

Eine Anbindung auf der Applikationsebene (Bild 3.22) ist für gewöhnlich vorzuziehen, weil man definierte „Entry Points“ der Anwendung benutzt und nicht Gefahr läuft, in ihren „Daten-Eingeweiden“ Einflüsse zu nehmen,

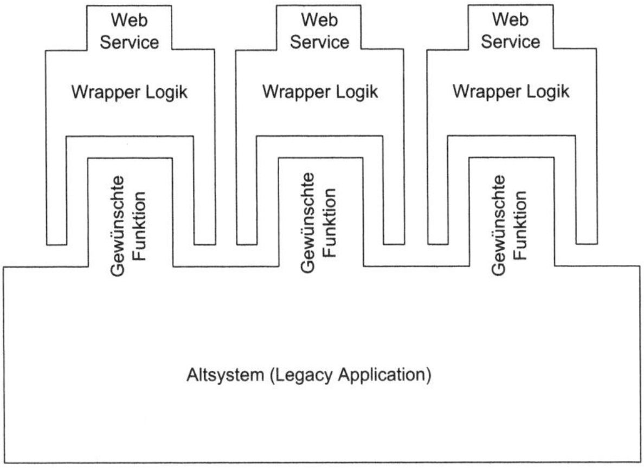

Bild 3.20: Wrapping von Legacy-Applikationen

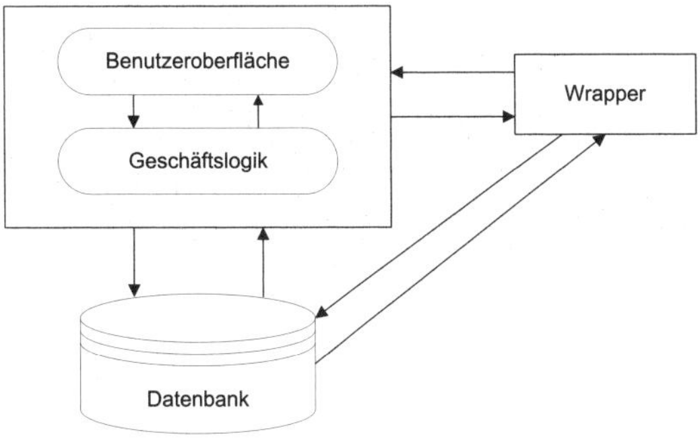

Bild 3.21: Anbindung von Systemen

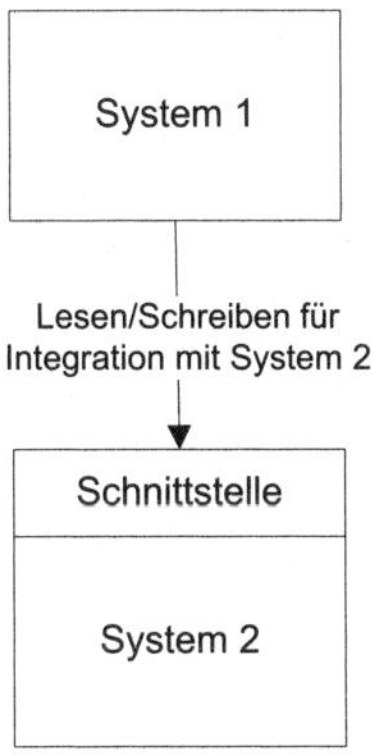

Bild 3.22: Anbindung über Schnittstellen

die zu unerwarteten Fehlern führen. Das weitverbreitete ERP-System SAP R/3 bietet beispielsweise die Anbindung via iDocs oder BAPI-Funktionsbausteinen auf Basis von direktem TCP/IP, andere Systeme bieten ebenfalls proprietäre Schnittstellen, mitunter auch auf Basis von HTTP, FTP oder sogar

SMTP (E-Mails). Modernere Anwendungen können mitunter auch über Programmier-Frameworks wie .NET oder Java angebunden werden, was bereits die halbe Miete für eine Kapselung als plattformunabhängiger Web Service ist, gesetzt den Fall, der Wrapper kann die jeweiligen Frameworks bzw. Application Programming Interfaces (API) bedienen.

Auch der Start von Anwendungen über eine Befehlsausführung auf dem Betriebssystem ist möglich, wenn hierbei Übergabeparameter erlaubt sind (Bild 3.23). Ein solcher Parameter kann dann beispielsweise der Hinweis auf eine Datei sein, die vom Wrapper in einem Verzeichnis abgelegt wurde und durch die angebundene, da gestartete Anwendung gelesen wird. Wenn die Anwendung in der Lage ist, das Ergebnis ihrer Arbeit wiederum als Datei in einem definierten Verzeichnis abzulegen, kann der Wrapper in regelmäßigen Abständen dieses Verzeichnis prüfen und erkennt durch das „Auftauchen" der Datei, dass die Funktion ausgeführt wurde. Man spricht hier auch von einem „Polling"-Verfahren durch den Wrapper.

Wenn er die Datei dann einliest, muss er natürlich eine schlüsselbasierte Zuordnung vornehmen zur Datei, die er als Input abgelegt hat, um bei mehreren Aufrufen nicht durcheinanderzukommen – also genau das Correlation Handling durchführen, das im Rahmen der asynchronen Service Calls zuvor bereits beschrieben wurde. Beliebte Datenformate für diese Form der Anbindung sind trennzeichenbasierte Textdateien (CSV) oder Textdateien mit individueller Syntax auf fester Segmentbasis (sogenannte „Flatfiles"), und zunehmend auch der – falls verfügbar, stets vorzuziehende – Standard XML.

Anwendungen, die über Webformulare gesteuert werden, können aufgrund der verteilten Architektur solcher Anwendungen (Anwendung auf dem Server, Oberfläche als Webseiten auf dem Browser der Anwender) häufig ebenfalls direkt per HTTP angebunden werden, auch wenn sie keine definierten Schnittstellen für diesen Zweck besitzen. In solchen Fällen simuliert der Wrapper den Anwender, der die Masken ausfüllt, und schickt die ausgefüllten Formulare direkt an die Anwendung. Die Antwort der Anwendung ist dann eine HTML-Webseite, die im normalen Betrieb durch den Browser

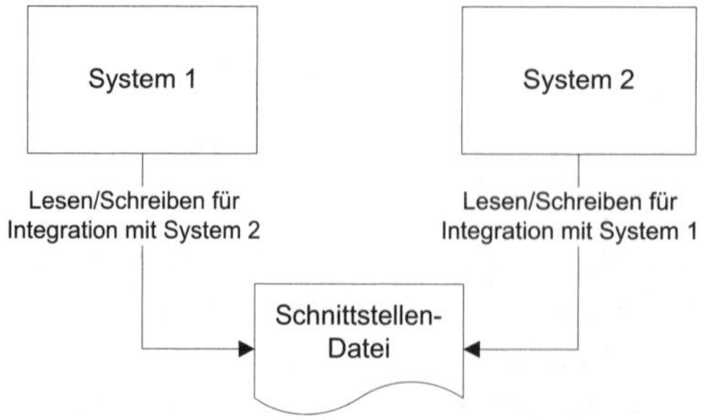

Bild 3.23: Anbindung über externe Dateien

des Anwenders interpretiert wird, was in diesem Fall der Wrapper übernimmt und somit das Ergebnis des Funktionsaufrufes erhält.

Einen Überblick über die verschiedenen Dateiformate bietet Tabelle 3.1.

Tabelle 3.1: Vergleich von Dateiformaten

Dateiformat	Beispiel	Anmerkungen
.CSV	Name, Vorname, Hobby Mustermann, Max, Kochen Musterfrau, Maria, Autos	Datensätze werden über Zeilenumbruch, Datenfelder werden über Trennzeichen (hier: ,) unterschieden. Kann u. a. von Microsoft Excel eingelesen und generiert werden.
.TXT	MustermannMax__Kochen MusterfrauMariaAutos	Datensätze werden über Zeilenumbruch oder Trennzeichen unterschieden. Datenfelder werden über Feldlängen unterschieden (hier: Zeichen 1–10 ist Nachname; Zeichen 11–15 ist Vorname, Zeichen 16–21 ist Hobby). Dieses Prinzip wird u. a. bei EDIFACT-Nachrichten angewandt, vgl. Kapitel 3.3.4.1.
.XML	<Person> <Name>Mustermann</Name> <Vorname>Max</Vorname> <Hobby>Kochen</Hobby> </Person> <Person> <Name>Musterfrau</Name> <Vorname>Maria</Vorname> <Hobby>Autos</Hobby> </Person	Datensätze und Datenfelder werden über öffnende und schließende Tags unterschieden. XML bietet die besten Möglichkeiten für eine technisch saubere Schnittstellenimplementierung.

3.3.3.3 Anbindung auf Datenebene

Wenn keine ausreichenden Schnittstellen verfügbar sind, bleibt noch die Notlösung des direkten Manipulierens und Lesens der Daten, die die anzubindende Anwendung benutzt bzw. erzeugt, in der (relationalen) Datenbank – vorausgesetzt, diese ist nicht hart mit der Anwendung verdrahtet, was bei sehr alten Anwendungen der Fall ist (Bild 3.24). Bei diesem Ansatz muss man das Datenmodell der Anwendung genau kennen und verstehen. Wenn es nicht dokumentiert ist, kann man sich auch durch Ausprobieren ein Bild davon machen, indem man per SQL direkt auf die Datenbank zugreift, die dort enthaltenen Daten analysiert, sie manipuliert und die Effekte über

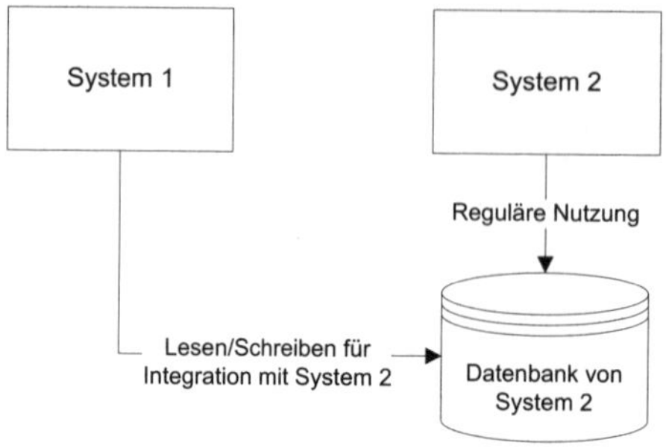

Bild 3.24: Anbindung über Datenbank

die Benutzeroberfläche nachvollzieht. Das ist zwar nicht gerade ein mustergültiges Vorgehensmodell aus dem Lehrbuch, aber deshalb nicht weniger praktikabel. Sinnvollerweise sollte man solche Versuche nicht auf der produktiven, im Einsatz befindlichen Version der Anwendung unternehmen. Zielsetzung ist es, zu ermitteln, welche Datensätze durch den Wrapper manipuliert oder hinzugefügt werden müssen, um die Ausführung einer Funktion mit den Inhalten des Datensatzes als Parameter anzustoßen, und welche Datensätze durch die Anwendung im Ergebnis manipuliert oder hinzugefügt werden, wenn die Funktion abgearbeitet wurde. Ist dies ermittelt, kann ein Funktionsaufruf durch Direktzugriff auf Datenebene erfolgen. Zu beachten ist, dass das Signal, ob die Funktion abgearbeitet wurde, wie bei der Anbindung via Dateien auch vom Wrapper nicht empfangen wird, sondern er in regelmäßigen Abständen die Datentabelle prüfen muss, ob die erwarteten Neueinträge bzw. Manipulationen der Datensätze erfolgt sind.

3.3.4 Business-to-Business-Integration

3.3.4.1 Traditionelle B2B-Integration auf Basis von EDI

Die Automatisierung unternehmensübergreifender Geschäftsprozesse ist mit besonderen Potenzialen, aber auch besonderen Herausforderungen verbunden. Gerade die informationstechnische Integration der Wertschöpfungskette von der Vorstufe der Produkterzeugung bis zur Distribution an den Endverbraucher (Supply Chain) befindet sich, bedingt durch die weltweite Verbreitung des Internets, mittlerweile auf der Agenda vieler Unternehmen. Ähnlich wie im Bereich Legacy Integration ist die technische Basis einer erfolgreichen Business-to-Business-Integration in der Praxis eine Kombination von EAI und SOA. Dies ist dem Umstand geschuldet, dass viele Unternehmen noch keine Web Service-kompatiblen Schnittstellen bereitstellen können, weshalb die Flexibilität zum Umgang mit proprietären Kanälen und Formaten notwendig ist, um mit einer größeren Anzahl von Partnern kommunizieren zu können. Der Ursprung der Business-to-Business-Integration ist dementsprechend auch eher die „klassische“ Datenintegration, d.h. das

Transportieren von Datensätzen von Unternehmen A zum Unternehmen B, häufig nach dem Prinzip „fire and forget", also ohne dass Unternehmen A eine Rückmeldung von Unternehmen B erwartet. Gerade im Handel werden bereits seit den 90er-Jahren entsprechende Schnittstellen zwischen den Partnern (Hersteller von Gütern und Großhändler) implementiert, wobei hier aufgrund der Marktverhältnisse in der Regel die Hersteller von den Händlern unter Druck gesetzt werden, sich technisch an deren Schnittstellen anzudocken. Prozessual ging es bei diesen Schnittstellen zunächst um den Versand von Bestellungen vom Händler zum Hersteller oder von Rechnungen vom Hersteller zum Händler, mit den Jahren wurden weitere Prozesse und Prozessbausteine abgebildet.

Als technische Basis für diese Schnittstellen sind auch heute noch diverse Standards der EDI-Familie weit verbreitet (EDI = Electronic Data Interchange), wobei der EDIFACT-Standard dominiert, der im Handel und der Konsumgüterindustrie vor allem in der Ausprägung EANCOM verwendet wird. EANCOM-Nachrichten sind Textdateien auf Segmentbasis, und es existieren zahlreiche Regelwerke, die sich um einzelne Nachrichtentypen wie Bestellungen (ORDERS) oder Rechnungen (INVOIC) drehen. Diese Standardisierung hat die Integration im Supply Chain-Bereich maßgeblich gefördert.

Allerdings sind mit der Struktur von EANCOM auch technische Nachteile verbunden (insbesondere ist die Abgrenzung von Datenfeldern über Positionsangaben wie „die ersten zehn Zeichen der zweiten Zeile", die bei EDIFACT bzw. EANCOM üblich ist, dem XML-Prinzip der öffnenden und schließenden Tags mit Verschachtelungen und Attributen bei der objektorientierten, komplexen Datenbeschreibung unterlegen), weshalb das modernere XML diesen Standard auch im Supply Chain-Bereich langfristig ablösen wird – insbesondere vor dem Hintergrund, dass die gebräuchlichen Web Service-Standards auf XML basieren. Aufgrund der auch heute noch weiten Verbreitung, insbesondere im deutschen Mittelstand, und der damit verbundenen bereits beschafften technischen Infrastruktur sowie aufgebauten Kompetenz in den Unternehmen wird es jedoch noch einige Jahre in Anspruch nehmen, bis EANCOM und andere EDI-Standards durch XML-basierte Nachrichtendefinitionen vollständig abgelöst werden. An dieser schrittweisen Entwicklung weg von der EANCOM-Nutzung hin zur XML-Nutzung kann man auch hervorragend beobachten, wie sich die Szenarien und Denkweisen in der praktischen Business-to-Business-Integration evolutionär weg von der Datenintegrations-Denkweise hin zur Prozess- und SOA-Denkweise weiterentwickeln.

3.3.4.2 Besondere Problematik von B2B-Prozessen

Auch bei der traditionellen B2B-Integration, die sich auf den einfachen Datenaustausch anstelle von Service Calls bezieht, wird Prozesslogik abgebildet. Der Versand einer ORDERS-Nachricht ist der Auslöser eines Bestellprozesses, der beim Verkäufer abgewickelt wird, und der Versand einer INVOIC-Nachricht stößt den Rechnungseingangsprozess beim Käufer an. Die unternehmensübergreifende Prozessintegration unterscheidet sich in einem wesentlichen Merkmal von der unternehmensinternen Integration: Da die Integration zwischen zwei unabhängigen, gleichberechtigten Partnern stattfindet, ist die Abstimmung während der Prozessimplementierung in der Praxis häufig komplizierter und zeitraubender. Das Problem wird auf technischer Ebene durch den Einsatz von Standards wie EDIFACT zwar maßgeblich verringert, auf der inhaltlichen Prozessebene jedoch nicht. Für solche Projekte existiert in der Regel kein Projektleiter, der die Prozesse **beider** Unternehmen im Detail kennt. Stattdessen wird für jedes Unternehmen ein eigener Projektleiter bestimmt, und diese beiden Personen müssen eine hervorragende Kommunikationsbeziehung sowohl auf fachlicher als auch auf technischer Ebene pflegen, um Missverständnisse zu vermeiden. Mitunter existieren sogar vier Projektleiter: pro Unternehmen jeweils einer auf fachlicher Ebene und einer auf technischer Ebene (Bild 3.25).

Wenn in einer solchen Konstellation keiner der Projektleiter die informelle Gesamtprojektleitung übernimmt, sind Missverständnisse und Fehler aufgrund von Kommunikationsproblemen geradezu vorprogrammiert. Ein fiktives Beispiel, das in ähnlicher Form immer wieder auftritt, soll dies verdeutlichen.

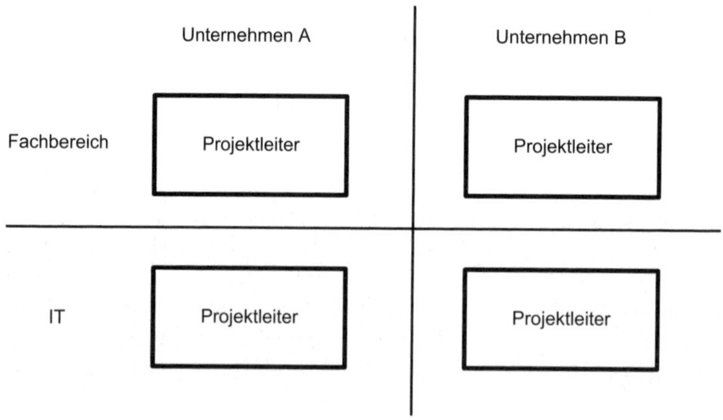

Bild 3.25: Das Vier-Parteien-Problem

3.3.4.3 Fallbeispiel „Office-Port"

Das Unternehmen A steht mit dem Unternehmen B in einer geschäftlichen Beziehung: A betreibt den Marktplatz „Office-Port (OPO)" für Büromittel-Einzelhändler (Webportal), der Büromittel-Großhändler B präsentiert, wie viele weitere Anbieter auch, seine Produkte auf OPO. Wird ein Produkt von B über OPO bestellt, erhält A eine Vermittlerprovision von 5 % auf den vom Einzelhändler zu zahlenden Nettoverkaufspreis. Auf dieser Basis werden täglich rund 150 Bestellungen verschiedener registrierter Einzelhändler für B über OPO abgewickelt, es entstehen monatliche Provisionsbeträge im unteren fünfstelligen Bereich, und OPO ist mittlerweile der wichtigste Vertriebskanal für B geworden.

Für die Prozesseffizienz existiert eine Internetschnittstelle zwischen As Plattform und Bs ERP-System: Wenn ein Einzelhändler über OPO ein Produkt von B bestellt, erhält B von OPO automatisch eine Nachricht im Format eines individuellen XML über den Kanal HTTPS. Das erhaltene XML wird bei B in das Inhouse-Format des ERP-Systems transformiert und importiert. Dieser Import löst den Versand- und Rechnungsstellungsprozess bei B aus.

Der Abschnitt in der XML-Nachricht, der den Betrag, den der Einzelhändler zu zahlen hat, und die Provision, die A von B zu erhalten hat, darstellt, sieht folgendermaßen aus:

```
...
<Zahlungsfluesse>
      <Haendler>100</Haendler>
      <Vermittler>5</Vermittler>
</Zahlungsfluesse>
...
```

Diese Beispiel-Nachricht besagt, dass der Einzelhändler für diese Bestellung 100 EUR an B zahlen muss, während der Vermittler A von B von diesen 100 EUR genau 5 EUR Provision erhält. Diese Beträge werden durch das ERP-System von B importiert und in der dortigen Sales Reporting-Komponente für das Management visualisiert. Allerdings werden dort lediglich die Monatsumsätze pro Einzelhändler angezeigt, denn ein „Vermittler" ist in der Geschäftslogik des (etwas veralteten) ERP-Systems nicht vorgesehen. Dem Management ist diese Visualisierung eines Tages ein Dorn im Auge, denn tatsächlich verdient das Unternehmen am Händler XY in diesem Beispiel nicht 100 EUR, sondern aufgrund der Provision für A lediglich 95 EUR.

Nun beginnt eine verhängnisvolle Kommunikationskette: Auf Nachfrage bekundet die IT von B, dass eine Anpassung des ERP-Systems bzw. der Importroutine, um die Provision des Vermittlers vom Umsatz pro Händler abzuziehen, aufgrund der geringen Flexibilität des ERP-Systems und der totalen Überlastung der IT mindestens vier Monate in Anspruch nehmen würde. Das frustrierte Management von B beklagt sich beim Management von A über die eigene IT, die „wieder einmal das Business ausbremst". Das Management von A wiederum wittert eine Chance zur Steigerung der Kundenzufriedenheit und -bindung und erklärt kurzerhand, man werde die eigene, wesentliche flexiblere IT anweisen, speziell für B die Exportschnittstelle von OPO anzupassen, sodass zukünftig pro Bestellung eine XML-Nachricht in folgender Struktur generiert wird:

```
...
<Zahlungsfluesse>
        <Haendler>95</Haendler>
        <Vermittler>5</Vermittler>
</Zahlungsfluesse>
...
```

Auf diese Weise werden die Umsätze pro Händler von Anfang an um die Provision bereinigt und entsprechend in das ERP-System von B importiert. Das Management von B ist beeindruckt, erteilt dem dynamischen Management von A den Auftrag zur Anpassung und informiert die eigene IT, dass man bei A „ja wohl wesentlich qualifiziertere Techniker" als im eigenen Unternehmen vorfinden würde. Die IT von B reagiert mit einem resignierten Schulterzucken und weist präventiv jegliche Verantwortung für mögliche Konsequenzen aus dieser Anpassung von sich.

Die IT von A wiederum ist vor dem Hintergrund einer komplexeren Wartung zwar nicht davon begeistert, dass die XML-Nachrichten nun speziell für Bestellungen, die an B gehen, besonders generiert werden müssen, setzt die Anforderung des Managements dank der modernen Integrationslösung, die A einsetzt, aber schnell und sauber um. Nach drei Tagen werden die neuen Nachrichten übertragen, und die Zuordnung der Umsätze wird im ERP-System so visualisiert, wie das nun völlig begeisterte Management von B es möchte.

Erst nach gut zwei Monaten erhält das Management von B aus dem Controlling den Hinweis, dass seit einiger Zeit Diskrepanzen zwischen eingetroffenen und erwarteten Zahlungen der Einzelhändler entstehen: Die Einzelhändler zahlen in letzter Zeit anscheinend 5% weniger, als die bestellten Waren ausgepriesen sind. Eine ganze Weile hat man diese Differenz nicht bemerkt, weil auch die gestellten Rechnungen bereits 5% unter den Verkaufspreisen lagen und prinzipiell 30 Tage Zahlungsziel gewährt werden. Aber bei der routinemäßigen, genaueren Prüfung am Monatsende sind diese Unstimmigkeiten aufgefallen.

Nach einigen hektischen Diskussionen mit der IT von B meldet sich das Management beim Vermittler A: Die Anpassung von vor zwei Monaten müsse augenblicklich zurückgedreht werden! Die Beträge in der übertragenen Nachricht werden vom ERP-System bei B nicht wie erwartet nur für die Visualisierung im Sales Reporting genutzt, sondern auch direkt für die Rechnungsstellung an den Händler! B hat aufgrund dieses Irrtums also jeweils 5 % von zwei Monatsumsätzen verloren, denn die ausstehenden Beträge bei den Einzelhändlern nachzufordern wäre erstens zu aufwendig und zweitens zu negativ für die Reputation von B gewesen.

Dieses skizzierte kleine Drama ist auf den ersten Blick die klare Konsequenz einer ganzen Reihe von Fehlern, die durch die verschiedenen Parteien gemacht wurden:

- Das Management von B hat sich in der eigenen IT nicht ausreichend darüber informiert, welche Prozesse in welcher Form durch die einzelnen Felder in der Bestellnachricht innerhalb des ERP-Systems „bestückt" werden.
- Die IT von B wiederum hätte auf den Hinweis des Managements, man werde eine Anpassung vornehmen lassen, sensibler reagieren müssen, weil sie die verschiedenen möglichen Auswirkungen auf die im ERP-System hinterlegten Prozesse kennen (sollte).
- Ferner hätte das Management von A die eigene Beraterfunktion besser ausfüllen können und mit dem Management von B die möglichen Konsequenzen der Anpassung genau durchgehen können bzw. aufgrund der eigenen Expertise in Bezug auf solche Szenarien auf mögliche Konsequenzen aufmerksam machen können.
- Der IT von A kann man noch den geringsten Vorwurf machen – sie hätte höchstens selbst den Kontakt zur IT von B suchen können, um auf technischer Ebene in einer informellen Atmosphäre „unter Gleichen" mögliche Konsequenzen der Anpassung zu besprechen – das ist in der Praxis auch tatsächlich der häufigste Weg zur Klärung solcher Fragen, was im Grunde als Armutszeugnis des Managements der beiden Partner zu werten ist.

Auch wenn diese Fehler offensichtlich erscheinen – im unübersichtlichen Tagesgeschäft sind sie es häufig nicht, und auch auf technischer Ebene sind Nachrichten, die im Rahmen unternehmensübergreifender Prozesse ausgetauscht werden, häufig historisch gewachsen, sehr komplex, unübersichtlich, schlecht dokumentiert und somit kaum noch in angemessener Zeit fachlich interpretierbar. Da kann es schnell passieren, dass man die Rollen einzelner Datenfelder in den diversen eigenen Prozessen nicht mehr versteht.

3.3.4.4 Vom Datentransport zum Service Call am Beispiel der Schufa

Das Prozessbewusstsein erhält immer stärkeren Einzug in den B2B-Integrationsbereich. Ging es früher primär darum, Daten von einem Unternehmen zum anderen zu übertragen, und dadurch gegebenenfalls bestimmte Prozesse anzustoßen, stellen inzwischen immer mehr Unternehmen Services via Internet zur Verfügung, die in die Prozesse anderer Unternehmen einbezogen, also orchestriert werden können. Ein Beispiel hierfür ist das XML-Gateway der Schufa Holding AG: Die Schufa ist allgemein bekannt als Auskunftsstelle für die Bonität von Privatpersonen. Mittlerweile bietet die Schufa auch viele weitere Leistungen an, z. B. im Bereich der Identitätsfeststellung. Einige dieser Leistungen, so auch die klassische Bonitätsauskunft, können mithilfe von XML-Nachrichten via Internet genutzt werden. Hierbei handelt es sich zwar nicht um einen echten Web Service, da der Nachrichtenaustausch nicht auf Web Service-Standards wie SOAP und WSDL basiert, aber vom Prinzip her ist es durchaus ein Service Call, der in der Regel synchron erfolgt.

Voraussetzung für diese Zusammenarbeit ist ein spezieller Vertrag, den das Unternehmen, das den Service in die eigenen Prozesse einbinden möchte, mit der Schufa abschließen muss. Vergütet wird die Leistung auf Transaktionsbasis, d. h. pro Service Call.

Immer mehr Dienstleister bieten ihre Informationsprodukte, wie Bonitätsauskünfte, Adressvalidierungen oder auch Preisvergleiche als orchestrierbare Services an, was teilweise zu zusammengesetzten Dienstleistungsprodukten der nutzenden Unternehmen führt, bei denen die dahinterliegenden Prozesse lediglich eine Orchestrierung von Services dieser Dienstleister darstellen. Es entwickeln sich somit ganz neue Wertschöpfungsketten, Geschäftsmodelle und Märkte. Gerade im Bereich der Online-Marktplätze, wie dem exemplarisch beschriebenen, fiktiven „Office-Port“, die ursprünglich als technisch isolierte Webportale realisiert wurden, entwickelt sich eine immer stärkere Verflechtung mit den Prozessen der Marktteilnehmer.

3.3.4.5 Die Global Upstream Supply Initiative (GUSI)

Der Wandel von der datenorientierten Denkweise zur prozessorientierten Denkweise in der Supply Chain-Integration lässt sich in der Konsumgüterindustrie am Beispiel der Global Upstream Supply Initiative (GUSI) sehr gut beobachten: Diese Initiative ist ein Projekt der Global Commerce Initiative (GCI), der viele internationale Akteure der Konsumgüterindustrie angehören, wie z. B. Coca-Cola, Danone, Nestlé, Procter & Gamble und Unilever. Diese Unternehmen haben festgestellt, dass ihre informationstechnischen Prozesse im Umgang mit ihren Lieferanten, also beispielsweise die Hersteller von Verpackungen oder Aromastoffen, stärker automatisiert werden sollten. Diese Automatisierung, so war man sich schnell einig, sollte innerhalb der

Branche standardisiert werden, um die damit verbundenen Vorteile einer effizienteren Implementierung zu nutzen. Hierbei wurde jedoch, im Gegensatz zu früheren Initiativen, die Prozessperspektive von Anfang an berücksichtigt: Mit dem Upstream Integration Model (UIM) hat die GUSI ein Dokument geschaffen, das die wesentlichen Prozesse der Zusammenarbeit standardisiert beschreibt und darüber hinaus die im Rahmen der Prozessausführung zu verschickenden Nachrichten auf Basis des modernen XML definiert (Bild 3.26).

Dabei wurden mögliche Prozessvarianten berücksichtigt, wie z.B. der Versand von Gutschriften vom Hersteller zum Lieferanten als Alternative zum Rechnungsversand vom Lieferanten zum Hersteller (das Gutschriftverfahren ist für den Käufer im Allgemeinen vorteilhafter, weil der Prozess der Rechnungsprüfung entfällt und stattdessen der Verkäufer prüfen muss, ob die erhaltene Gutschrift korrekt ausgestellt wurde, es findet also eine Aufwandsverlagerung statt). Auch das lieferantengesteuerte Bestandsmanagement (Supplier Managed Inventory [SMI], im Handel seit Längerem unter dem Begriff Vendor Managed Inventory [VMI] bekannt) wurde als Alternative zum klassischen Bestellprozess in die UIM-Spezifikation aufgenommen.

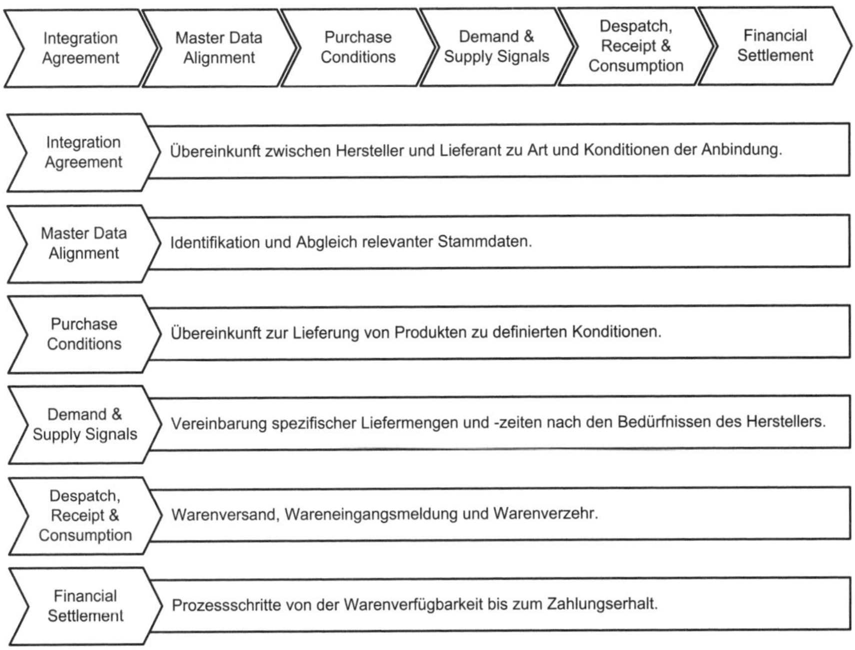

Bild 3.26: Das Upstream Integration Model der GUSI

3.3.4.6 B2B-Integration führt zu kollaborierenden Prozessen

Sicher sind auch die Ergebnisse der GUSI noch verbesserungsfähig, z. B. was sowohl die Tiefe als auch die Breite der Prozessbeschreibungen angeht, zumal sich diese an keinen gängigen Notationen wie EPK oder BPMN orientieren. Der springende Punkt ist aber, dass die Teilnehmer dieses Projekts erkannt haben, dass eine erfolgreiche Business-to-Business-Integration nicht allein von der Definition punktueller Schnittstellen abhängt, sondern in erster Linie eine Prozessfrage ist. GUSI ist also das Symptom eines langfristigen Trends. Es muss grundsätzlich verstanden werden, dass eigentlich beide Akteure jeweils eigene Geschäftsprozesse betreiben, was sowohl organisatorisch als auch technisch zu besonderen Konsequenzen führt – man spricht hier auch von Process Collaboration.

3.4 Steuerung, Überwachung und Auswertung automatisierter Prozesse

3.4.1 Business Rules Management

3.4.1.1 Wesentliche Grundlagen

Business Rules Management (BRM) bezeichnet eine Sammlung von Methoden und Werkzeugen, die die systematische Definition und Anwendung von Geschäftsregeln unterstützen. Geschäftsregeln kommen in allen Unternehmensbereichen tagtäglich zum Einsatz, sie bilden von der Strategie bis hin zum operativen Geschäft die Grundlage aller Entscheidungen. Problematisch ist in vielen Unternehmen, dass Geschäftsregeln nicht explizit und zentral definiert und verwaltet werden, sondern über das gesamte Unternehmen verteilt in diversen Dokumenten oder zum Teil nur mündlich gegebenen Arbeitsanweisungen festgehalten werden.

BRM soll im Wesentlichen folgende Vorteile erzeugen:

- Transparenz,
- Flexibilität,
- Effizienz.

Diese Vorteile sollen erreicht werden, indem ein Unternehmen

- seine Geschäftsziele explizit definiert und sämtliche Einflussfaktoren auf diese Ziele identifiziert,
- ein einheitliches, unternehmensweites Vokabular einrichtet und somit eine gemeinsame Sprache aller Bereiche schafft,
- alle Direktiven und Entscheidungsgrundlagen als Geschäftsregeln in einer formalen Sprache explizit definiert, zentral hinterlegt und kontinuierlich pflegt,

- mithilfe von Wissensmanagement die Voraussetzungen dafür schafft, dass alle betroffenen Mitarbeiter die für sie relevanten Geschäftsregeln kennen,
- die automatisierte Anwendung von Geschäftsregeln im Tagesgeschäft ermöglicht und
- die hinterlegten Regeln, die automatisiert angewandt werden, nicht als Programmcode hinterlegt, sondern außerhalb der Anwendungslogik deklarativ konfigurierbar macht.

Die Überschneidung mit den Ambitionen und Methoden des Prozessmanagements bzw. der Prozessautomatisierung ist unübersehbar. Tatsächlich kann man, je nach Blickwinkel, das BRM als Komponente des Prozessmanagements oder das Prozessmanagement als Komponente des BRM sehen:

- **Regeln als Teile von Prozessen**
  Prozessmodelle beschreiben vollständig, wie ein Unternehmen funktioniert, nämlich immer durch die zeitlich-logische Verkettung auszuführender Aktivitäten. Welche Aktivitäten auszuführen sind, hängt unter Umständen von Geschäftsregeln ab, die im Kontrollfluss an den Verzweigungsknoten eines Prozesses angewandt werden, um den nachfolgend zu durchlaufenden Pfad zu ermitteln, oder von Ereignissen, die eintreten und aufgrund einer Regel einen Prozess auslösen oder abbrechen (wie z. B. der Eingang einer Support-Anfrage, die den Support-Prozess auslöst, und dem Eingang einer Nachricht, dass sich das Problem erledigt habe, was zum Abbruch des Prozesses führt).

- **Prozesse als Teile von Regeln**
  Regeln beschreiben vollständig, wie ein Unternehmen funktioniert, nämlich immer abhängig von bestimmten Bedingungen. Eine Regel kann sein, dass ein Kunde, der im Jahr mehr als 500 000 EUR Auftragsvolumina erzeugt, den Status „A-Kunde“ erhält. Diese Regel existiert zunächst selbständig und außerhalb einzelner Prozesse. Allerdings stellen die faktische Feststellung des Volumens und nachfolgende Statuszuweisung selbst wieder einen Prozess dar, d. h., der Prozess existiert lediglich, um die Regel umzusetzen. Die Konsequenzen, die sich aus Regeln ergeben, können wiederum selbst Prozesse sein, wie z. B.: „Wenn der Kunde keine ausreichende Bonität besitzt, ist die Bestellung durch den Vertriebsleiter explizit freizugeben.“

3.4.1.2 Ergänzung des Prozessmanagements durch Forderungen des BRM

Nach Auffassung der Autoren dieses Buches ist es überflüssig, darüber zu streiten, ob sich die eine Disziplin als Teil der anderen zu sehen und entsprechend „unterzuordnen“ hat. Wir erkennen aber in den Methoden und Werkzeugen des Business Rules-Ansatzes tatsächlich einzelne Gedanken und Forderungen, die im Prozessmanagement bislang sträflich vernachlässigt wurden. Diese Forderungen sind, auch dies eine Stärke gegenüber dem Prozessmanagement, in einem zentralen Manifest dokumentiert, dem Business Rules Manifest, das im Jahre 2003 von der Business Rules Group geschrieben wurde. Es ist als deutsche Übersetzung in dem empfehlenswerten Buch *Agile Unternehmen durch Business Rules* von Markus Schacher und Patrick Grässle zu finden [SCHACHER2006].

Die für das Prozessmanagement interessantesten Forderungen sind:

Artikel 2: Separat von Prozessen statt in ihnen enthalten
In Artikel 2 wird festgehalten, dass Regeln nicht in Prozessmodellen hinterlegt werden sollten, sondern in einem prozessübergreifenden, zusammenhängenden Regelwerk zentral zu verwalten sind. Dahinter steckt der Gedanke, dass die meisten Regeln nicht nur in einem einzigen Prozess eine Rolle spielen, sondern in vielen unterschiedlichen Prozessen. Indem die Regeln aus den Prozessen „herausgeholt“ und zentral verwaltet werden, erhöht sich die Transparenz und Flexibilität des Unternehmens.

Artikel 4: Deklarativ statt prozedural
Artikel 4 stellt u.a. sicher, dass Regeln nicht als „verkappte“ Prozesse definiert werden. Ein überspitztes Beispiel für eine „falsche“ Regeldefinition wäre:

„Fällt bei der Auftragsannahme auf, dass der Kunde keine ausreichende Bonität besitzt, muss der Auftragswert geprüft werden, da bei einem Auftragswert > 50 000 EUR der Vertriebsleiter eine besondere Freigabe vornehmen muss.“

In dieser Regel wird eine Aussage über den Zeitpunkt der Anwendung getroffen (bei Auftragsannahme) sowie eine zusammengesetzte Regel als Sequenz beschrieben (erst Bonität, dann Auftragswert). Beides ist nicht erlaubt. Korrekt wäre:

„Bestellungen mit Auftragswert > 50 000 EUR von Kunden ohne ausreichende Bonität erfordern eine besondere Freigabe durch den Vertriebsleiter.“

Diese Formulierung nimmt die Sequenzlogik aus der Regelanwendung und entkoppelt die Regel von einem bestimmten Prozess.

Artikel 5: Wohldefinierte Ausdrücke statt Ad-hoc-Formulierungen
Artikel 5 stellt sicher, dass Regeln auf Basis einer konsistenten Syntax und Semantik definiert werden. Es darf nicht passieren, dass Person A schreibt:

„Bestellungen mit Auftragswert > 50 000 EUR …“,

und Person B schreibt:

„Bestellvorgänge mit einem Bestellwert von mehr als 50 TEUR ...“,

beide aber denselben Sachverhalt beschreiben wollen. Hier geht es zunächst um das Vermeiden von Missverständnissen, perspektivisch aber vor allem um die Auswertung der definierten Regeln in IT-Systemen, die diese automatisiert anwenden. Deshalb müssen Regeln eigentlich auf Basis einer formalen Sprache, wie der Prädikatenlogik, definiert werden. Diese Zielsetzung wirkt jedoch konfliktär zum nächsten vorgestellten Artikel.

Artikel 9: Von, durch und für das Personal der Fachabteilungen statt der IT
Wenn Regeln direkt im Programmcode von Anwendungen umgesetzt wurden, können sie von Fachabteilungen weder gelesen (geschweige denn verstanden) noch angepasst werden. Das führt zwangsläufig zu mangelnder Transparenz und Flexibilität. Klare Zielsetzung des BRM ist es daher, Werkzeuge zu entwickeln, mit denen Fachabteilungen die in den Anwendungen anzuwendenden Regeln selbst formulieren und verändern können. In der Konsequenz muss die Sprache, die für die Regeldefinition verwendet wird, so formal sein, dass sie durch eine sogenannte Rules Engine interpretiert werden kann, gleichzeitig aber für Nichtprogrammierer mit vertretbarem Aufwand erlernbar ist. Diese Sicherstellung der Benutzerfreundlichkeit ist eine der zentralen aktuellen Herausforderungen des BRM.

3.4.1.3 Zusammenführung von Prozessautomatisierung und Business Rules Management

Der Schlüssel liegt nun in der Kopplung der Methoden und Werkzeuge der Prozessautomatisierung mit denen des Business Rules Management. Denn bislang ist nicht abzusehen, dass man auf der Kontrollflussebene mittelfristig eine Möglichkeit schaffen wird, mit der, analog zu Artikel 9 des Business Rules Manifest den Fachabteilungen Instrumente an die Hand gegeben werden, mit denen sie selbst direkt ausführe Prozessmodelle erstellen oder anpassen können. Wenn es jedoch gelingt, die in den Prozessmodellen hinterlegten Regeln analog zu Artikel 2 des Manifests in expliziten Systemen auszulagern, und dort wiederum analog zu den Artikeln 4 und 5 eine benutzerfreundliche Sprache für die Regeldefinition hinterlegt werden kann, könnten Fachabteilungen auf einen erheblichen Teil der automatisierten Geschäftsprozesse einen effektiven Einfluss gewinnen.

Damit dieser Ansatz funktioniert, müssen auf der Personalebene die Kompetenzen in den Fachabteilungen geschaffen werden, mit der bereitgestellten Regelsprache umgehen zu können, und auf der Werkzeugebene müssen die Process Engines mit den Business Rules Engines gekoppelt werden bzw. deren Aufgaben mit übernehmen.

3.4.2 Business Process Monitoring

Das Business Process Monitoring ist im Gegensatz zum Business Rules Management keine definierte Disziplin, aber ein geeigneter Sammelbegriff, um sämtliche Maßnahmen, die der Herstellung von Transparenz über einzelne Vorgänge (Prozessinstanzen) dienen, zusammenzufassen.

Das Human Workflow Management übernimmt die Interaktion mit menschlichen Prozessbeteiligten, die prozessorientierte Anwendungsintegration bezieht die unterstützenden IT-Systeme in die Prozessausführung ein. Das Business Rules Management unterstützt die regelbasierte Steuerung automatisierter Prozesse sowohl im Human Workflow- als auch im Integrationsbereich, und das Business Process Monitoring stellt Informationen zum aktuellen Stand von Prozessen bereit, die gerade ausgeführt werden oder (vor Kurzem) ausgeführt wurden.

Ein klassisches Beispiel für den Nutzen eines Monitorings ist der Rechnungseingangsprozess, der (in stark vereinfachter Form) die Schritte

- Erfassung,
- sachliche Prüfung,
- kaufmännische Prüfung,
- Zahlungsfreigabe und
- Archivierung

umfasst. Gerade die sachliche Prüfung, d. h. die Prüfung desjenigen, der die mit der Ware verbundene Bestellung vorgenommen hat, ist in vielen Unternehmen mit Zeitverzögerungen verbunden. Früher oder später meldet sich der Kreditor in der Buchhaltung und fragt, wo sein Geld bleibt. Dann ist es hilfreich, wenn schnell ermittelt werden kann, bei welchem Mitarbeiter die Rechnung derzeit zur Prüfung vorliegt (bei vielen Rechnungspositionen sind häufig diverse Mitarbeiter in diesen Prozess eingebunden) um dafür zu sorgen, dass diese kurzfristig erfolgt.

BPM-Suites, die eine Monitoring-Komponente enthalten, stellen häufig Statusvisualisierungen bereit, die nach dem Ampelsystem funktionieren (Bild 3.27).

In den Spalten sind die einzelnen Schritte des Prozesses festgehalten, in den Zeilen die Prozessinstanzen, für die ein Monitoring bereitgestellt wird. Grüne Symbole kennzeichnen, dass ein Schritt oder auch der ganze Prozess erfolgreich abgearbeitet wurde, gelbe Symbole zeigen, dass der entsprechende Schritt gerade abgearbeitet wird, und rote Symbole markieren Probleme, die aufgrund von Prozessfehlern aufgetreten sind oder weil eine Aufgabe zu lange nicht abgearbeitet wurde, also eine Zeitüberschreitung festgestellt wurde.

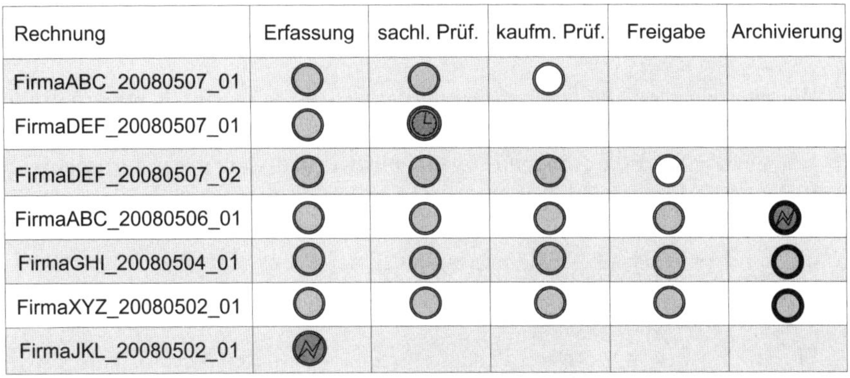

Bild 3.27: Monitoring des Rechnungseingangsprozesses

Hier offenbart sich auch eine wichtige potenzielle Verknüpfung mit dem Business Rules Management: Die Regeln, aufgrund derer ein Prozessfehler oder eine Zeitüberschreitung festgestellt wurde, könnten wiederum in einem zentralen Regelsystem verwaltet werden, das durch die Fachabteilung des Unternehmens bedient werden kann. Auf diese Weise könnte die Fachabteilung bei Bedarf festlegen, dass die sachliche Prüfung einer Rechnung nicht mehr nach zwei Tagen, sondern bereits nach einem halben Tag erfolgt sein muss.

Eine wichtige Komponente des Monitorings, die über die Bereitstellung von Visualisierungen hinausgeht, ist die Implementierung von Eskalationsprozessen, die im Fehlerfall abgearbeitet werden sollen. Der in der Praxis häufigste Eskalationsprozess ist die automatisierte Benachrichtigung eines Verantwortlichen, in der Regel per E-Mail, mitunter auch per SMS, durch die Process Engine.

Die Implementierung eines effektiven Business Process Monitoring ist ein erfolgskritischer Faktor, um faktische Prozesstransparenz herzustellen, die Einhaltung von Prozessleistungszielen zu überwachen, den Aufbau einer prozessorientierten Organisation zu unterstützen, und nicht zuletzt, um die Einhaltung bestimmter regulatorischer oder gesetzlicher Vorgaben sicherzustellen.

3.4.3 Business Process Reporting

Während sich das Business Process Monitoring auf die Prüfung einzelner Prozessinstanzen bezieht, dient das Business Process Reporting der Auswertung einer Vielzahl bereits abgeschlossener Prozessinstanzen innerhalb eines definierten Zeitraums.

Typische allgemeine Fragen, die mithilfe des Reportings beantwortet werden sollen, sind:

- Wie viel Zeit hat die Durchführung des Prozesses minimal, maximal und im Durchschnitt in Anspruch genommen?
- Wie viel Zeit hat die Abarbeitung einzelner Prozessschritte minimal, maximal und im Durchschnitt in Anspruch genommen?
- Welche zeitlichen Unterschiede bestehen zwischen einzelnen Prozessbeteiligten hinsichtlich der Abarbeitung einzelner Prozessschritte?
- Wie hoch ist die Quote der Prozessinstanzen, die aufgrund eines Fehlers abgebrochen werden mussten?
- Wie hoch ist die Quote der Prozessinstanzen, in deren Verlauf Fehler aufgetreten sind, die aber korrigiert werden konnten?
- Wie hoch ist die Quote der Prozessinstanzen, die völlig fehlerfrei abgearbeitet werden konnten (man spricht hier auch von der „First Pass Yield-Quote" [vgl. FISCHERMANNS2006, S. 241 ff.])

Bild 3.28 zeigt ein Beispiel für ein Business Process Reporting der Durchlaufzeiten im Rechnungseingangsprozess.

Darüber hinaus stellen sich viele Unternehmen prozessspezifische Fragen, die beantwortet werden, indem die Process Engine im Rahmen der Prozessausführung bestimmte Informationen aus den durchgeleiteten Vorgangsob-

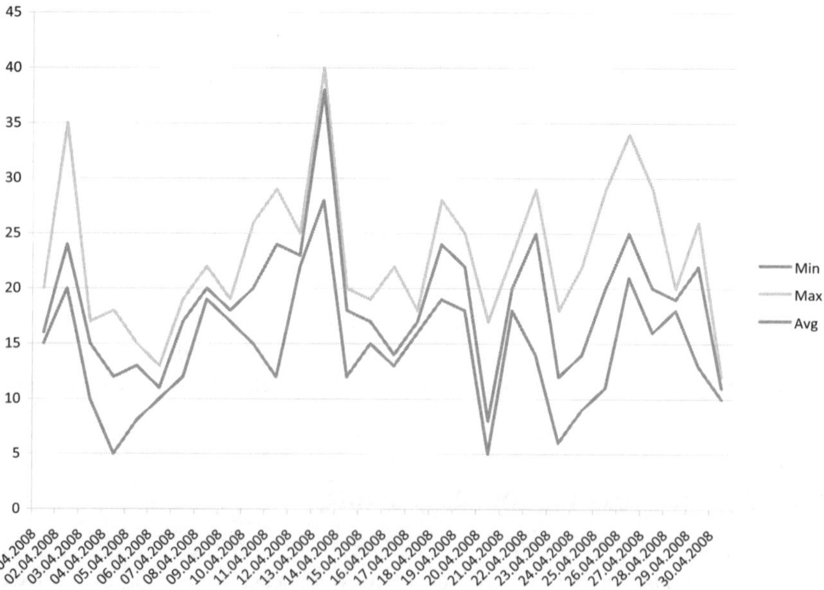

Bild 3.28: Beispiel: Durchlaufzeiten im Rechnungseingangsprozess in Stunden mit maximaler, minimaler und gemittelter Durchlaufzeit pro Tag

jekten herausliest und gegebenenfalls zu bestimmten Prozessereignissen in Beziehung setzt.

Im Kontext des Rechnungseingangsprozesses könnte das z. B. sein:

- Wie hoch sind die kumulierten, monatlichen Rechnungsbeträge pro Abteilung?
- Wie hoch ist der Anteil der erhaltenen Rechnungen, bei denen die Zuordnung zu einer Kostenstelle erst nach Nachfragen möglich ist?
- Welcher Kreditor schickt am häufigsten Rechnungen, die inhaltlich nicht korrekt sind?
- Welcher Kreditor schickt am häufigsten Rechnungen, die Formfehler aufweisen?
- Wie oft konnte der Skonto nicht in Anspruch genommen werden, weil die Rechnung nicht rechtzeitig beglichen wurde?
- Wie hoch ist der Anteil verpasster Skonti aufgrund einer Zeitverzögerung, die sich durch das Vier-Augen-Prinzip ergeben hat?

Die Transparenz, die mithilfe direkt gemessener Kennzahlen erreicht werden kann, ist jedoch auch mit Vorsicht zu genießen. Schnell werden Bereiche betreten, die sensible Informationen betreffen und durch die Belegschaft entschieden abgelehnt werden bzw. den Betriebsrat auf den Plan rufen (Bilder 3.29 und 3.30 – Beispiele). Dies gilt insbesondere dann, wenn gemessene Kennzahlen einzelnen Mitarbeitern zugeordnet werden oder auch nur zugeordnet werden könnten.

Wie man sieht, können die Fragen, die im Rahmen des Business Process Reporting beantwortet werden, direkt der Analyse bezüglich des Optimierungsgrades derselben dienen. Das Reporting ist deshalb ein ausgesprochen wichtiges Instrument einer systematischen, kontinuierlichen Prozessverbesserung.

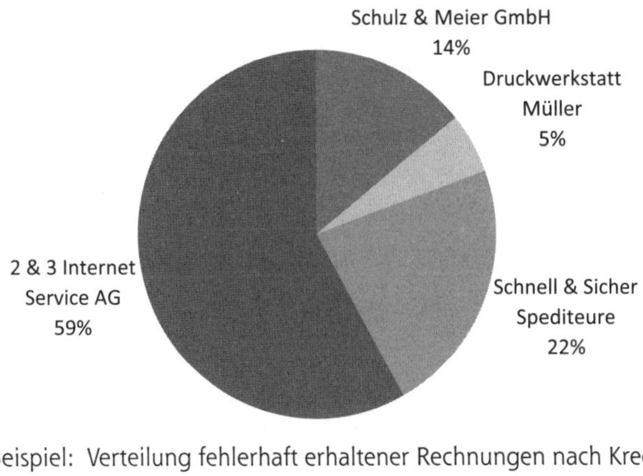

Bild 3.29: Beispiel: Verteilung fehlerhaft erhaltener Rechnungen nach Kreditor

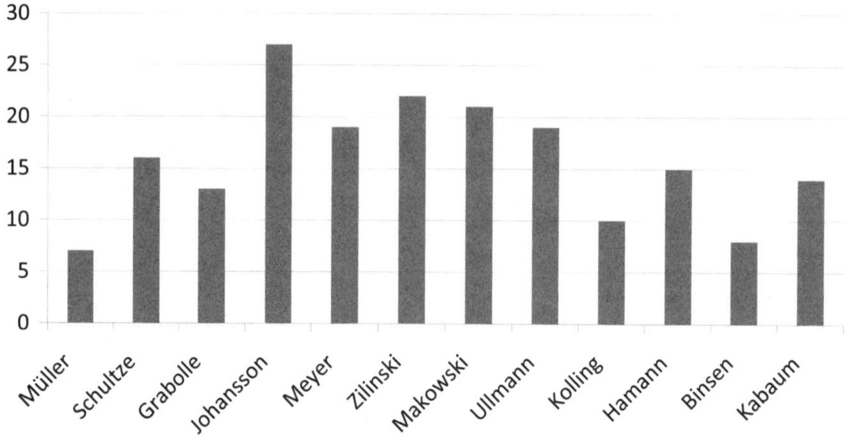

Bild 3.30: Beispiel: Durchschnittliche Liegezeit (Stunden) pro Mitarbeiter bei freizugebenden Rechnungen

In der Praxis werden die Kennzahlen, die im Rahmen der Prozessautomatisierung gemessen werden können, mitunter auch in zentrale Data Warehouses eingespeist und dort mit anderen Kennzahlen, die mittels ETL-Prozessen (Extract, Transform, Load) aus anderen Systemen extrahiert wurden, konsolidiert. Auf diesem Wege kann die Prozessautomatisierung einen wichtigen Beitrag zur Business Intelligence-Strategie eines Unternehmens leisten, bis hin zur Aggregation sämtlicher Kennzahlen und Auswertung derselben in einer Balanced Scorecard.

3.5 Make, Buy or Rent?

3.5.1 Grundgedanken zur unterstützenden Technologie

Um Prozesse konsequent automatisieren zu können, muss eine besondere IT-Unterstützung verfügbar sein, die sogenannte Process Engine (Bild 3.31). Eine Process Engine übernimmt sowohl die Funktionen der (Human) Workflow Engine als auch der Service Orchestration Engine und kombiniert somit die in Abschnitt 3.2 und Abschnitt 3.3 vorgestellten Einsatzgebiete.

Sofern eine solche Lösung im Unternehmen noch nicht verfügbar ist, stellt sich also die Frage, wie sie bereitgestellt werden kann. Hier bieten sich prinzipiell drei Lösungsansätze an:

- die selbständige Entwicklung durch die eigene IT (Make),
- die Beschaffung einer BPM-Software (Buy),
- Nutzung von Process as a Service (Rent).

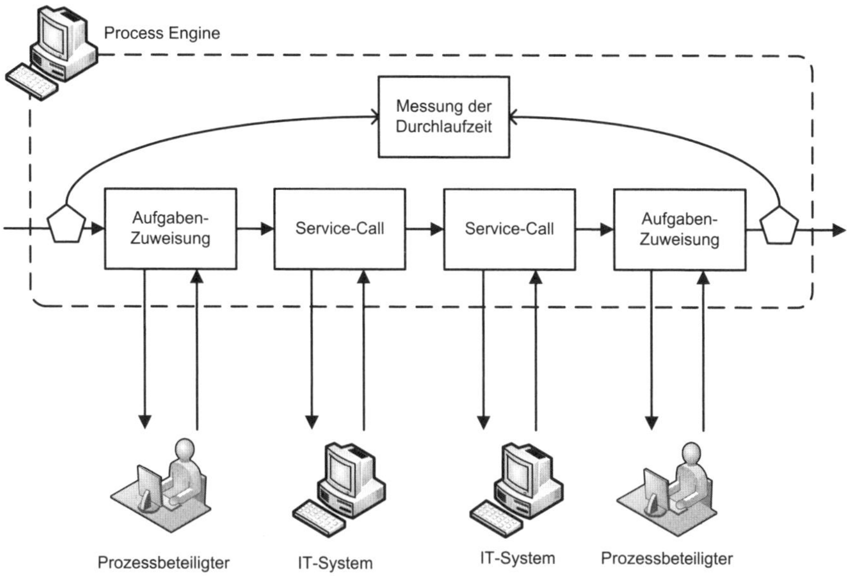

Bild 3.31: Prinzip der Process Engine

3.5.2 Selbständige Entwicklung einer Process Engine (Make)

Die vollständige Eigenentwicklung einer Process Engine ist in den allermeisten Fällen nicht sinnvoll. Die softwaretechnischen Herausforderungen sind zu umfangreich, als dass die mit der Eigenentwicklung verbundenen Vorteile sie rechtfertigen würden. Falls überhaupt, sollte eine Eigenentwicklung auf Basis frei verfügbarer Frameworks, zumeist im Java-Umfeld, in Erwägung gezogen werden. Diese decken die wesentlichen Aspekte des Nachrichtenverkehrs, der Workflow-Repräsentation, der Ansprache von Schnittstellen und der Persistenz bereits ab und können als Grundlage für eine individuelle Lösung dienen. Aber auch unter Zuhilfenahme solcher Frameworks nimmt die Entwicklung einer produktiv einsetzbaren Process Engine in der Regel viele Monate, mitunter sogar Jahre, in Anspruch, und erfordert den Einsatz hoch qualifizierter Softwareentwickler und Softwarearchitekten.

Das einzige Szenario, das eine derart aufwendige Eigenentwicklung rechtfertigt, wären außerordentlich individuelle Bedürfnisse und der Wunsch nach einer maximalen Unabhängigkeit von externen Softwareherstellern. Dies ist für gewöhnlich dann der Fall, wenn das Geschäftsmodell des Unternehmens im Kern durch die Process Engine realisiert wird und die Engine dementsprechend einen direkten strategischen Faktor zur Differenzierung darstellt.

3.5.3 Beschaffung einer BPM-Software (Buy)

Die Automatisierung der Prozesslandschaft eines Unternehmens geht meistens mit der Beschaffung einer BPM-Software einher, die eine Process Engine beinhaltet. Solche Lösungen existieren in sehr unterschiedlichen Ausprägungen und sind sowohl kommerziell als auch basierend auf einer Open Source-Lizenz verfügbar. Während kommerzielle Lösungen relativ schnell einsatzfähig sind und häufig keine Programmierkompetenzen beim Anwender erfordern, können Open Source-Systeme hingegen sehr flexibel an die Bedürfnisse des beschaffenden Unternehmens angepasst werden, sofern die entsprechend kompetenten IT-Ressourcen verfügbar sind. Insofern stellt sich die Beschaffung und Anpassung bzw. Erweiterung einer Open Source BPM-Software als pragmatische Alternative zur vollständigen Eigenentwicklung dar.

Die möglichen Funktionalitäten von BPM-Software und das Vorgehen zur Auswahl werden in Kapitel 5 ausführlich behandelt.

3.5.4 Nutzung von Process as a Service (Rent)

Gerade kleinere Unternehmen haben bislang von Projekten zur Prozessautomatisierung abgesehen, weil der Einsatz einer BPM-Software mit integrierter Process Engine mit hohen Aufwänden verbunden ist:

- Lizenzkosten im fünf- bis sechsstelligen Bereich,
- Kosten für Wartung und Support von 10 bis 20% der Lizenzkosten,
- Qualifizierung der eigenen Mitarbeiter für den Umgang mit der Lösung, hier liegt der Aufwand mindestens zwischen zehn und 30 Tagen pro Mitarbeiter (zuzüglich des anschließenden „Learning by Doing").

Solche Aufwände rechnen sich nur, wenn sehr komplexe, umfangreiche oder auch viele Prozesse automatisiert werden müssen. Für die Automatisierung einzelner Prozesse sind sie für gewöhnlich zu hoch.

Vor diesem Hintergrund ist ein neuer Lösungsansatz entstanden, der die Prozessautomatisierung auf Basis des „Software as a Service (SaaS)"-Lizenzmodells ermöglicht. Da es in diesem Fall jedoch nicht um die Bereitstellung einzelner Anwendungen, sondern um die Prozessautomatisierung geht, spricht man auch von „Process as a Service (PaaS)".

Bei einer PaaS-Strategie befindet sich die Process Engine nicht auf einem Rechner innerhalb des Unternehmens, sondern es wird die Engine genutzt, die ein externer Dienstleister auf seinem eigenen Server bereitstellt. Diese Engine wird auch nicht nur von einem, sondern von vielen Unternehmen zur Prozessautomatisierung genutzt. Da sich der Server des Dienstleisters im Internet befindet, kann sowohl das Human Workflow Management als auch die prozessorientierte Anwendungsintegration abgedeckt werden: Die Integration der Prozessbeteiligten erfolgt via Webbrowser, E-Mail oder auch SMS. Die Integration der IT-Systeme des Unternehmens erfolgt über sichere Kanäle, wie z. B. HTTPS, AS/2 oder X.400. In der IT-Landschaft des Unternehmens werden dann vom Dienstleister, falls notwendig, sehr kleine Tools installiert, die als Schnittstellen fungieren und beispielsweise ein teilweises Wrapping von Legacy-Applikationen übernehmen (vgl. Abschnitt 3.3.3).

Die initiale Realisierung der automatisierten Prozesse wird in der Regel vom Dienstleister übernommen, der häufig bereits branchen- und themenspezifische Referenzprozesse realisiert hat, und diese nur noch punktuell anpassen muss. Nach der Einrichtung und Aufschaltung können kunden- bzw. prozessspezifische, benutzerfreundliche Oberflächen zur Prozessanpassung bereitgestellt werden (z. B. auf Basis von Business Rules) sowie Prozessmodelle zur Dokumentation, Cockpits für das Echtzeit-Monitoring und regelmäßige Kennzahlenreports geliefert werden.

Lizenztechnisch kann eine PaaS-Lösung entweder auf monatlichen Kostenpauschalen oder auf einer instanzbasierten Vergütung, bei der das Unternehmen pro ausgeführten Prozess bezahlt, basieren. Eine hybride Form, die einen fixen monatlichen Sockel mit einem variablen, volumenabhängigen Aufschlag kombiniert, ist häufig die sinnvollste Form.

Die Stärke dieses neuen Ansatzes liegt in der Geschwindigkeit der Umsetzung und den vergleichsweise minimalen Investitionsvolumina. Auf der anderen Seite muss ein Unternehmen, das PaaS anwenden möchte, ein hohes Vertrauen zum bereitstellenden Dienstleister besitzen, was dessen Stabilität und Seriosität im Umgang mit vertraulichen Daten betrifft, und eine Strategie zur gezielten, sicheren Öffnung der zu integrierenden eigenen Systeme entwickeln. Vor diesem Hintergrund werden PaaS-Lösungen momentan vor allem in B2B-Szenarien eingesetzt, wo eine solche Öffnung und Datenweitergabe ohnehin erforderlich ist (Bild 3.32; vgl. Abschnitt 3.3.4).

Tabelle 3.2 vergleicht die selbständige Entwicklung einer Process Engine (Make), die Beschaffung einer BPM-Software (Buy) sowie die Nutzung von Process as a Service (Rent).

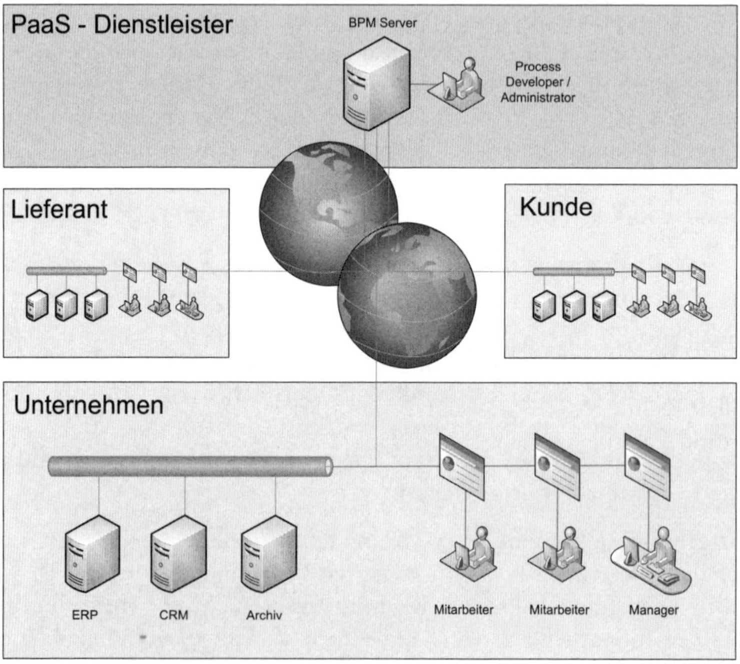

Bild 3.32: PaaS in einem B2B-Prozess-Szenario

Tabelle 3.2: Vergleich von Make, Buy und Rent

	Personelle Voraussetzung	**Vorteile ++**	**Nachteile --**
Make	Umfangreiche Softwareentwicklungsressourcen	Maximale Flexibilität und Unabhängigkeit	Extrem hoher Aufwand
Buy (Open Source)	Software-entwicklungs-ressourcen	Hohe Flexibilität und Unabhängigkeit; Nutzung bereits realisierter Komponenten	Hoher Aufwand
Buy (kommerziell)	IT-affine Ressourcen	Ausgereifte Lösung „out of the box"; umfangreicher Support	Weniger Flexibilität; hohe Beschaffungskosten
Rent	Keine	Minimale Aufwände; ideal für den Einstieg und im Business-Integrationsbereich	Abhängigkeit vom Dienstleister

3.6 Process Execution Languages

3.6.1 Die Bedeutung von Process Execution Languages

Die Konfiguration einer Process Engine zur Automatisierung eines spezifischen Prozesses erfolgt, indem ein entsprechendes Prozessmodell erstellt wird, das durch die Process Engine interpretiert werden kann. Dieses Prozessmodell ist jedoch kein grafisches Ablaufdiagramm, sondern in aller Regel textbasiert. Der Text, mit dem der Prozess für eine Process Engine beschrieben wird, stellt also eine Art Code dar. Und tatsächlich sind die sogenannten Process Execution Languages, auf deren Grundlage sich ein solcher Code erzeugen lässt, den klassischen Programmiersprachen auf den ersten Blick recht ähnlich. Auf den zweiten Blick offenbart sich, dass Process Execution Languages viele Detailaspekte klassischer Programmiersprachen ignorieren, und sich stattdessen vollständig auf die Umsetzung von Prozesslogik konzentrieren, weshalb man hier auch vom „Programmieren im Großen“ spricht.

Wer einen Prozess automatisieren möchte, muss also prinzipiell die Execution Language beherrschen, die durch die Process Engine verarbeitet wird – es sei denn, er verfügt über eine BPM-Software, die eine grafische Repräsentation der Execution Language bereitstellt und die Komplexität somit verringert. Dabei kann die von der Process Engine verwendete Sprache entweder einem Standard entsprechen oder proprietärer Natur sein. Im Folgenden werden exemplarisch zwei weitverbreitete standardisierte Sprachen vorgestellt, und es wird ergänzend die proprietäre Execution Language der Open Source Process Engine JBoss jBPM betrachtet.

3.6.2 Business Process Execution Language (BPEL)

BPEL ist eine XML-basierte Sprache zur Beschreibung der prozessorientierten Nutzung von Web Services. Sie wurde im Jahr 2002 durch einige große Unternehmen der IT-Branche (darunter IBM und Microsoft) eingeführt. Heute ist sie ein etablierter Standard und wird durch das OASIS-Komitee verantwortet, das die Version 2.0 im April 2008 verabschiedete.

Da der Ursprung von BPEL in der Web Service-Orchestrierung liegt, war die Sprache anfangs lediglich zur prozessorientierten Anwendungsintegration gedacht. Das Thema Human Workflow Management wurde hingegen nicht berücksichtigt. Diese Tatsache war lange Zeit Gegenstand massiver Kritik an BPEL, da die Automatisierung von Geschäftsprozessen in den meisten Fällen auch die Interaktion mit menschlichen Prozessbeteiligten bedingt. Inzwischen wurde mit der Spezifikation „BPEL4People“ eine Erweiterung verabschiedet, die genau diesen Mangel beheben soll.

Jeder BPEL-Prozess beginnt mit dem Sprachelement „Receive“, was bedeutet, dass ein BPEL-Prozess dadurch gestartet wird, dass er von einer externen Stelle per Web Service Call aufgerufen wird. Für die Abarbeitung des Prozesses ist der sogenannte „Invoke“ von zentraler Bedeutung, da es ja um den kombinierten Aufruf verschiedener Web Services geht. Das in der Praxis fast immer notwendige Datenmapping lässt sich über das Sprachelement „Assign“ realisieren, das Prozessvariablen im XML-Format manipulieren kann. Zur Abbildung der Prozesslogik stehen verschiedene Kontrollstrukturelemente bereit, die sich auch in klassischen Programmiersprachen wiederfinden, wie die bedingte Verzweigung oder Schleifen. Wenn der Aufruf eines BPEL-Prozesses synchron erfolgt, wird der Prozess seine Antwort im Element „Reply“ übermitteln, bei asynchronen Aufrufen markiert ein „Invoke“ die (optionale) Antwort (vgl. Abschnitt 3.3.2.2).

Darüber hinaus bietet BPEL umfangreiche Möglichkeiten für die Fehlerbehandlung, die Transaktionssicherheit und die Korrelation (Zuordnung) von Nachrichten im Rahmen asynchroner Service Calls, weshalb die Sprache insgesamt im Bereich der Service-Orchestrierung als vergleichsweise ausgereift bezeichnet werden kann.

Das nachfolgende Code Listing zeigt einen einfachen, synchron aufrufbaren BPEL-Prozess:

```
<?xml version="1.0" encoding="UTF-8"?>
<bpws:process name="Simple"
targetNamespace="http://simple.camunda.com"
    xmlns:tns="http://simple.camunda.com" ... >
    <bpws:import location="Simple.wsdl"
namespace="http://simple.camunda.com"/>
    <bpws:partnerLinks>
        <bpws:partnerLink myRole="SimpleProvider"
name="client" partnerLinkType="tns:Simple"/>
    </bpws:partnerLinks>
    <bpws:variables>
        <bpws:variable
messageType="tns:SimpleRequestMessage" name="input"/>
        <bpws:variable
messageType="tns:SimpleResponseMessage" name="output"/>
        </bpws:variables>
        <bpws:sequence name="SimpleProcess">
            <bpws:receive name="receiveInput"
               createInstance="yes"
               operation="process"
               partnerLink="client"
```

```
                portType="tns:Simple"
                variable="input"/>
        <bpws:assign name="AssignParameter"
validate="no">...</bpws:assign>
        <bpel:invoke
                name="InvokeService"
                operation="someOperation"
                inputVariable="Request"
                outputVariable="Response"
                partnerLink="SomePartnerLink"/>
        <bpws:assign name="AssignResult"
validate="no">...</bpws:assign>
        <bpws:reply name="replyOutput"
                operation="process"
                partnerLink="client"
                portType="tns:Simple"
                variable="output"/>
        </bpws:sequence>
</bpws:process>
```

3.6.3 XML Process Definition Language (XPDL)

Die XPDL wird als Standard durch die Workflow Management Coalition (WfMC) betreut, derselben Einrichtung, die auch im Jahr 1995 das bekannte Workflow Reference Model veröffentlichte. Aufgrund der ursprünglichen Ambition der WfMC, die XPDL als eine möglichst generische Sprache zur Beschreibung unterschiedlichster Geschäftsprozesse zu gestalten, ist die XPDL im Vergleich zu BPEL eher rudimentär ausgestattet, bietet aber umfangreiche Möglichkeiten zur individuellen Erweiterung. In der Konsequenz basieren viele Process Engines zwar offiziell auf XPDL, haben die Sprache aber proprietär derart umfassend erweitert, dass eine Übertragung der definierten Prozessmodelle zwischen den Engines unmöglich ist, was der Zielsetzung eines Standards natürlich widerspricht. Da die XPDL durch BPEL in Bezug auf die Prozessautomatisierung in letzter Zeit zunehmend verdrängt wird, wird sie inzwischen verstärkt als Austauschformat für grafische Prozessmodelle, insbesondere BPMN, verwendet. Die Zukunft der XPDL ist dementsprechend ungewiss.

Wie das nachfolgend dargestellte Code Listing zeigt, setzt die XPDL im Gegensatz zu BPEL die Definition und Zuordnung von Prozessbeteiligten um (in diesem Beispiel wird der Akteur „System“ definiert, der die Aktivität „CallService“ ausführt), womit sie bereits eine gewisse Nähe zur Business Process Modeling Notation (BPMN) erkennen lässt.

```
<WorkflowProcess Id="Simple" Name="Simple">
  <Participants>
    <Participant Id="Somebody">
      <ParticipantType Type="ROLE"/>
    </Participant>
    <Participant Id="System">
      <ParticipantType Type="SYSTEM"/>
    </Participant>
  </Participants>
  <Activities>
    <Activity Id="HumanTask">...</Activity>
    <Activity Id="CallService">
      <Implementation>...</Implementation>
      <Performer>System</Performer>
    </Activity>
  </Activities>
  <Transitions>
    <Transition Id="HumanTask_CallService"
From="HumanTask" To="CallService"/>
  </Transitions>
</WorkflowProcess>
```

3.6.4 jBPM Process Definition Language (jPDL)

Die jPDL ist im Gegensatz zu BPEL und XPDL kein Standard, sondern eine proprietäre Process Execution Language, die ausschließlich von der auf Java basierenden Process Engine jBPM der Firma JBoss bzw. Red Hat interpretiert wird. Da jBPM in einer Open Source-Lizenz verfügbar ist und in der Praxis bereits eine weite Verbreitung gefunden hat, soll jPDL an dieser Stelle nichtsdestotrotz vergleichend betrachtet werden.

Die wesentliche Besonderheit von jPDL ist die Tatsache, dass sie gerade im Vergleich zu BPEL sehr schlank ist. Das liegt daran, dass jBPM viele Aspekte, die in BPEL im Rahmen der Prozessbeschreibung definiert werden müssen, direkt in Java-Code und außerhalb der Prozessbeschreibung realisiert. In der Konsequenz eignet sich der Einsatz von jPDL insbesondere in Java-dominierten IT-Umgebungen, zumal der Umgang mit jBPM auch eine gewisse Java-Kompetenz erfordert. Der große Vorteil ist in solchen Szenarien die Leichtgewichtigkeit von jPDL, die eine sehr schnelle Automatisierung von Prozessen auch in kritischen Umgebungen ermöglicht (also überall dort, wo Massendaten ausfallsicher verarbeitet werden müssen). Dieser Vorteil ergibt sich durch die umfangreichen Möglichkeiten zur Nutzung praxiserprobter Java-Frameworks, wie z. B. der Java Transactions Service (JTS) oder des Persistenz-Frameworks Hibernate.

```
<process-definition name="Simple">
    <start-state name="start">
        <transition to="some task"/>
    </start-state>
    <task-node name="some task">
        <transition to="service call"/>
    </task-node>
    <node name="service call">
        <transition to="decision"/>
    <decision name="decision">
        <transition to="end" name="successful"/>
        <transition to="failed" name="unsuccessful"/>
    </decision>
    <end-state name="end"/>
    <end-state name="failed"/>
</process-definition>
```

Tabelle 3.3 stellt Business Process Execution Language (BPEL), XML Process Definition Language (XPDL) und jBPM Process Definition Language (jPDL) vergleichend dar.

Tabelle 3.3: Vergleich von BPEL, XPDL und jPDL/jBPM

	BPEL	XPDL	jPDL/jBPM
Prozess-sprache	XML-basiert	XML-basiert	XML-basiert
Diagramm-Layout	Nicht definiert	Definiert	Nicht definiert
Service-Anbindung	WSDL	Engine-abhängig	Java
Transaktions-steuerung	Nur auf Service-Ebene, ansonsten über Kompensation (Abhilfe: Verwendung von WS-Atomic-Transaction)	Engine-abhängig	Java-Transaktionssteuerung, im Java-EE-Server Java Transaction Service (JTS), XA-Transaktionen möglich (2 phase commit)
Prozess-variablen	XML-Schema	Primäre Datentypen, XML-Schema	Primäre Datentypen, Java-Objekte, EJB-Entities, JCR-Nodes, XML ... (einfach erweiterbar)

Tabelle 3.3: *Fortsetzung*

	BPEL	XPDL	jPDL/jBPM
Vorteile ++	Standard, breite Unterstützung, leistungsfähige Korrelations-mechanismen, Kompensations-mechanismus, 3-Standards, sichere Zukunft	Standard, gute Unterstützung durch zahlreiche Tools; eignet sich auch für die grafische Prozess-beschreibung	Sehr gute Erweiterbarkeit, einfache Engine, nur Java-Know-how erforderlich, geringer Overhead, Open Source verfügbar, aktive Community
Nachteile --	Bis vor Kurzem keine Human Workflows, kompliziert – erfordert viel Know-how, blockorientiert, noch vergleichsweise wenig (erfolgreiche) Praxisprojekte	Sprache an sich ist rudimentär; viele proprietäre Erweiterungen, ist als Standard kaum vergleichbar, sondern immer Engine-abhängig	Kein Standard, keine direkte Unterstützung für WSDL etc.

4 Vom fachlichen Modell zum automatisierten Prozess

4.1 Motivation und Kerngedanken

Sehr oft ist mit einer Analyse und Neugestaltung der Geschäftsprozesse die Zielsetzung verbunden, diese Prozesse durch geeignete IT-Systeme zu unterstützen: Es soll ein elektronischer Workflow im Sinne einer Prozessautomatisierung eingeführt werden, vgl. hierzu Kapitel 3.

Die organisatorische Gestaltung von Geschäftsprozessen und die Prozessautomatisierung wurden in der Vergangenheit weitgehend isoliert voneinander betrachtet, sowohl auf der methodischen Ebene als auch hinsichtlich der unterstützenden IT-Werkzeuge. In den letzten Jahren wurde jedoch erkannt, dass die integrierte Betrachtung dieser beiden Disziplinen von großem Nutzen für die Ambition sein kann, die Transparenz, Effizienz und Agilität einer IT-zentrierten Prozesslandschaft zu erhöhen (vgl. Abschnitt 4.5).

Der momentan vorherrschende Ansatz für eine solche Zusammenführung bezieht sich auf eine Überführung fachlicher Prozessmodelle in automatisierte Prozesse. Diese Überführung erfordert einen methodischen und inhaltlichen Wechsel, der in den entsprechenden Projekten derzeit noch große Probleme verursacht.

Darüber hinaus ist diese Überführung keine einmalige Angelegenheit, sondern muss prinzipiell nach jeder Änderung auf fachlicher Ebene erfolgen, sofern sie die technische Realisierung betrifft. Gleichzeitig können technisch bedingte Anpassungen prinzipiell auch das fachliche Prozessmodell betreffen, was ebenfalls berücksichtigt werden muss.

In Bild 4.1 ist der Zusammenhang zwischen Prozessmodellierung und Workflow-Gestaltung erkennbar.

In der Idealvorstellung kann die Transformation eines fachlichen Prozessmodells in technische Workflows sowie die Aktualisierung fachlicher Prozessmodelle bei Veränderungen der technischen Workflows voll automatisiert erfolgen, da es den Aufwand und die Gefahr von „Übersetzungsfehlern" minimieren würde. In der Softwaretechnik spricht man hier von einem Roundtrip Engineering.

Auf der theoretischen Ebene stehen diese Überlegungen in einem engen Zusammenhang mit den Ansätzen der modellgetriebenen Softwareentwicklung (Model Driven Software Development, MDSD), die in der Object Management Group (OMG), die auch die UML und die BPMN verwaltet, aufgegrif-

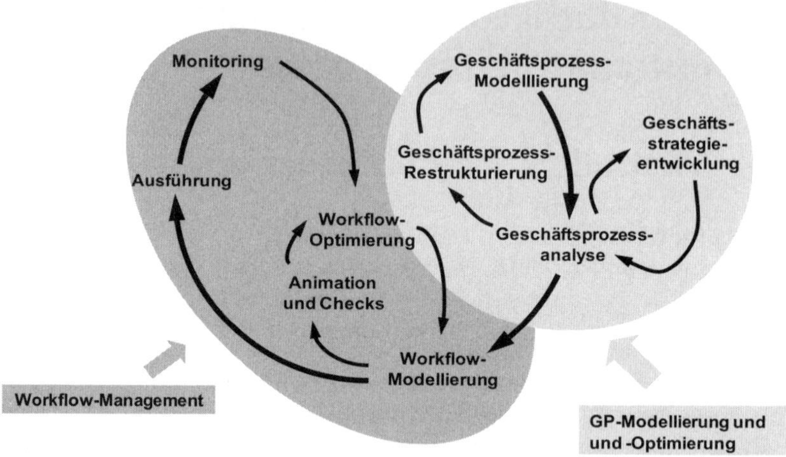

Bild 4.1: Zusammenhang zwischen Prozessmodellierung und Workflow-Gestaltung (Quelle: Prof. Dr. M. Reichert, Universität Ulm)

fen wurden. Dort wurde u. a. ein konkreter Ansatz, die sogenannte Model Driven Architecture (MDA), entwickelt. MDSD ist insgesamt eine hochgradig komplexe Disziplin mit einem breiten Spektrum an Problemstellungen und Lösungsansätzen, die in der Forschung und forschungsnahen Praxis ausführlich diskutiert werden. Das vorliegende Buch beschäftigt sich jedoch nicht mit der Frage, wie vollständige Softwareapplikationen aus Modellen generiert werden können. Da der Fokus auf der Prozessautomatisierung liegt, die sich wie in Kapitel 3 dargestellt auf die **Steuerung** von Prozessen bezieht, wird die Breite und Komplexität des Betrachtungsgegenstandes verringert. Nichtsdestotrotz existieren viele Parallelen zwischen den allgemeinen Prinzipien der Domain Specific Languages (DSL) und Platform Independent Models (PIM), wie sie in der MDSD genutzt werden, und den spezielleren Gedanken zur Überführung fachlicher Prozessmodelle in technisch ausführbare Workflows. Wer sich vertiefend mit dem Thema MDSD beschäftigen möchte, dem sei das Buch *Modellgetriebene Softwareentwicklung. MDA und MDSD in der Praxis* von Pietrek et al. empfohlen [PIETREK2007].

4.2 Aktuelle Situation in der Praxis

Derzeit wird für die technische Umsetzung häufig eine komplette Neumodellierung vorgenommen, die dem zugrunde liegende Problemstellung wird im nächsten Abschnitt erläutert.

Dieses Vorgehen ist problematisch:

Es entsteht ein **hoher Aufwand** für die technische Neumodellierung. Es werden oft mit einer anderen Methodik und einem anderen Tool alle Prozesse neu modelliert. Semantik und Darstellung verändern sich, sodass der Zusammenhang zwischen beiden Modellierungen nur für wenige „Eingeweihte" verständlich ist. Eine automatische Verknüpfung zwischen beiden Dokumentationen ist in der Regel nicht gegeben. Oft existiert auch keine Anleitung, wie der Transfer erfolgt ist, insbesondere nicht für den „Rückweg" von der technischen zur fachlichen Modellierung.

Eine manuelle Umsetzung ist **fehleranfällig.** Die technischen Modellierer interpretieren die fachlichen Darstellungen und fragen nur im Zweifelsfall nach. Fehlinterpretationen und Auslassungen bleiben unbemerkt. Eine fachliche Qualitätssicherung der technischen Modellierung findet nicht statt, da die Fachexperten die technischen Prozessmodelle meist nicht interpretieren können. Erst der Test oder gar der Produktivbetrieb lassen Fehler erkennbar werden.

Der spätere **Pflegeaufwand** für die zwei Dokumentationen führt häufig zu einer Vernachlässigung der fachlichen oder technischen Dokumentation (je nach Interessenlage des jeweiligen Autors). Daher laufen die Dokumentationen bald „auseinander" und verlieren ihren Wert. Früher oder später bewahrheitet sich dann der Satz: „Die Wahrheit steht im Quellcode."

Eine derartige Situation ist äußerst unbefriedigend, da entweder permanent hohe Aufwände entstehen oder die Modelle nach relativ kurzer Zeit nicht mehr effektiv gepflegt werden können. Dies widerspricht der Idee, mithilfe automatisierter Geschäftsprozesse die Agilität des Unternehmens zu erhöhen, um notwendige Anpassungen schneller vornehmen zu können.

4.3 Problemstellung

4.3.1 Unterschiedliche Informationen

Zwischen fachlich-organisatorischen und technisch-ablauffähigen Prozess- bzw. Workflow-Modellen bestehen, auch wenn sie sich auf denselben Prozess beziehen, zum Teil erhebliche Unterschiede bei den modellierten Informationen. Der Fokus der Betrachtung ändert sich durch die Überführung. Während zunächst die Diskussion und Darstellung der fachlichen Ziele, Aufgaben und Prozessabläufe im Mittelpunkt stand, werden jetzt exakte Vorgaben für die technische Realisierung benötigt. Das bedeutet, dass sich die Zielsetzung der Modellierung ändert und andere Informationen ermittelt und dargestellt werden müssen.

Während in der fachlichen Diskussion vor allem fachliche „Insider" sich mit den Prozessen beschäftigt haben, die ein weitgehend gleiches Verständnis von den Prozessen haben, ohne dass alle Begriffe exakt definiert sind und die Prozesse detailliert beschrieben sind, kommen nun **weitere Projektbeteiligte** dazu, deren Kernkompetenz die technische Umsetzung ist und die kein so tiefes Wissen über die fachlichen Zusammenhänge haben können.

Außerdem sind für die technische Umsetzung auch andere Informationen über die Prozesse erforderlich: Im fachlichen Prozessmodell sind beispielsweise sämtliche Arbeitsschritte des Prozesses enthalten, im technischen Workflow-Modell hingegen nur solche, die auch tatsächlich IT-gestützt ablaufen sollen.

Gleichzeitig müssen im bzw. parallel zum technischen Workflow-Modell zahlreiche technische Informationen hinterlegt werden, wie z. B. die genauen Parameter eines Service Calls, die anzuzeigenden Workflow-Masken, oder die syntaktischen und semantischen Datenmappings, die für die Applikationsintegration notwendig sind. Prinzipiell kann die Meinung vertreten werden, dass solche Informationen nicht direkt im Workflow-Modell definiert sein müssen oder können. Sie sind aber nichtsdestotrotz für die Automatisierung notwendig und stehen in einem direkten Bezug zum Prozess, können also auch nicht isoliert definiert werden. Solche Informationen sind in fachlichen Prozessmodellen wiederum nicht sinnvoll hinterlegbar, da sie nicht Gegenstand der fachlichen Betrachtung sind, sondern implizit vorausgesetzt werden.

4.3.2 Unterschiedliche Granularitäten

Fachliche Prozessmodelle strukturieren Informationen. Der Grad dieser Strukturierung ist jedoch relativ niedrig. Die meisten Prozessmodelle enthalten prosaische Bezeichnungen und Beschreibungen der definierten Aktivitäten, Ereignisse etc. (Bild 4.2). Dasselbe gilt für die Bedingungen, die den Verzweigungsknoten der Prozessmodelle zugeordnet sind. Mitunter sind diese Bedingungen auch überhaupt nicht definiert, sondern es werden lediglich Wahrscheinlichkeiten angegeben, die z. B. im Rahmen von Kennzahlenanalysen oder Simulationen ausgewertet werden. Auch die Informations- und Datenobjekte in fachlichen Prozessmodellen werden zumeist nur benannt, jedoch nicht strukturiert beschrieben. Es ist beispielsweise von einem „Antrag“ die Rede, dieser wird jedoch nicht in Bezug auf die darin enthaltenen möglichen Datenfelder detailliert definiert.

Diese Ungenauigkeiten stehen im Widerspruch zur Präzision von technischen Workflow-Modellen. Da diese durch die Process Engine ausgewertet werden, müssen sie detailliert auf alle relevanten Aspekte eingehen. Beispielsweise müssen die an den Verzweigungen hinterlegten Bedingungen einer formalen Sprache genügen, die sich nicht immer, aber häufig auf einzelne

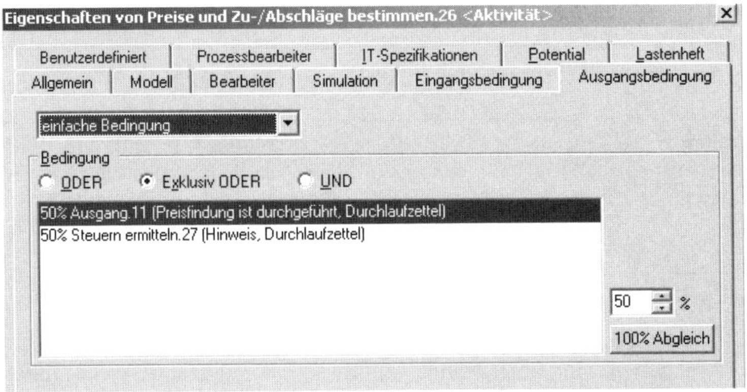

Bild 4.2: Beschreibung eines exclusive OR mit Prozentangaben in BONAPART (Quelle: Emprise)

Datenfelder innerhalb des aktuellen Datenstroms beziehen. Diese Bedingungen entsprechen mitunter den sogenannten Geschäftsregeln oder Business Rules.

4.3.3 Unterschiedliche Freiheitsgrade

In einem organisatorischen Modell können die Prozessstrukturen oft viel freier gestaltet werden als in einem technischen. Beispielsweise erfordert BPEL eine stringente Strukturierung in dem Sinn, dass u. a. sämtliche Verzeigungen wieder in der genau gleichen Abfolge zusammengeführt werden müssen, in der sie eröffnet wurden (vgl. Abschnitt 4.4.2). So gesehen muss ein BPEL-Prozess immer genau einen ersten und einen letzten Knoten besitzen. Falls derer mehrere bestehen, müssen diese zusammengeführt oder diese Prozesse geteilt werden. Im Prinzip entsprechen diese Regeln den Regeln der strukturierten Programmierung (vgl. z. B. BALZERT1999, S. 290 ff.). Eine fachliche Modellierung nimmt auf derartige formale Gesichtspunkte oft keine Rücksicht.

Dies bedeutet nicht, dass die fachlichen Modelle falsch sind. Ihre innere Konsistenz erhalten sie aufgrund fachlicher Abhängigkeiten und Regeln. Dadurch sind größere Freiheitsgrade in der Modellierung möglich und nötig. Technische Modelle müssen dagegen auch formal in sich konsistent sein. Letztendlich bedeutet dies, dass die fachliche Prozessstruktur in eine technische übergeführt wird. Hierfür kann man Modellierungstemplates entwickeln. Die technischen Modelle müssen natürlich auch fachlich korrekt sein, sind für den fachlich orientierten Betrachter aber komplexer und erschließen sich ihm nicht intuitiv (Tabelle 4.1).

Tabelle 4.1: Überblick über Unterschiede technischer und fachlicher Modellierung

	Fachlich-organisatorischer Prozess	Technischer Prozess
Betrachtete Arbeitsschritte	Rein manuelle Ausführung; systemunterstützte Ausführung; automatische Ausführung (oft in der Beschreibung vernachlässigt)	Manuelle Ausführung, die durch Aufgabenzuweisung einer Workflow Engine angestoßen wird; systemunterstützte Ausführung; automatische Ausführung
Ablauflogik	Bei Verzweigungen oft nur Wahrscheinlichkeiten angegeben	Exakte Regeln, um bei Verzweigungen richtig zu „schalten“
Detaillierung	Gröbere Darstellung, z. B. bei Arbeitsschritten mehrere Rollen (A führt aus, B genehmigt, C wird informiert)	Detaillierte Aufteilung nötig, so z. B. für jede beteiligte Rolle eigener Schritt
Inhaltliche Differenzen	Fachliche Beschreibung, Zielsetzungen und Hintergrundinformationen	Technische Zusammenhänge; Verknüpfung mit Datenbanken; Programmaufrufe mit Parametern; exakte Rollenzuordnung, und Geschäftsverteilung; Interdependenzen zwischen Prozessen
Prozess-struktur	Fachlich orientierte Modellierung (hohe Freiheitsgrade)	Formal korrekte Strukturen erforderlich (geringe Freiheitsgrade)
Hauptzweck	Verständliche Darstellung für menschliche Betrachter	Ausführbarkeit durch Process Engine

4.3.4 Schlussfolgerung und prinzipielle Lösungsansätze

Die Verwendung derselben Methoden und Werkzeuge durch die Organisation und IT, um mit einem einzigen gemeinsamen Modell zu arbeiten, ist ein angestrebter Idealzustand. Ob dieser jemals erreicht wird, lässt sich aus heutiger Sicht schwer beurteilen.

Eine vollständig automatische Transformation des fachlichen Modells in ein technisches Modell und zurück ist nicht erreichbar, da in beiden Modellen die vollständige Information enthalten sein müsste und die gleiche Modellierungssemantik verwendet werden müsste. Da aber gerade die Identität der Informationen nicht gegeben ist, wird daher auch immer eine manuelle Nacharbeit nötig sein. Hierfür sind klare Regelungen und Verantwortlichkeiten zu definieren.

Bild 4.3 zeigt verschiedene prinzipiell denkbare Wege vom fachlichen Prozessmodell zum lauffähigen Workflow.

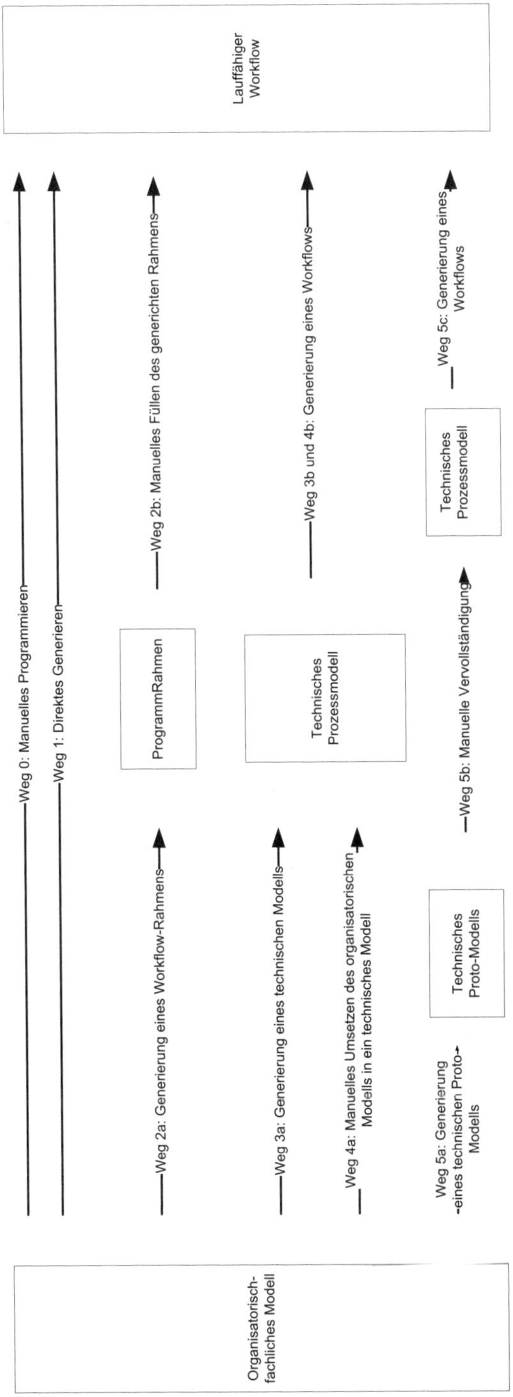

Bild 4.3: Prinzipielle Wege vom Prozessmodell zum Workflow

Weg Nr. 0 entspricht der klassischen Softwareentwicklung mit allen damit verbundenen Nachteilen in Bezug auf die Effizienz in der Prozessrealisierung, der Prozesstransparenz („Die Wahrheit steckt im Quellcode") und der Agilität bei Prozessveränderungen.

Im Gegensatz dazu ist in **Weg Nr. 1** die Idealvorstellung einer direkten, vollständigen Generierung technisch lauffähiger Workflow-Modelle dargestellt. Dies ist nicht realistisch umsetzbar, wie bereits dargestellt wurde.

Bei **Weg Nr. 2** versucht man, aus dem organisatorischen Modell einen gewissen Coderahmen zu generieren (2a), den man dann manuell füllt (2b). Hier handelt es sich um einen ersten Kompromiss, der die Nachteile von Weg Nr. 0 zumindest verringert. Er ist allerdings für den Fall problematisch, dass das fachliche Modell verändert wurde und diese Änderungen im Coderahmen nachgezogen werden sollen, ohne dass er komplett überschrieben wird.

Der **Weg Nr. 3** würde wiederum eine vollständige Generierung über einen Zwischenschritt in Form eines technischen Modells bedeuten. Wenn aber Weg 1 nicht funktioniert, kann in der Schlussfolgerung auch dieser Weg nicht funktionieren.

Der **Weg Nr. 4** wird bislang besonders häufig beschritten (vgl. Abschnitt 4.2). Neben dem fachlichen Modell wird ein technisches Modell komplett neu aufgebaut (4a). Aus diesem wird dann der Workflow generiert (4b).

Der **Weg Nr. 5** stellt einen vielversprechenden Lösungsansatz dar. Das fachliche Modell ist die Basis, um eine erste Fassung des technischen Modells zu generieren (5a). Dieses „Proto-Modell" wird dann manuell an die technischen Erfordernisse angepasst (5b). Dieser Stand kann dann für die Generierung benutzt werden (5c).

4.4 Top-down-Prozessgestaltung im Ebenenmodell

4.4.1 Das Prinzip der Verfeinerung

Wenn man bei der Prozessmodellierung ein Ebenenkonzept verfolgt, wie es in Kapitel 2 bereits vorgeschlagen wurde, kann man dieses auch nutzen, um den Übergang von fachlichen Prozessmodellen zu technischen Workflow-Modellen zu unterstützen. Dabei geht man davon aus, dass die technische Beschreibung detaillierter ist als die organisatorische. Dies ermöglicht z. B. eine Festlegung, dass die „oberen" Ebenen 1 bis N für die Organisation reserviert sind und die „unteren" Ebenen (N + 1) bis M für die Technik.

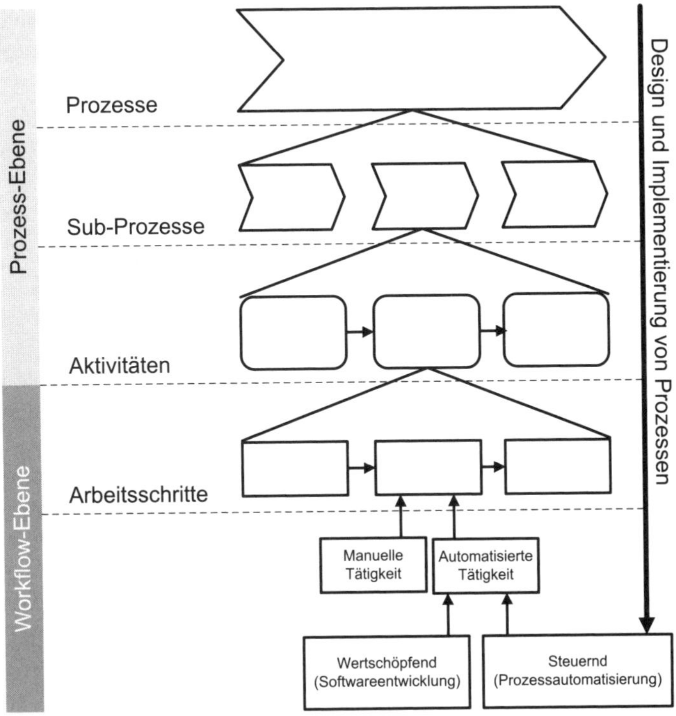

Bild 4.4: Top-down-Prozessgestaltung

Der Ansatz der Top-down-Prozessgestaltung geht davon aus, dass sich Prozesse auf verschiedenen Granularitätsebenen beschreiben lassen (Bild 4.4). Während auf der übergeordneten Ebene beschrieben wird, **was** zu tun ist, wird auf der darunter liegenden Ebene geklärt, **wie** dies geschehen soll. Prozesse können also aus Subprozessen (auch Unterprozesse) bestehen, die wiederum Aktivitäten enthalten (wobei die Verfeinerung von Prozessen in Subprozessen je nach Komplexität der beschriebenen Organisation beliebig oft wiederholt werden kann). Die größtmögliche Verfeinerung auf der Prozessebene ist dann erreicht, wenn ein Aufgabenträger die definierte Aktivität an einem Arbeitsplatz in einem Arbeitsgang erledigen kann. Wird diese Aktivität noch weiter verfeinert, werden einzelne Arbeitsschritte beschrieben, was einen Wechsel von der Prozessebene zur Workflow-Ebene bedeutet. Die Arbeitsschritte auf der Workflow-Ebene können entweder manueller Natur sein oder durch ein IT-System automatisiert ausgeführt werden.

Bei der IT-fokussierten Prozessgestaltung werden die Prozesse nun zunächst auf grober Ebene konzipiert, um dann Stück für Stück verfeinert dargestellt zu werden, bis die Workflow-Ebene erreicht ist und konkret ermittelt bzw. definiert werden kann, welche Arbeitsschritte automatisiert werden sollen.

An dieser Stelle muss differenziert werden zwischen automatisierbaren Arbeitsschritten, die tatsächlich wertschöpfende Wirkung haben (z. B. bestimmte Berechnungen), und solchen, die lediglich der Prozesssteuerung dienen. Die ersteren werden im Zuge der klassischen Softwareentwicklung automatisiert und können beim Aufbau von serviceorientierten Architekturen als Services gekapselt werden. Die letzteren sind hingegen der Gegenstand der eigentlichen Prozessautomatisierung im Sinne von Human Workflow Management und prozessorientierter Applikationsintegration (vgl. Kapitel 3). Diese doppelte Bedeutung des Begriffes „Automatisierung“ führt in der Praxis häufig zu Irritationen, hat sich jedoch nichtsdestotrotz entsprechend eingebürgert.

4.4.2 Generierung technischer Workflows

In der Idealvorstellung kann das Verfeinerungsprinzip benutzt werden, um immer präzisere Prozessmodelle zu entwickeln und diese mit immer mehr technischen Detailinformationen anzureichern, bis ein Granularitätsniveau erreicht ist, das die direkte Generierung technisch-codierter Workflow-Modelle, z. B. im BPEL-Format, ermöglicht. Die Realisierung dieser Idee ist noch mit einigen Schwierigkeiten verbunden, da der Übergang von fachlichen zu technischen Prozessmodellen, wie in Abschnitt 4.3 bereits angedeutet, problembehaftet ist:

Für rein manuelle Arbeitsschritte gibt es auf der technischen Ebene kein Äquivalent (Bild 4.5). Auf der technischen Ebene muss dann der Bruch im Ablauf „geheilt“ werden.

Da die Modellierungsrestriktionen im technischen Bereich größer sind als im organisatorischen, kann die Darstellung der Ablauflogik „unten“ von „oben“ abweichen. Technisch notwendige Aktivitäten und Abhängigkeiten, die im fachlichen Teil keine Relevanz hatten, müssen ergänzt werden. Durch

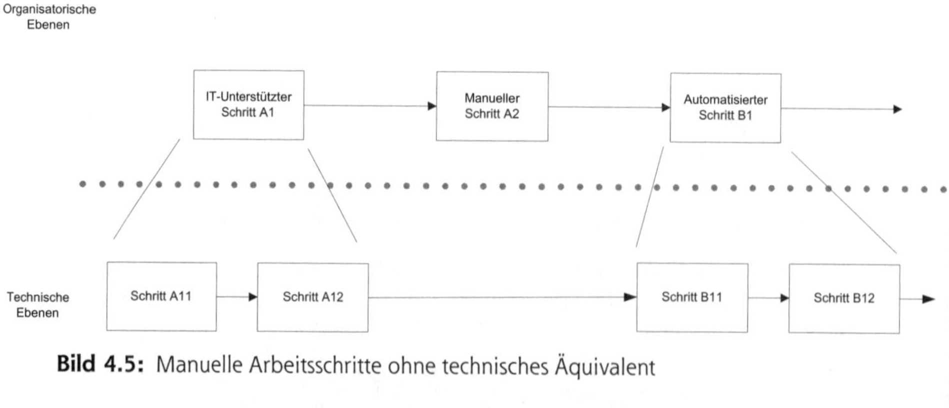

Bild 4.5: Manuelle Arbeitsschritte ohne technisches Äquivalent

diese Faktoren kann das Einfügen von Elementen auf unterer Ebene notwendig werden, für die es „oben“ keine Entsprechung gibt. Ebenso kann die Sequenz der Schritte abweichen, oder man muss ganze Prozesszweige duplizieren und an anderen Stellen einfügen, um die fachliche Logik einerseits und die Modellierungsrestriktionen andererseits zu gewährleisten.

Dieses Problem drückt sich beispielsweise in der Blockstrukturierung von BPEL aus, die einem fachlichen Prozessmodell widersprechen kann. In einer organisatorischen Darstellung können mehrere ODER-Verzweigungen ineinander verschränkt werden.

Die in dem Bild 4.6 gezeigte Verzweigung von dem Schritt „D“ zu Schritt „F“ ist in einer blockstrukturierten Sprache wie BPEL nicht zulässig. Es muss zuerst die innere Verzweigung (XOR nach dem Schritt „C“) wieder geschlossen werden, bevor die äußere Verzweigung zusammengeführt wird. Der dick eingezeichnete Weg von Schritt „D“ nach Schritt „F“ ist zwar fachlich mög-

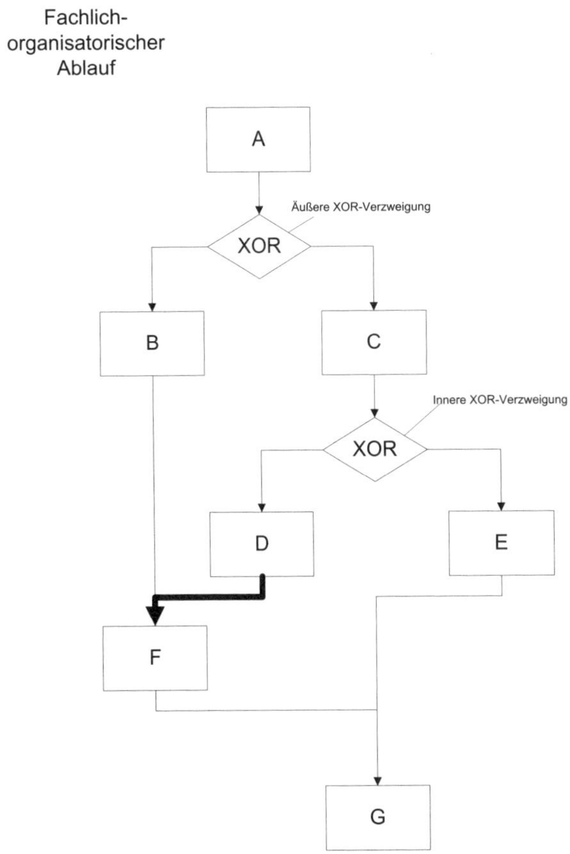

Bild 4.6: Fachlich modellierter Ablauf

Technischer Ablauf

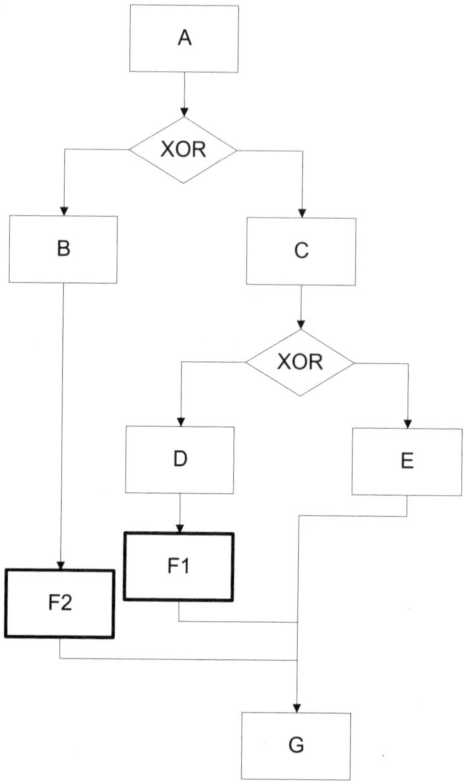

Bild 4.7: Technisch modellierter Ablauf

lich, aber technisch nicht zulässig. Daher muss dies technisch anders modelliert werden (Bild 4.7).

Bild 4.7 zeigt eine zwar unsaubere, aber pragmatische mögliche Lösung des Dilemmas: Der Schritt „F" wird kopiert und in beide Verzweigungen eingebaut. Damit kann die innere Verzweigung zuerst geschlossen werden und danach die äußere.

Ebenfalls problematisch ist das sogenannte „inklusive ODER", das in Prozessnotationen wie EPK oder BPMN durchaus erlaubt ist. Das „inklusive ODER" definiert eine Verzweigung in einem Prozess, bei der entweder nur eine ausgehende Kante oder aber mehrere ausgehende Kanten aktiviert werden können (z. B., wenn ein Brief per Express und/oder als Einschreiben verschickt werden soll). Für eine Process Engine ist diese Verzweigung jedoch sehr schwer interpretierbar, weil sie aufgrund des variablen Charakters bei der späteren Zusammenführung der Kanten nicht weiß, welche Kanten bei der Verzweigung aktiviert wurden, und somit auch nicht wissen kann, ob sie nach Ankunft eines Vorgangsobjekts bei der Zusammenführung noch auf weitere Vorgangsobjekte warten muss oder nicht. Deshalb ist das „inklusive ODER“ beispielsweise in BPEL überhaupt nicht erlaubt.

Trotz dieser und weiterer aktueller Schwierigkeiten ist das Verfeinerungsprinzip vorteilhaft:

- Der Bezug zwischen Organisation und Technik bleibt weitgehend erhalten. Durch entsprechende Referenzierungen zwischen den Ebenen und den Modellobjekten sind die Übergänge und Anpassungen nachvollziehbar.
- Alle beteiligten fachlichen und technischen Modellierer arbeiten (im Idealfall) mit den gleichen Werkzeugen und in der gleichen Umgebung. Auswirkungen von Änderungen auf die anderen Ebenen werden sofort sichtbar, Inkonsistenzen schneller erkennbar.

4.4.3 Mögliche Prozessnotationen

Die grafische Modellierung technischer Workflows muss zur Realisierung des Verfeinerungsprinzips konsequent unterstützt werden. Eine solche technische Prozessmodellierung beschreibt die logische Prozessstruktur. Generiert werden kann daher im Prinzip nur die Ablauflogik. Weiter gehende Anwendungen können nicht Gegenstand der Generierung sein, dies sind Services, die gegebenenfalls zusätzlich zu entwickeln und einzubinden sind (dies unterscheidet die Prozessautomatisierung von der klassischen Softwareentwicklung). Daher muss in erster Linie geprüft werden, welche Anforderung an die Methodik der Prozessmodellierung zu stellen ist, damit technische Workflows generiert werden können.

Eine Analyse dieser Herausforderung durch Mielke ergab die folgenden Feststellungen (vgl. MIELKE2002, S. 37 ff.; Tabelle 4.2):

Zunächst werden die Anforderungen untersucht. Eine Modellierungssprache muss verschiedene Konzepte aufweisen, damit eine Generierung möglich ist. Nur wenn eine Methodik alle diese Konzepte unterstützt, können Workflows generiert werden.

Eignung von Modellierungsmethoden für die Workflow-Generierung (nach MIELKE2002; Tabelle 4.3):

EPK

Primär zeitlich-logische Abfolge. Ist für Generierung bedingt tauglich – aber ziemlich nahe.

Tabelle 4.2: Anforderung an eine Modellierungssprache (aus MIELKE2002)

Nr.	Name	Beschreibung	Mögliche Darstellung	Art der Anforderung
1	Aktivitäts-typen	Unterscheidung mehrerer Typen von Aktivitäten	Piktogramme	Semantisch
2	Zeitliche Abfolge	Darstellung der Sequenz	Pfeile	Strukturell
3	Ablauf-aufteilung	Darstellung von Auswahl und Parallelaufteilung	Eigene Symbole	Strukturell
4	Wiederholung	Darstellung der Wiederholung	Eigene Symbole	Strukturell
5	Objekt-verbindung	Verbindung Aktivität mit Objekt/Klasse/Attribut	Verbindungslinie und Objektsymbol	Interaktion
6	Relations-verbindung	Verbindung Aktivität mit Relation	Verbindungslinie und Relations-symbol	Interaktion
7	Rollen-verbindung	Verbindung Aktivität mit Rolle	Verbindungslinie und Rollensymbol	Interaktion

Programmablaufpläne (PAP, DIN 66001)

Wurde speziell für die Implementierung von Computerprogrammen konzipiert. Beschreibt Art und Reihenfolge der Verarbeitungsschritte. Für die Generierung nur unzureichend geeignet.

UML-Interaktionsdiagramme (Sequenzdiagramme, Kollaborationsdiagramme)

Beschreibt das dynamische Verhalten von Systemen. Zusammenspiel von mehreren Objekten und der Kommunikation zwischen ihnen. Nicht zur Modellierung von Geschäftsprozessen geeignet

UML-Aktivitätsdiagramme

Ist im Prinzip ein Zustandsautomat für das dynamische Systemverhalten mit Daten- und Kontrollflüssen. Kommt den Anforderungen für eine automatische Generierung sehr nahe.

Textuelle Darstellung

Eine freie Darstellung ist ungeeignet für eine Generierung. Eine strukturierte Darstellung ist ungeeignet für eine Kommunikation mit den Fachanwendern (z. B. Pseudocode).

Tabelle 4.3: Unterstützung der Anforderungen in den Beschreibungsformen (MIELKE2002, S. 57)

	Typen	Zeitliche Abfolge	Auf-teilung	Wieder-holung	Objekte	Rela-tionen	Rollen
EPK	Ja	Ja	Ja	Nein	Ja	Nein	Ja
PAP	Teilweise	Ja	Nein	Ja	Nein	Nein	Nein
UML/ID	Nein	Bedingt	Nein	Nein	Ja	Nein	Nein
UML/AD	Ja	Ja	Ja	Bedingt	Ja	Nein	Ja
Text	Ja	Ja	Ja	Ja	Ja	Ja	Ja

Die EPK ist die einzige von Mielke betrachtete Notation, die tatsächlich originär der Prozessmodellierung dient. Es liegt daher nahe, sie mit der moderneren BPMN zu vergleichen, um ihre Tauglichkeit für die Prozessautomatisierung zu ermitteln:

Die **Ereignisgesteuerte Prozesskette (EPK)** ist in eingeschränkter Weise dazu geeignet, technische Workflows zu repräsentieren. Zwar existieren auch hier die typischen Überführungsschwierigkeiten, um aus den grafischen Modellen technisch codierte Workflows zu erzeugen (Blockorientierung von BPEL etc.). Trotzdem haben bereits verschiedene Autoren Vorschläge publiziert, wie ein solches Mapping (in diesem Fall auf BPEL) aussehen kann (u.a. KOPP2005), und einige EPK-basierte BPM-Tools wurden mit entsprechenden Exportroutinen ausgestattet (darunter die ARIS-Plattform und der Agresso Business Modeler). Bei näherer Betrachtung wird jedoch deutlich, dass diese EPK-basierten BPEL-Modelle allenfalls als abstrakte Gerüste zu verstehen sind und durch geschulte Spezialisten in der Process Engine angereichert werden müssen, um ausgeführt werden zu können. So zeigen auch verschiedene Papiere (vgl. STEIN2007) aus dem Umfeld von IDS-Scheer, dass EPKs Konstrukte anbieten, die nicht in BPEL abgebildet werden können. Dazu gehören „Do-while-Schleifen“ und der Inclusive-OR-Operator. Eine vollständige Automatisierung „auf Knopfdruck“ ist also nicht gewährleistet, weil außerdem hierfür weit mehr Informationen in der EPK aufgenommen werden müssten, als das Metamodell ermöglicht. Dies ist auch nicht überraschend, da die ursprüngliche Motivation der EPK nicht die Darstellung technischer Workflows, sondern organisatorischer Prozesse war. Vor diesem Hintergrund kommt es eher einem „Verbiegen“ der Notation gleich, wenn diese für die Prozessautomatisierung genutzt werden soll.

Die **Business Process Modeling Notation (BPMN)** wurde von Anfang an für den Zweck entwickelt, sowohl technische Workflows als auch organisatorische Geschäftsprozesse zu repräsentieren. Es wurden zahlreiche Notationselemente und Modellierungsprinzipien definiert, die der Erfüllung dieses Zwecks dienen. Sie alle darzustellen würde den Rahmen dieser Betrachtung sprengen. Es sollen jedoch exemplarisch einige aufgegriffen und anhand einfacher Prozessmodelle erklärt werden.

Der erste Aspekt betrifft „kollaborative Geschäftsprozesse". Das darzustellende Szenario ist der folgende Ablauf:

Ein Kunde bestellt eine Ware beim Versandhaus seines Vertrauens. Dort nimmt der Vertrieb die Bestellung an. Wenn die Ware auf Lager verfügbar ist, wird sie von der Logistik direkt versendet. Wenn nicht, muss der Einkauf diese Ware zunächst beim entsprechenden Lieferanten beschaffen. Auch dieser prüft die Verfügbarkeit und beschafft seinerseits die Ware, falls nötig.

Ein Prozessmodell, das diesen Sachverhalt in einer EPK ausdrückt, sähe wie in Bild 4.8 dargestellt aus. Dasselbe Szenario lässt sich in BPMN wie in Bild 4.9 darstellen.

Der betrachtete Prozess setzt sich aus Sicht der BPMN aus drei separiert ablaufenden Prozessen zusammen, die zueinander in einer Interaktionsbeziehung stehen. Dem liegt die korrekte Annahme zugrunde, dass der Kunde, das Versandhaus und der Lieferant in der Realität im **Kontrollfluss** unabhängig voneinander agieren können, jedoch auf einen **Nachrichtenaustausch** mit ihren Partnern angewiesen sind. In der BPMN spricht man deshalb von **kollaborierenden Prozessen.**

Durch diesen Ansatz wird nicht nur die hierarchische Struktur der Interaktionspartner erkennbar. Es ist vor allem ersichtlich, dass spezifische Aktivitäten zum Senden und Empfangen von Nachrichten notwendig sind, nämlich solche Aktivitäten, bei denen Nachrichtenflüsse ein- oder ausgehen. Diese Aktivitäten könnten manueller Natur sein, was der Anschaulichkeit halber in diesem Beispiel unterstellt wurde. Sie könnten aber explizit als technische Schnittstellen realisiert werden, und würden dann genau den Services entsprechen, die im Rahmen von serviceorientierten Architekturen (SOA) realisiert werden.

Gleichzeitig wird im vorliegenden Modell ein Mechanismus dargestellt, der in der prozessorientierten Applikationsintegration von essenzieller Bedeutung ist und in Kapitel 3 ausführlich dargestellt wird: der asynchrone Aufruf von Services. Dieser Mechanismus drückt sich in der Bestellung des Kunden aus, die über den Nachrichtenfluss zum Versandhaus visualisiert wurde. Gleichzeitig existiert ein Sequenzfluss von der Bestellung hin zur Annahme der Ware durch den Kunden. Das bedeutet, der Kunde hat seine Ware bestellt und erwartet danach die Lieferung. Zwischen diesen Aktivitäten hätte er aber auch noch andere Schritte durchführen können, also die Ware bestellt, und, ohne auf die Lieferung zu warten, bereits andere Aktivitäten unter-

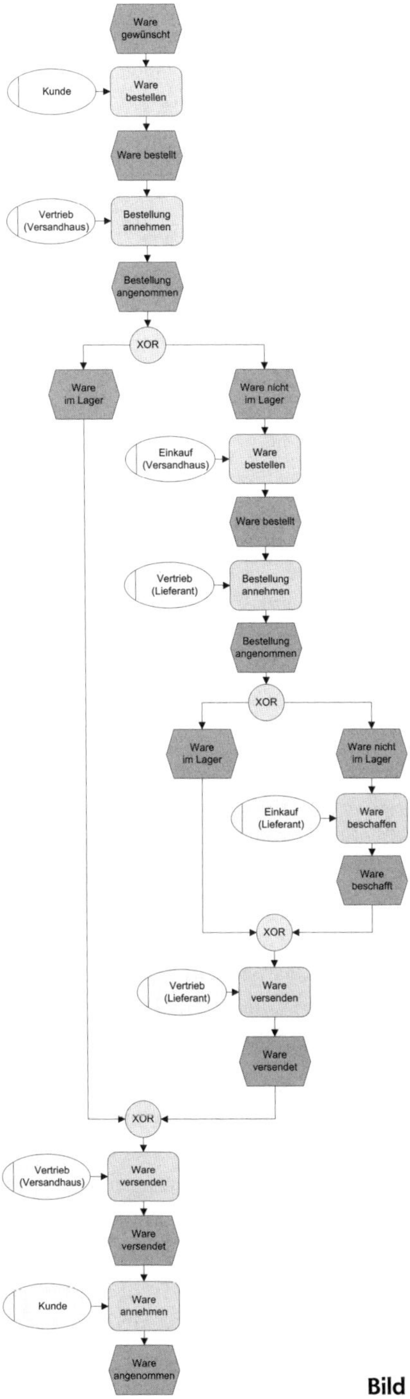

Bild 4.8: Prozessmodell in EPK

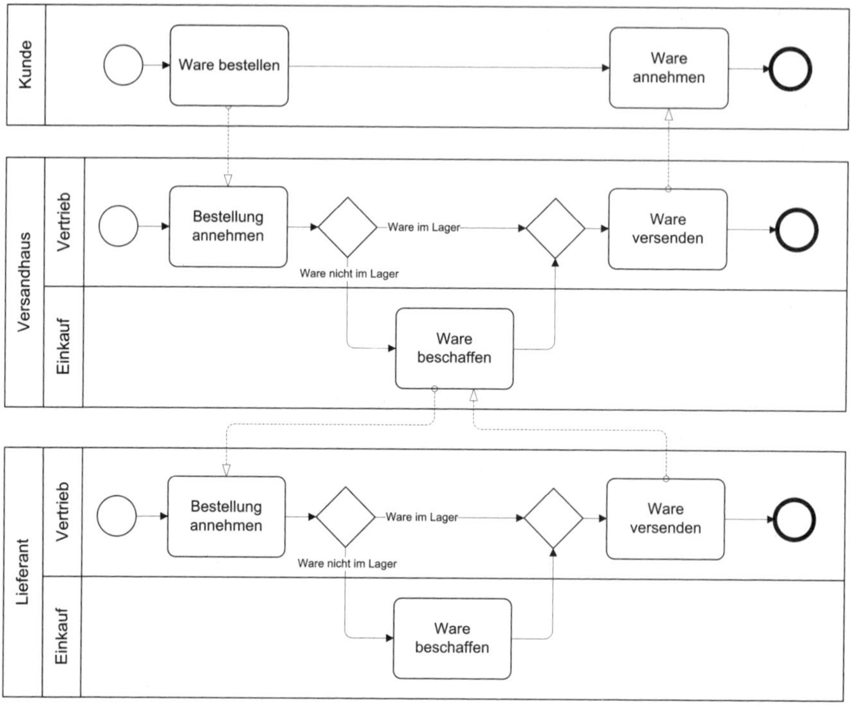

Bild 4.9: Kollaborativer Prozess (BPMN)

nehmen können, z. B. die Vorbereitung der Warenannahme. Dies entspricht vom Prinzip her dem Beispiel der asynchronen Nutzung eines Steuerberaters, das in Kapitel 3 dargestellt ist. In Abgrenzung dazu wurde die Aktivität „Ware beschaffen" des Versandhauses als synchroner Aufruf gestaltet, d. h., diese Aktivität kann nur beendet werden, wenn die Ware des Lieferanten eingetroffen ist. Bis das nicht passiert ist, ruht die gesamte Prozessinstanz (aus Sicht des Versandhauses). Solche Zusammenhänge können in einer Prozessnotation wie der EPK überhaupt nicht abgebildet werden.

An diesem Beispiel aus der „physischen" Welt wurden Mechanismen erklärt, die für die technische Realisierung von prozessorientierten Integrationslösungen, und somit für die Realisierung technischer Workflows, unbedingt definiert werden müssen. Geschieht dies nicht zu einem frühen Zeitpunkt im Projekt, können notwendige Anpassungen umfangreiche zusätzliche Aufwände generieren. Dass diese Definition durch BPMN explizit unterstützt wird, ist deshalb ein erster großer Vorteil im Vergleich zu rein fachlichen Notationen wie der EPK.

In einem weiteren Beispiel soll das Prinzip von zeitlichen Verzögerungen und entsprechenden Eskalationen thematisiert werden, das in fast jedem Prozess von Relevanz ist. Das darzustellende Szenario ist der folgende Ablauf, bei dem kollaborative Aspekte der Einfachheit halber ausgeblendet sind, also alle Aktivitäten durch den Kunden wahrgenommen werden:

Eine Ware wird bestellt. Wenn diese Ware nicht innerhalb von sieben Tagen geliefert wird, wird nachgefragt, wo die Ware bleibt. Wenn sie nach weiteren sieben Tagen noch nicht geliefert wurde, wird erneut nachgefragt. Nach weiteren drei Tagen Wartezeit wird die Bestellung storniert.

Eine Abbildung in EPK sieht wie in Bild 4.10 dargestellt aus. Bild 4.11 stellt ein äquivalentes BPD dar.

Da es sich um eine zweistufige Eskalation handelt (1. Stufe: nachfragen; 2. Stufe: stornieren), ist die Verwendung eines Unterprozesses in BPMN zur Abbildung geeignet. Nach der Bestellung der Ware wird der Unterprozess gestartet und zunächst ein zusammenführender XOR-Knoten (in BPMN: exklusives Gateway) gesetzt, der den Einstiegspunkt für einen späteren Rücksprung markiert, dann folgt ein ereignisbasiertes exklusives Gateway. An dieser Stelle wird bei der Prozessausführung gewartet, bis entweder die Ware eingeht oder sieben Tage vorbei sind. Wenn die Zeit abgelaufen ist, ohne dass Ware eingetroffen ist, wird nachgefragt. Da das Szenario eine weitere Frist von sieben Tagen vorsieht, kann hier ein Rücksprung modelliert werden. Theoretisch würde dieser Rücksprung nun unendlich oft stattfinden, solange keine Ware eintrifft. Das Szenario sieht aber vor, dass zunächst sieben Tage gewartet wird, dann erneut sieben Tage und dann nach drei Tagen die Bestellung storniert werden soll. Deshalb wird an den Unterprozess ein weiteres Zeitereignis angeheftet (rechts unten). Es besagt, dass der gesamte Unterprozess nach insgesamt 17 Tagen (7 + 7 + 3 = 17 Tage) abgebrochen wird und die Bestellung storniert wird. Wenn hingegen der Wareneingang verzeichnet wird, wird der Unterprozess beendet und der normale ausgehende Sequenzfluss aktiviert, der zur Warenannahme und zum Ende des gesamten Prozesses führt.

Eskalation im Allgemeinen und der Umgang mit zeitlichen Verzögerungen im Besonderen sind in der Prozessautomatisierung von zentraler Bedeutung, z. B., wenn die rechtzeitige Abarbeitung von Aufgaben in Human Workflows überwacht werden soll oder die Einhaltung von Service Level Agreements im Rahmen einer SOA-Governance. Dass die BPMN für diese Themen eigene Notationselemente und Modellierungskonstrukte bereitstellt, die eine wesentlich übersichtlichere und präzisere Modellierung erlauben, ist als ein weiterer Vorteil zu werten. Zwar sind Rücksprünge auch in EPKs möglich, was die Übersichtlichkeit auch dort erhöhen kann. Jedoch kann das vorliegende Szenario aufgrund der differenzierten Eskalation der zeitlichen Verzögerung in einer EPK nicht sinnvoll als Rücksprung modelliert werden: Es müsste mithilfe von Prosatext in den Ereignisbeschreibungen definiert wer-

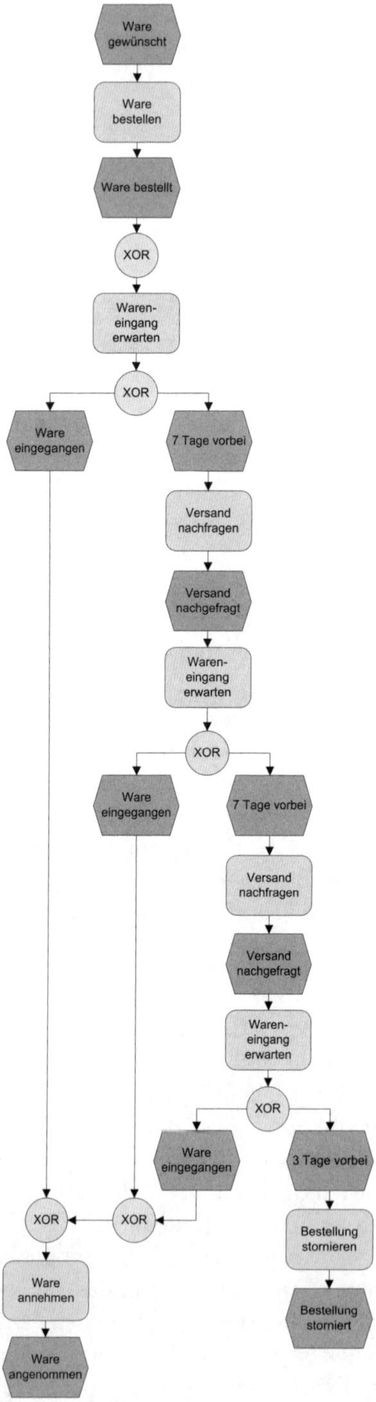

Bild 4.10: Eskalierender Prozess (EPK)

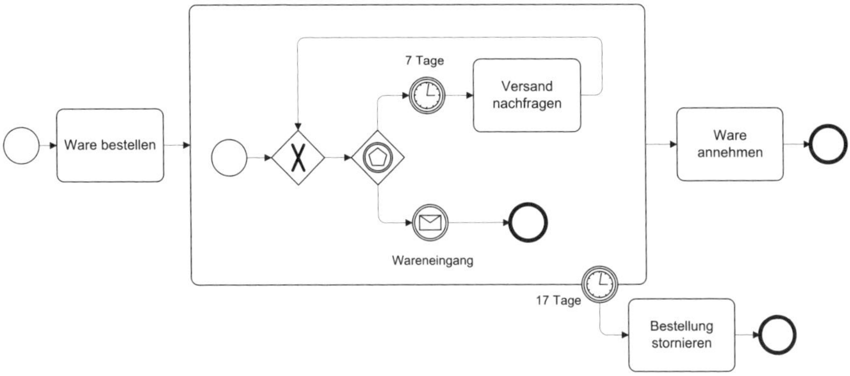

Bild 4.11: Eskalierender Prozess (BPMN)

den, ob sich die angegebene Zeitspanne des Wartens auf den vorhergehenden Schritt oder irgendeinen anderen Zeitpunkt im Prozess bezieht, womit Inkonsistenzen im Modell geradezu vorprogrammiert sind.

Es existieren zahlreiche weitere automatisierungsrelevante Notationselemente in BPMN, wie Unterprozesse, die als Transaktionen ausgeführt werden und Rollback-Mechanismen im Fehlerfall unterstützen, oder auch das Konstrukt der Mehrfach-Instanz („Multiple Instance"), die abhängig von bestimmten Bedingungen mehrere Instanzen einer Aufgabe oder eines Unterprozesses erzeugt (z. B. bei einem Bestelleingang für jede Position in der Bestellung eine Instanz des Unterprozesses „Warenentnahme" erzeugt).

Angesichts dieser Ausdrucksstärke ist die BPMN die momentan am besten geeignete Notation, um eine Top-down-Gestaltung von fachlichen Prozessen hin zu technischen Workflows zu praktizieren. Allerdings ist auch die BPMN trotz dieser Stärken noch lange nicht perfekt: Die direkte Repräsentation von technischen Workflows kann auch bei einer Nutzung von BPMN noch nicht für alle relevanten Execution Languages vollständig erfolgen, und umgekehrt erlaubt BPMN sprachliche Konstrukte, die nicht von jeder Execution Language oder Process Engine verstanden bzw. unterstützt werden. Auf der fachlich-organisatorischen Seite fehlen ebenfalls noch Konstrukte, wie z. B. die Unterstützung von Prozesslandkarten. Darüber hinaus existieren prinzipielle Schwierigkeiten in der konsistenten Verknüpfung von Prozessmodellen unterschiedlicher Hierarchieebenen, die eine Verfeinerung erschweren – diese Schwierigkeiten konnten auch mit der BPMN bislang nicht ausgeräumt werden.

Ein sehr häufig zu hörender Kritikpunkt bezieht sich auf das fehlende Metamodell von BPMN: Zwar sind die Notationselemente und ihre Attribute in der Spezifikation in Prosa- und Tabellenform definiert, ein „hartes", eindeutiges Metamodell, beispielsweise auf Basis von XML Schema Definition (XSD), fehlt bislang jedoch. Ohne dieses Metamodell werden Ambitionen, eine Überführung von BPMN-Diagrammen in technische Workflows zu realisieren, jedoch auf proprietäre Lösungen beschränkt und können nicht in einem Standard gebündelt werden.

Trotz dieser Kritikpunkte ist die BPMN immer häufiger die Notation der Wahl: Die beschriebenen Defizite werden in der aktuellen Weiterentwicklung des Standards von zahlreichen Unternehmen und Forschungseinrichtungen bearbeitet, sodass davon ausgegangen werden kann, dass hier in den kommenden Jahren ausgereifte, praxistaugliche Lösungsansätze bereitgestellt werden.

4.4.4 Anforderungen an ein Modellierungstool

Das Modellierungswerkzeug sollte das in Abschnitt 4.4.1 dargestellte Prinzip der Verfeinerung über ein Ebenenkonzept unterstützen. Auf den Ebenen müssen unterschiedliche Modellierungsansätze (jedoch nicht zwangsläufig unterschiedliche Notationen) unterstützt werden, damit sowohl die Organisation als auch die Technik adäquat dargestellt werden. Entsprechende Referenzierungen zwischen den Ebenen und den Modellobjekten sollten auch bei unterschiedlichen Modellierungsmethoden möglich sein. Trotzdem müssen zwischen den Ebenen gewisse Freiheitsgrade bestehen, da sich Organisation und Technik nicht eins zu eins überführen lassen.

Ein Tool sollte die Modellierung so weit wie möglich unterstützen und die Konsistenz der verschiedenen Modelle sicherstellen. Es sollte auch ein Tool für beide Bereiche sein (Bild 4.12). Zwei verschiedene Tools schaffen häufig zusätzliche Probleme und Inkonsistenzen beim Datenaustausch, insbesondere wenn sie von zwei verschiedenen Herstellern kommen.

Das Tool soll beide Bereiche in seinem Repository integrieren und auf die Modellierungsobjekte unterschiedliche Sichten (Views) – je nach Zielgruppe – anbieten. Das Ziel muss es sein, gleiche Informationen für Organisation und Technik nicht redundant zu speichern und unterschiedliche Informationen, die sich auf das gleiche Objekt beziehen, auch wirklich über das gleiche Objekt zu verknüpfen.

Definierte Dokumentationsbereiche (Zielgruppe) für

- gemeinsame Inhalte,
- fachliche Inhalte und
- technische Inhalte

müssen verwaltet werden können und ebenso Referenzierungen zwischen diesen Bereichen (Bild 4.13).

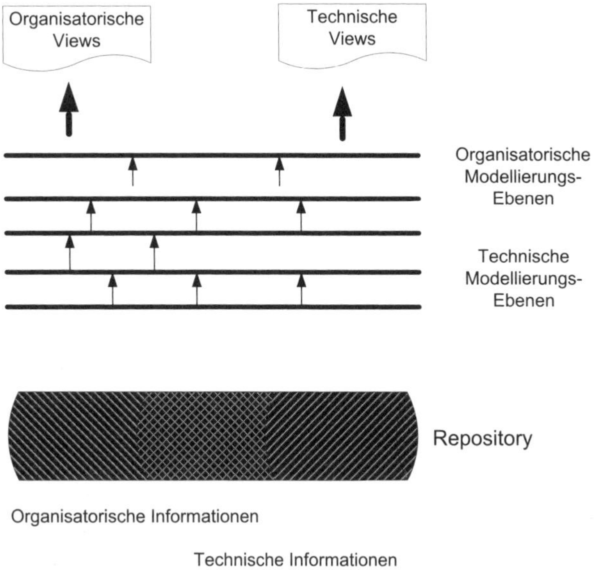

Bild 4.12: Grundlegende Architektur eines integrierten Modellierungstools

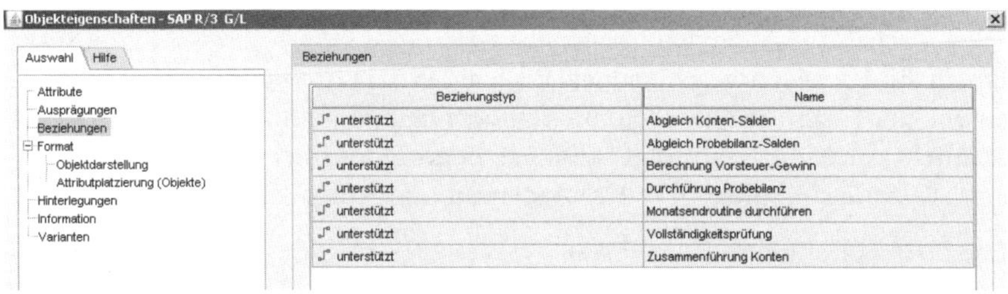

Bild 4.13: Beziehungsstrukturen zwischen verschiedenen Objekten der Modellierung in ARIS (Quelle: IDS)

Das System muss verschiedene Views auf das Gesamtmodell erlauben. Durch ein themenbezogenes Ein- und Ausblenden von Information kann jeder „seine" Sicht auf die Prozesse wählen.

Die Umsetzung eines derartigen Ansatzes ist aber aus verschiedenen Gründen schwierig. Insbesondere da sich in der Regel die organisatorischen von den technischen Prozessstrukturen unterscheiden werden, fehlt eine durchgängige konsistente Basis für einen gemeinsamen Beschreibungskern. Wie gezeigt, wird man bei der Transformation von der organisatorischen auf die technische Sicht drei Kategorien von Änderungen haben:

- Entfernen von Prozessschritten,
- Hinzufügen von Prozessschritten,
- Veränderung in der Anordnung der Prozessschritte.

Derartige Änderungen der Prozessstrukturen lassen sich nur eingeschränkt in einem übergreifenden Diagramm darstellen. Strukturelle Änderungen in einer Sicht können oft nicht mehr automatisch in der jeweils anderen Sicht nachvollzogen werden. Unterschiede zwischen den Sichten müssen aber erkennbar und nachvollziehbar sein.

4.4.5 Rollen und Zusammenarbeit

Die angestrebte Top-down-Gestaltung im Ebenenkonzept muss, wie gezeigt, sowohl methodisch als auch durch entsprechende BPM-Software unterstützt werden. Dies allein reicht jedoch nicht aus – auch die Menschen im Unternehmen müssen mit den benötigten Kompetenzen und Verantwortlichkeiten ausgestattet sein, da in den seltensten Fällen ein und dieselbe Person alle Ebenen der Prozessgestaltung verantworten kann: Während auf den grobgranularen Ebenen eher organisatorische Aspekte im Vordergrund stehen, werden auf der feingranularen Ebene die technischen Aspekte modelliert. Dies erfordert die jeweiligen Spezialisten (Bild 4.14). Gleichzeitig sollten die Rollen auf allen Ebenen zwar nicht unbedingt vollständig, aber zumindest partiell mit den Themen der darunter bzw. darüber liegenden Ebenen vertraut sein, damit sie effektiv miteinander kommunizieren können.

Die in Bild 4.14 vorgeschlagenen Rollen „Prozessarchitekt“ und „Prozessentwickler“ können natürlich auch anders heißen (häufig wird der Prozessarchitekt auch mit dem allgemeineren Begriff „Business Analyst“ bezeichnet). Wichtig sind allein ihre Kompetenzen und Aufgabengebiete.

Der Prozessarchitekt

- ... klärt, **was** im Prozess zu tun ist.
- ... besitzt seinen Kompetenzschwerpunkt in der betriebswirtschaftlichen Organisation. Er muss nicht unbedingt besondere IT-Kompetenzen besit-

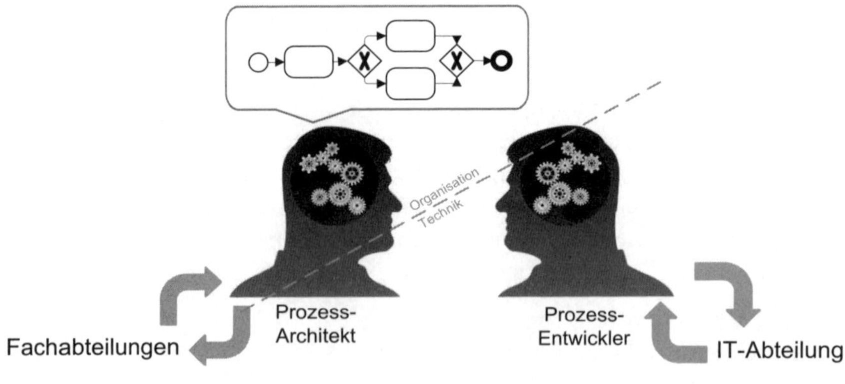

Bild 4.14: Mögliche Rollen

zen. Erfolgsentscheidend ist jedoch seine analytische Veranlagung. Er vereint Kommunikationsfähigkeit und strukturiertes Denken und kann deshalb die unstrukturierten, zum Teil schwammigen Aussagen der Fachabteilungen in strukturierte Modelle und Anforderungen überführen.

- ... erhebt und analysiert die relevanten Prozesse auf organisatorischer Ebene. Er ist ausdrücklich keiner spezifischen Fachabteilung zugeordnet, um im Falle abteilungsübergreifender Prozesse überparteiisch agieren zu können.
- ... nimmt die Anforderungen der Fachabteilungen auf und konzipiert gemeinsam mit ihnen die gewünschten Sollprozesse. Da er mit präzisen Methoden, wie z.B. der BPMN, arbeiten kann, findet die Modellierung bereits auf einem Niveau statt, das die spätere Verfeinerung in technische Workflows erleichtert und zentrale Fragestellungen an die Fachabteilung, die sich aus der späteren Realisierung ergeben können, frühzeitig offenbart.
- ... geht mit dem gewünschten Sollprozess auf den Prozessentwickler zu und stimmt mit ihm die weitere Realisierung ab. Er übernimmt die Leitung des Realisierungsprojekts aus fachlicher Sicht.

Der Prozessentwickler

- ... definiert, **wie** der Prozess realisiert wird.
- ... besitzt seinen Kompetenzschwerpunkt in der IT, ist allerdings kein Programmierer. Er kann mit Programmiersprachen-ähnlichen Methoden wie BPEL und XSLT umgehen und besitzt ein ausgezeichnetes Verständnis der zentralen technischen Prinzipien der Prozessautomatisierung.
- ... ergänzt die Prozessmodelle, die der Architekt erstellt hat, um die implementierungsrelevanten Aspekte.
- ... nutzt dieselbe präzise Prozessnotation wie der Architekt, dort allerdings gegebenenfalls spezifischere Elemente.
- ... definiert die notwendigen Benutzerinteraktionen und Service Calls, die für die vollständige Prozessautomatisierung im Sinne der Prozesssteuerung notwendig sind.
- ... definiert, falls im Rahmen der Prozessautomatisierung eine IT-technisch implementierte Geschäftslogik notwendig ist, die noch nicht als Service verfügbar ist (z.B. eine bestimmte Berechnung), die zu erbringende Leistung des Service sowie die Parameter, die dem Service beim Aufruf durch den Prozess zur Verfügung gestellt werden können. Auf Basis dieser Definition stimmt er sich mit der Softwareentwicklung in der IT-Abteilung ab, damit diese den entsprechenden Service implementiert und bereitstellt. Die Verwaltung der gesamten Service-Landschaft („SOA-Governance") ist eine prozessübergreifende Aufgabe und fällt deshalb nicht in das Aufgabengebiet von Prozessarchitekten und -entwicklern.

Das hier dargestellte Vorgehen bezieht sich auf die vollständig neue Realisierung eines Prozesses, die einem klassischen Softwareentwicklungsprojekt ähnlich ist. An dieser Stelle soll hervorgehoben werden, dass hier zwar ein sequenzielles Vorgehen skizziert wurde, dies aber trotzdem bedeutet, dass zwischen den beteiligten Rollen eine kontinuierliche Abstimmung stattfinden kann. Diese sollte laufend erfolgen, um eine iterative Prozessentwicklung zu unterstützen und mögliche Fehlentwicklungen frühzeitig zu erkennen.

Auch ist es nicht zwingend erforderlich, separate Stellen für Prozessarchitekten und -entwickler zu schaffen. Der vorgestellte Ansatz funktioniert natürlich noch besser, wenn eine Person beide Kompetenzprofile in sich vereinen kann. Die Verteilung auf zwei separierte Rollen entspricht jedoch der praktischen Problematik, dass solche „Alleskönner“ auf dem Arbeitsmarkt schwer zu finden und dementsprechend teuer für das Unternehmen sind.

Im Idealfall kann eine solche Verteilung die Agilität des Unternehmens noch weiter erhöhen: Wenn nämlich der Prozessarchitekt zusätzlich die Möglichkeit erhält, zumindest punktuell in die Prozesskonfiguration einzugreifen. Dann können Anpassungen in der Prozesslogik in einem Bruchteil der Zeit und wesentlich treffsicherer vorgenommen werden als in einer klassischen Verteilung mit Fach- und IT-Abteilungen, wo Anpassungen einen „Change Request“ an Softwareentwickler erfordern, die den Prozess fachlich nicht ausreichend verstehen und direkt den Programmcode anpassen müssen, der ihn umsetzt.

4.5 Wesentliche Potenziale

Im Zusammenhang mit BPM, SOA und ähnlichen populären Stichwörtern wird häufig das Potenzial genannt, man könne mit solchen Lösungen das „Business-IT-Alignment optimieren“. Allerdings wird dieser wohlklingende Begriff selten näher konkretisiert. Die nachfolgend beschriebenen Potenziale sind die in der Praxis momentan am häufigsten realisierbaren („low hanging fruits“) und von vergleichsweise bodenständiger Natur, sollten daher auch problemlos nachvollziehbar sein.

4.5.1 Verbesserung des Requirements Engineering

Die Realisierung einer IT-Unterstützung basiert auf fachlichen Anforderungen, die sich aus den zu unterstützenden Geschäftsprozessen ergeben. Je präziser diese Prozesse definiert sind, desto vollständiger und eindeutiger können die fachlichen Anforderungen ermittelt werden. Ein kritischer Erfolgsfaktor ist der Zeitpunkt ihrer Identifikation. Dieser befindet sich in der klassischen Softwareentwicklung häufig nicht in der Konzeptionsphase, sondern mitten in der Realisierung. Erst wenn die Software partiell entwickelt und getestet ist, wird der Fachseite klar, dass bestimmte prozessbezogene Aspekte bislang nicht berücksichtigt wurden – eine typische Reaktion aus der IT ist dann der Satz: „Der Fachbereich weiß nicht, was er will." Gerade bei der Prozessautomatisierung kann dieses Risiko umso besser vermieden werden, je konsequenter und präziser die zu automatisierenden Prozesse im Top-down-Verfahren fachlich modelliert wurden. In solchen Fällen entsteht eine gemeinsame Kommunikationsbasis, die effektiv verhindern kann, dass wichtige Aspekte der zu realisierenden IT-Unterstützung übersehen oder missverstanden werden. Eine praktikable Faustregel ist das Verhältnis von Prozessmodellen und Fließtexten in Lasten- und Pflichtenheften: Je mehr Fließtext benötigt wird, um die Anforderungen und zu realisierenden Funktionen verbindlich festzuhalten, desto ungenauer und somit verbesserungswürdiger sind die erstellten Prozessmodelle.

4.5.2 Beschleunigung der Abbildung in IT

Die Anwendung des Ebenenkonzepts in Kombination mit einer präzisen Prozessnotation wie der BPMN, der Unterstützung durch geeignete BPM-Software und der Zuordnung geeigneter Rollen und Verantwortlichkeiten kann die Realisierung und Anpassung automatisierter Prozesse **erheblich** beschleunigen: Die Missverständnisse im Rahmen der Abstimmung zwischen Business und IT werden abgebaut, kritische Wünsche der Fachabteilung früher erkannt, eine iterative Entwicklung mit kurzfristigen Korrekturen wird ermöglicht und die Zyklen zur Anpassung der Prozesse mithilfe von Mechanismen zur modellgetriebenen Prozesskonfiguration werden deutlich verkürzt.

4.5.3 Abbau von „Schrankware"

Die Prozessmodellierung wird in vielen Unternehmen mittlerweile sehr kritisch gesehen. Zu groß sei die Gefahr, dass man Modelle entwickle, die dann keine Beachtung fänden. Diese Modelle verschwinden ungenutzt in irgendwelchen Aktenschränken, weshalb man hier auch etwas gehässig von „Schrankware" spricht. Die in Bild 4.15 dargestellten Ursachen für dieses Problem lassen sich mithilfe der hier vorgestellten Konzepte zumindest für solche Prozessmodelle verringern, die in automatisierte Prozesse überführt wurden:

- **Änderungen im Daily Doing** erfordern Anpassungen in den Workflow-Beschreibungen, weil ansonsten überhaupt nicht anders gearbeitet werden kann. Durch eine konsequente Verknüpfung mit den fachlich-organisato-

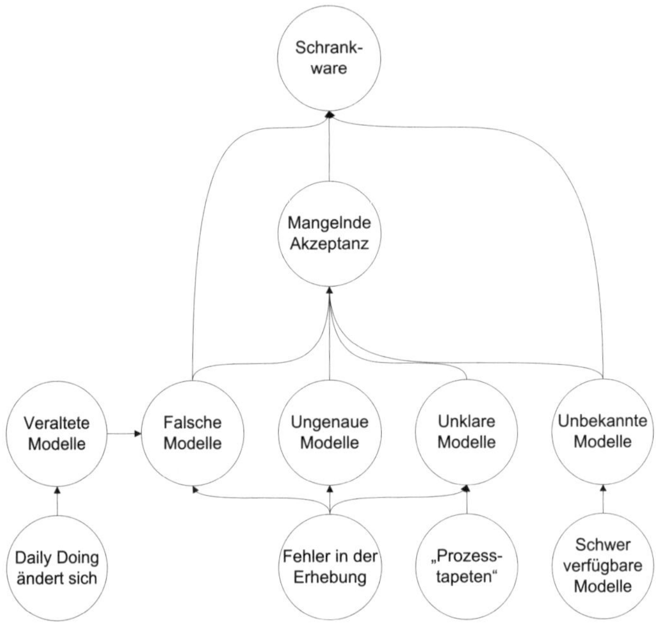

Bild 4.15: Das „Schrankware-Problem"

rischen Modellen wird besser gewährleistet, dass diese ebenfalls aktualisiert werden (selbst wenn sie nicht automatisch synchronisiert werden können).

- **Fehler in der Erhebung** werden schneller erkannt, da sie auch zu fehlerhaft automatisierten Prozessen führen, die entweder technisch nicht funktionieren oder für die Prozessbeteiligten sofort als fehlerhaft erkennbar sind.
- **Übergroße „Prozesstapeten"**, also die Darstellung sehr umfangreicher Prozesse in einem einzigen Diagramm, werden vermieden, wenn eine konsequente und konsistente Anwendung des Ebenenkonzepts erfolgt.
- Modelle werden **besser verfügbar**, wenn den Prozessbeteiligten parallel zu ihren Aufgabenlisten und gegebenenfalls Auswertungsdiagrammen auch direkt das passende Prozessmodell im Portal mit angezeigt wird (muss also durch die BPM-Software unterstützt werden).

4.5.4 Detailliertere Informationsbasis für die Prozessverbesserung

Die Verwendung eines Ebenenkonzepts kann auch die Bottom-up-Analyse für Prozesskennzahlen etc. maßgeblich verbessern. Sie nimmt ihren Ausgangspunkt in der direkten Messung von Kennzahlen durch die Process Engine, die für die Automatisierung der steuernden Arbeitsschritte im Prozess zuständig ist und daher den Gesamtüberblick über den Prozess besitzt. Die häufigste gemessene Kennzahl ist die Durchlaufzeit, es können aber auch inhaltsbezogene Kennzahlen gemessen werden, die sich auf Datenfelder in den Vorgangsobjekten beziehen, da diese in den meisten Fällen von der Process Engine durch den Prozess geleitet werden. Diese Kennzahlen werden nun von unten nach oben aggregiert, um zu jeder Ebene im Prozessmodell den passenden Überblick über die Leistungsfähigkeit des Prozesses bereitstellen zu können. Nach oben hin können betriebswirtschaftliche Systeme wie die Balanced Scorecard die aggregierten Zahlen übernehmen und für das Topmanagement weiter aufbereiten (Bild 4.16).

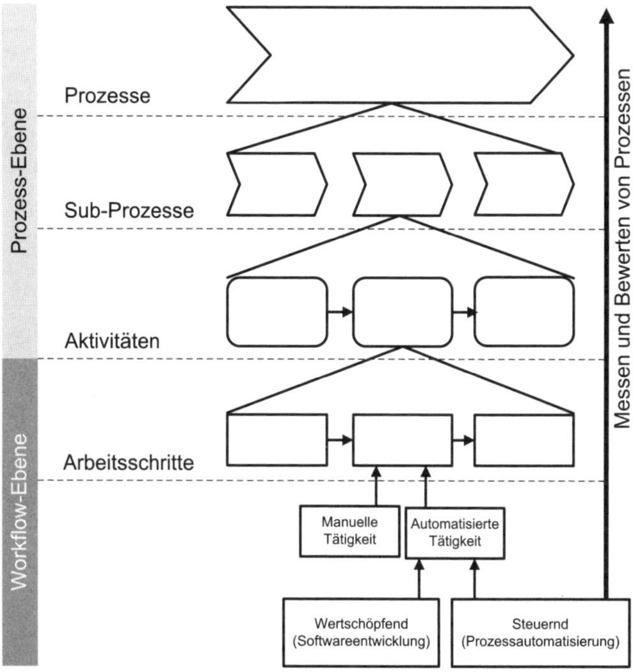

Bild 4.16: Bottom-up-Prozessanalyse

5 Business Process Management-Software

5.1 Mögliche Anwendungsbereiche

5.1.1 Modellierung

Die Modellierung von Geschäftsprozessen darf mit der reinen Visualisierung nicht verwechselt werden. Wer ein konsequentes Geschäftsprozessmanagement praktizieren möchte, braucht ein Werkzeug, mit dem er komplexe und umfangreiche betriebliche Abläufe **logisch** abbilden kann. Logisch heißt in diesem Zusammenhang, dass die modellierten Prozesse nicht nur als gezeichnete Ablaufdiagramme oder textuelle Beschreibungen hinterlegt sind, sondern sich aus eindeutig definierten, mit einer Semantik versehenen Komponenten, wie Aktivitäten, Sequenzverbinder, Verzweigungen etc. zusammensetzen. Die erstellten Modelle werden von der BPM-Software in einer Datenbank gespeichert, und können differenziert ausgewertet werten. Aus diesem Ansatz ergeben sich die folgenden Vorteile:

- **Konsistenz**
  Der Zweck von Modellen ist die Bereitstellung einer vereinfachten Sicht auf die Realität. Ein echtes Prozessmodellierungswerkzeug bietet eine vordefinierte Palette an Elementen, aus denen ein Geschäftsprozessmodell auf Basis einer gegebenen Syntax „gebaut" werden kann. Da somit zwangsläufig immer dieselben Elemente in Erscheinung treten und immer dieselben Konstrukte zur Abbildung bestimmter Aspekte angewendet werden, ist die Darstellung des Prozessmodells durchgehend einheitlich. Die Struktur des Modells wiederholt sich also und kann daher auch von Außenstehenden leichter nachvollzogen werden.

- **Verwertbarkeit**
  Die vorgegebenen Strukturen, nach denen ein Geschäftsprozess in Modellierungswerkzeugen beschrieben werden muss, ermöglichen deren Auswertung. So können z.B. einzelne Aufgaben innerhalb eines Geschäftsprozesses den jeweils durchführenden Mitarbeitern, Stellen oder auch Abteilungen zugeordnet werden. In einer Übersicht lässt sich nun für jeden Aufgabenträger anzeigen, welche Ausgaben er in Summe wahrzunehmen hat. Besonders interessant wird es natürlich, wenn den einzelnen Aufgaben Bearbeitungszeiten und -kosten zugeordnet werden. Anhand der eindeutig modellierten Abläufe lassen sich auf diese Weise z.B. die Durchlaufzeiten oder Gesamtkosten eines Prozesses berechnen. Wenn Geschäftsprozesse dagegen rein textuell oder grafisch abgebildet werden, können sie nicht ohne Weiteres automatisch verarbeitet werden.

- **Wartbarkeit**
  Das typische Tagesgeschäft ändert sich mit der Zeit, und mit jeder Änderung sind unter Umständen zahlreiche betroffene Prozessmodelle anzupassen. Da die Prozesse in Modellierungswerkzeugen aus Komponenten zusammengesetzt sind, wirken sich zentrale Änderungen einer Komponente im gesamten Prozessmodell aus, sodass sie nicht manuell an jeder betroffenen Stelle nachgezogen werden müssen.

Dem Prozessmodell kommt aufgrund des Gesichtspunktes der Verwertbarkeit eine zentrale Rolle im IT-gestützten Prozessmanagement zu. Je nach Einsatzszenario sind deshalb die in Tabelle 5.1 dargestellten, möglichen Funktionalitäten von großer Bedeutung.

Tabelle 5.1: Funktionalitäten für die Modellierung

Funktion	Erläuterung	Relevanz
Repository	Zentraler Speicher für die Komponenten von Prozessmodellen und tangierenden Bereichen (z. B. Aufbauorganisation, Daten etc.). Ein Repository kann sich sowohl auf die Objektebene erstrecken (zentrale Verwaltung von Aktivitäten, Attributen, Beziehungen etc.) als auch auf die Begriffsebene (zentrales Glossar, um Synonyme und Homonyme zu vermeiden). Das Repository muss alle Objekte, deren Verwendung und die Attribute dazu verwalten.	Sobald man über die reine grafische Darstellung eines Ablaufes hinausgeht, sollte ein derartiges Tool auf alle Fälle ein leistungsfähiges Repository aufweisen. Nur dann hat man eine Chance, die gesamte Modellierung hinsichtlich der verwendeten Objekte und Begriffe konsistent zu halten. Je komplexer und umfangreicher die Modelle werden, desto feingranularer sollte das Repository sein.
Namenskonzept	Die Bezeichnung von Prozessen, Aktivitäten etc. wird durch eine definierte Struktur geregelt. Häufig kommt hier das Objekt-Verrichtungs-Prinzip zum Einsatz, wonach sich die Bezeichnung für eine Aktivität immer aus einem Objekt und einem Verb zusammensetzen muss (z. B. „Auftrag anlegen“).	Namenskonzepte können auch durch Modellierungskonventionen realisiert werden. In komplexen Organisationen mit mehreren Modellierenden kann ein Tool aber die Einhaltung der Konvention effektiver sicherstellen. Sinnvoll ist diese Funktion nur in Verbindung mit einem Repository.
Methodenumsetzung	Eine konsequente Methodenumsetzung bezieht sich zumeist auf bestimmte Modellierungsnotationen, wie die EPK oder die BPMN. Sie darf jedoch nicht auf eine rein visuelle Unterstützung beschränkt sein, bei der die gra-	Prinzipiell ist die methodenbasierte Modellierung empfehlenswert. Dies gilt insbesondere, wenn ein Unternehmen global agiert oder die Modelle zur Abstimmung mit externen Partnern (Kunden, Lieferanten etc.) herangezogen

Funktion	Erläuterung	Relevanz
	fischen Elemente bereitgestellt werden. Vielmehr müssen auch die syntaktischen Regeln im Werkzeug hinterlegt sein, um eine methodenkonforme Modellierung zu unterstützen bzw. sogar zu erzwingen (kann aber zu Komfortverlust führen, da man in einigen Werkzeugen die Arbeitsstände immer formal konsistent halten muss, um sie speichern zu können). Diese Prüfungen brauchen sich nicht auf reine Modellierungsregeln beschränken (wie z. B. die Konventionen einer EPK), sondern können sich auch auf weiter gehende Konsistenzregeln im Repository beziehen (wie z. B.: „Werden alle eingehenden Informationsobjekte auch irgendwo erzeugt?). Idealerweise kann man den mitgelieferten Satz an Regeln für die Konsistenzprüfungen an die eigenen Bedürfnisse anpassen.	werden sollen. In solchen Fällen sollte eine Modellierungsnotation mit hohem Verbreitungsgrad gewählt werden, die dann natürlich auch im Werkzeug unterstützt werden muss.
Anpassbares Metamodell	Den meisten Modellierungsmethoden liegen mehr oder weniger präzise definierte Metamodelle zugrunde. Sie beschreiben die verfügbaren Notationselemente und die Syntaxregeln, nach denen diese in Modellen kombiniert werden dürfen. Wenn diese Metamodelle im Werkzeug anpassbar oder sogar komplett neu definierbar sind, können völlig individuelle Modellierungsmethoden entwickelt und eingesetzt werden.	Anpassbare Metamodelle sind immer dann hilfreich, wenn ein Unternehmen sehr individuelle Prozesse bzw. tangierende Strukturen besitzt, die obendrein komplex sind und deshalb in einer festen, einheitlichen Struktur modelliert werden müssen. Bevor man sich für ein eigenes Metamodell entscheidet, sollte jedoch intensiv geprüft werden, ob eine standardisierte Methode für die Modellierung ausreichend ist.
Konsistenz	Viele Tools bieten mehrere Diagrammtypen und Methoden zur Modellierung an. Wichtig ist hierbei, dass diese verschiedenen Methoden und Diagramme möglichst automatisch (soweit logisch möglich) untereinander konsistent gehalten werden.	In einem Projekt wird man oft mehrere verschiedene Modelltypen verwenden, um verschiedene Sachverhalte darzustellen oder den gleichen Sachverhalt für unterschiedliche Zielgruppen je nach deren Anforderungen zu veranschaulichen. Nur wenn das Tool (mithilfe des Repositorys) die verschiedenen Modelle konsistent hält, werden Inkonsistenzen und mehrfacher

▶

Tabelle 5.1: *Fortsetzung*

Funktion	Erläuterung	Relevanz
		Pflegeaufwand vermieden. Interessant wird dieser Aspekt auch, wenn man im Rahmen des Wechsels von der organisatorischen Sicht auf die technische Sicht ganz neue Diagrammtypen generiert.
Variantenbildung	Die Ausprägung von Prozessmodellen in lediglich punktuell unterschiedlichen Varianten verhindert die Bildung von Redundanzen, wenn viele Prozesse im Kern ähnlich ablaufen, partiell aber unterschiedlich sind. Ohne eine Möglichkeit zur Variantenbildung müssen solche Prozessmodelle per „copy and paste" zunächst vervielfältigt und dann angepasst werden, was sich äußerst negativ auf die Wartbarkeit auswirkt: Wenn im allgemeinen Ablauf eine Veränderung auftritt, muss diese in allen Varianten manuell nachgezogen werden.	Prinzipiell ist die Variantenbildung überall dort hilfreich, wo viele ähnliche, aber im Detail unterschiedliche Prozesse modelliert werden müssen. Dies kann sich beispielsweise aus verschiedenen Standorten oder auch Produktlinien eines Unternehmens ergeben. Bevor man sich mit der relativ komplizierten Variantenbildung beschäftigt, sollte jedoch geprüft werden, ob dieses Problem durch eine sinnvolle Hierarchisierung des Prozessmodells mit Ober- und Subprozessen nicht umgangen werden kann.
Versionierung	Die zeitlich aufeinanderfolgenden Ausprägungen der Prozessmodelle können als Versionen hinterlegt werden. Wichtig ist hierbei ein tragfähiges Konzept, wie mit Referenzierungen zwischen Objekten umgegangen wird, damit in jeder Version eines Objekts eine konsistente Gesamtsicht auf die Modellierung möglich ist.	Im Laufe des Projekts kann sich die Notwendigkeit ergeben, für einzelne Objekte oder auch größere logische Bereiche Versionen zu bilden und zu verwalten. Ebenso kann man z. B. die Publikation damit steuern, sodass immer nur die aktuelle freigegebene Version für die „Allgemeinheit" publiziert wird.
Mehrbenutzerfähigkeit	Im Kontext der Prozessmodellierung ermöglicht eine Mehrbenutzerfunktion das verteilte Arbeiten an einem Prozessmodell. Hierfür muss eine entsprechende Client-Server-Architektur umgesetzt sein, entweder mit einem Fat Client (z. B. Windows-Anwendung) oder einem Thin Client (Bedienung per Webbrowser). Im Rahmen der Mehrbenutzerfunktion ergeben sich auch Aspekte wie ein differenziertes Rollen-/Rechtekonzept, das	Diese Funktion ist überall dort notwendig, wo mehr als ein Arbeitsplatz für die Modellierung genutzt werden soll.

Funktion	Erläuterung	Relevanz
	Sperren und Entsperren von Modellen („Check-out & Check-in"), die Versionierbarkeit und die Konfigurierbarkeit spezieller Prüf- und Freigabeprozesse für angepasste Modelle.	
Mehrsprachigkeit	Mehrsprachige Prozessmodelle ermöglichen die Hinterlegung von Objektbezeichnern (z. B. für Aktivitäten) in unterschiedlichen Sprachen. Bei der Publikation des Modells kann dann über einen Schalter festgelegt werden, in welcher Sprache das Prozessmodell angezeigt werden soll.	Mehrsprachigkeit ist im internationalen Kontext selbstverständlich erforderlich.
Customizing-Fähigkeit	Modellierungswerkzeuge mit Customizing-Funktionalität können bezüglich ihrer Bedienpalette benutzergerecht eingeschränkt werden. Durch das Ausblenden von Bedienelementen wird die Benutzeroberfläche insgesamt übersichtlicher. Dies gilt auch für die zur Verfügung gestellten Modelltypen und Modellierungsobjekte sowie die beschreibenden Attribute zu den Modellen und Objekten.	Insbesondere bei einer Ersteinführung eines Modellierungswerkzeuges ist die wahrgenommene Benutzerfreundlichkeit ein kritischer Erfolgsfaktor für das Schaffen von Akzeptanz. Da zu Beginn eines Projekts in der Regel nur ein Bruchteil der verfügbaren Funktionen eines Werkzeugs benötigt wird, sollten die überflüssigen Elemente vorläufig ausgeblendet werden, um den Anwendern die Orientierung zu erleichtern. Mächtige Tools weisen eine hohe Zahl an Diagramm- und Objekttypen auf, die man meist nicht annährend alle in seinem Projekt einsetzen will. Es ist daher wichtig, am Anfang entsprechende Festlegungen diesbezüglich zu treffen und diese Festlegungen auch im Tool vorzunehmen, dass z. B. der Benutzerkreis der „Modellierer" überhaupt nur dieses eingeschränkte Set an Modellierungsmöglichkeiten zur Verfügung hat. Ähnlich verhält es sich mit den Attributen zu den Objekten: Die standardmäßigen passen praktisch nie zu 100 %. Man wird immer welche entfernen und eigene hinzufügen wollen. Ebenso kann es wichtig sein, das Aussehen der Symbole in den Diagrammen an-

Tabelle 5.1: *Fortsetzung*

Funktion	Erläuterung	Relevanz
		zupassen. Ein weiterer Punkt kann sein, dass man steuern will, welche Attribute zu den Objekten auch im Diagramm sichtbar sind und welche nicht.
Schnittstellen	Der Im- bzw. Export von Prozessmodellen wird auf Basis standardisierter Formate ermöglicht (XML, XMI, XPDL etc.)	Schnittstellen können zum einen die verteilte Prozesserhebung unterstützen (z. B. durch Definieren der Prozesse oder Festhalten von Prozesskennzahlen in Excel-Listen). Zum Zweiten ermöglichen sie die Integration des Modellierungswerkzeugs mit anderen Softwarelösungen, um den Funktionsumfang zu erweitern. Manche Tools stellen auch komplette Application Programming Interfaces (API) bereit, mit denen ein umfangreiches Auslesen und Manipulieren der hinterlegten Modelle ermöglicht wird.
Skripting	Viele Tools bieten die Möglichkeit an, mittels Skripts die Funktionalität des Systems in definierten Grenzen zu erweitern.	Einerseits kann man damit eigene komplexe Reports, Fehlerprüfungsprozeduren oder Ähnliches erstellen, andererseits gibt es damit die Möglichkeit, gewisse Abhängigkeiten zwischen Objekten im Repository, die nicht standardmäßig gegeben sind, abzubilden. Auch kann man dann z. B. damit größere Updates in der Datenbank durchführen etc. Ein derartiges Tool erhöht die Einsatzmöglichkeiten oft entscheidend. In Verbindung mit Schnittstellen kann man damit z. B. auch eigene spezifische Import- und Exportschnittstellen schaffen.

5.1.2 Dokumentation und Publikation

Während die Modellierungsfunktionalität einer BPM-Software dazu dient, ein Prozessmodell zu erstellen, geht es im Rahmen der Prozessdokumentation und -publikation darum, bestimmte Sichten auf das hinterlegte Prozessmodell bereitzustellen.

Tabelle 5.2: Zielgruppen für die Publikation von Prozessmodellen

Zielgruppe	Inhalte	Darstellung	Kanal
Topmanagement	Prozesslandschaft	Prozesslandkarte, Wertschöpfungskette	PowerPoint
Prozessmanager	Prozessmodell	Ablaufdiagramm	Web
Prozessbeteiligter	Prozessmodell, Arbeitsanweisungen	Ablaufdiagramm, Fließtext	Web, eventuell Word
Prozessauditor	Prozessmodell, Dokumentation aller beteiligten Rollen, Systeme, Dokumente, eventuell vorhandener Risiken	Ablaufdiagramm, Tabellen, Fließtext	Word, Excel
Business Analyst	Prozessmodell, Arbeitsanweisungen, Informationsobjekte	Ablaufdiagramm, Tabellen, Fließtext	Web, Word, Excel

Diese Sichten können, in Abhängigkeit von der adressierten Zielgruppe, in Bezug auf ihre Inhalte, das Format und den Kanal der Bereitstellung sehr unterschiedlich sein. In Tabelle 5.2 werden einige mögliche Sichten exemplarisch beschrieben.

Bei der Betrachtung der Kanäle zur Bereitstellung einer Sicht spielt das „Web", also die Bereitstellung via Intranet oder Internet, eine besondere Rolle. Während die Bereitstellung einer Prozessdokumentation in Form von Word-Dokumenten oder Ähnlichem immer die Gefahr des Veraltens birgt, kann eine zentral vorgehaltene Websicht immer auf dem neuesten Stand gehalten werden. Einige BPM-Softwarelösungen bieten mittlerweile die Websicht sogar als direkte Ansicht des hinterlegten Prozessmodells an, also ohne dass diese Sicht explizit generiert werden müsste.

Abgesehen von der maximalen Aktualität einer via Web bereitgestellten Prozessdokumentation bietet dieser Kanal darüber hinaus diverse Möglichkeiten zur Interaktion und Personalisierung. Beispielsweise kann zunächst eine grobe Übersicht in Form einer Prozesslandkarte bereitgestellt werden. Ein Klick in die Karte befördert den Betrachter dann auf ein Prozessmodell, ein weiterer Klick in das Modell zeigt möglicherweise eine Detailbeschreibung der Aktivität. Es ergeben sich zahlreiche weitere mögliche Funktionen für den Bereich der Dokumentation und Publikation von Geschäftsprozessen, die in Tabelle 5.3 auszugsweise beschrieben werden.

Tabelle 5.3: Funktionalitäten für die Publikation und Dokumentation

Funktion	Erläuterung	Relevanz
Word-Export	Bereitstellung der Prozessdokumentation im Format von Microsoft Word.	Die Bereitstellung als Word-Datei ist vor allem dann notwendig, wenn das Dokument nachträglich bearbeitet bzw. ergänzt werden soll.
Excel-Export	Bereitstellung der Prozessdokumentation im Format von Microsoft Excel.	Die Bereitstellung in Tabellenform kann insbesondere bei hinterlegten Kennzahlen sinnvoll sein und auch als Schnittstelle zu anderen Systemen dienen.
PDF-Export	Bereitstellung der Prozessdokumentation im Format von Adobe PDF.	Eine Prozessdokumentation im PDF-Format kann (für gewöhnlich) nicht mehr nachträglich manipuliert werden und ist plattformunabhängig stabil. Das für die Betrachtung notwendige Programm (Adobe Reader) ist kostenlos verfügbar. Insofern ist PDF in der Regel das Mittel der Wahl, wenn es um die Bereitstellung einer Prozessdokumentation geht.
JPG/GIF/ PNG etc. – Export	Einzelne Diagramme können als Bilddateien gespeichert werden.	Mithilfe eines Bildexportes können einzelne Diagramme in andere Dokumente oder Webseiten eingebettet oder auch isoliert verschickt werden. Da die Betrachtung keine besondere Software erfordert, stellen sie eine besonders schlanke Form der Prozessmodellpublikation dar.
PowerPoint-Export	Diagramme können direkt nach PowerPoint exportiert werden.	Diese Funktion ist bislang selten vorhanden. Sie ist aber sehr hilfreich, wenn die erstellten Diagramme in PowerPoint-Präsentationen verwendet werden sollen, denn die direkte Einbettung von exportierten Bilddateien führt in PowerPoint häufig zu Qualitätsverlusten (Unschärfe).
Konfigurierbarkeit	Die anzuzeigenden Inhalte und das Layout der Dokumentation können angepasst werden.	Eine Konfigurierbarkeit der Publikation kann sehr unterschiedlich ausgeprägt sein, ist in aller Regel aber unerlässlich. Zum einen ermöglicht sie die Anpassung an das Corporate Design, zum anderen können zielgruppengerechte Dokumentationen erstellt werden, die genau die Informationen enthalten, die der jeweilige Adressat benötigt.
Distributionsfunktionen	Es können Empfängergruppen eingerichtet werden, die bei Aktualisierungen der Dokumen-	Eine solche Funktion ist in großen, komplexen Organisationen sinnvoll, insbesondere wenn sich die Prozessmodelle häufig ändern können. Die Empfängergruppen können

Funktion	Erläuterung	Relevanz
	tation automatisch benachrichtigt werden.	dann sinnvollerweise differenziert verwaltet werden, damit jede Gruppe nur über solche Änderungen informiert wird, die sie betreffen.
Nur für Webpublikation		
Suche	Es existieren Suchmöglichkeiten, um einzelne Prozesse, Aktivitäten etc. im publizierten Modell zu finden.	Eine Suchfunktion ist für Webpublikationen unerlässlich, sobald die Modelle einen nennenswerten Umfang erreicht haben.
Direkte vs. indirekte Publikation	Manche Werkzeuge stellen eine Webansicht bereit, die sich direkt aus dem hinterlegten Modell speist, und somit zwangsläufig immer auf dem neuesten Stand ist. Bei anderen Werkzeugen muss ein „Webexport" implizit angestoßen werden, um eine Aktualisierung der Publikation vorzunehmen.	Zunächst ist eine direkte Ansicht aufgrund der garantierten Aktualität natürlich vorzuziehen (gegebenenfalls muss sie mit einem Freigabeprozess kombiniert werden). Falls diese nicht verfügbar ist, kann der manuelle Webexport ebenfalls eine adäquate Lösung sein – sofern es hierbei nicht zu technischen Problemen bezüglich Server-Rechten oder eines Verbindungsausfalls kommt, was in der Praxis leider häufiger mal passiert.
Feedback	Der Betrachter des Modells hat die Möglichkeit, per Mausklick eine Feedback-E-Mail an den Modelladministrator zu schicken, in der ein direkter Bezug zu einem bestimmten Element im Modell genommen wird.	Es hat sich gezeigt, dass eine solche Funktion die Qualität, Aktualität und Akzeptanz eines publizierten Prozessmodells signifikant steigern kann: Denn der „betroffene" Betrachter kann direkte Kritik und Anregungen äußern, wenn das Modell unverständlich ist, nicht vollständig der Realität entspricht oder aber sich Verbesserungspotenziale abzeichnen. Leider haben bislang nur wenige Werkzeuge diese Funktion in ihrem Portfolio.
Links auf externe Dateien	Einzelne Modellelemente können mit Links auf externe Dateien ausgestattet werden. Wenn der Betrachter im Prozessmodell auf diesen Link klickt, wird die Datei automatisch mit dem damit verbundenen Programm verknüpft (z.B. Adobe Reader für PDF-Dateien).	Eine Erweiterung um externe Dateien ist in den allermeisten Fällen eine sehr sinnvolle Funktionalität. Auf diese Weise können z.B. Arbeitsanweisungen, Stellenbeschreibungen oder Musterformulare in das Prozessmodell integriert werden. Im Rahmen des Software Engineering könnten auch Maskenentwürfe zugeordnet werden.

►

Tabelle 5.3: *Fortsetzung*

Funktion	Erläuterung	Relevanz
Mehrbenutzerfähigkeit	Die zielgruppengerechte Dokumentation drückt sich in einer Publikation via Web dadurch aus, dass die Prozessmodellbetrachter einzelnen Benutzergruppen zugeordnet sind. Diese besitzen wiederum definierte Rollen und Rechte, welche Teile des Prozessmodells überhaupt angezeigt werden können.	Eine zielgruppenspezifische Anpassung bzw. bewusste Einschränkung der Prozessdokumentation ist in komplexen Organisationen häufig notwendig. Neben dem Aspekt der Exklusivität bestimmter Informationen können auf diese Weise auch nur solche Inhalte bereitgestellt werden, die für den Betrachter überhaupt relevant sind, was eine Überfrachtung verhindert und die Orientierung stark vereinfacht.

5.1.3 Analyse und Simulation

Grundsätzlich lassen sich Softwarefunktionen zur IT-gestützten Analyse von Geschäftsprozessen in Funktionen für die **qualitative Analyse** und Funktionen für die **quantitative Analyse** unterteilen.

5.1.3.1 Qualitative Analysen

Qualitative Analysen beschäftigen sich mit nicht direkt messbaren Aspekten des Geschäftsprozesses, also z. B. unnötigen Doppelarbeiten, möglichen Medienbrüchen oder unzweckmäßigen Verantwortungsbereichen.

Solche Verbesserungspotenziale werden in der Praxis häufig durch „scharfes Hingucken" identifiziert, was aber gerade bei komplexen Prozessmodellen mit mehreren Modellierenden zu besonderen Aufwänden und falschen Erkenntnissen führen kann. In solchen Fällen können stark strukturierte Prozessmodelle helfen, in denen die Beziehungen zwischen den beteiligten Elementen eindeutig hinterlegt sind, sodass sie durch eine Software automatisch ausgewertet werden. Mögliche Auswertungen können sich z. B. auf folgende Beziehungen beziehen:

- Die Darstellung aller Geschäftsprozesse, in denen eine definierte Funktion (Aktivitäten, Aufgabe etc.) enthalten ist, hilft bei der Identifikation redundanter Tätigkeiten.
- Eine Liste aller Funktionen, denen als Input-Parameter ein Formular und als Output-Parameter ein elektronischer Datensatz (oder umgekehrt) zugeordnet ist, hilft, Medienbrüche zu erkennen.
- Die Auflistung aller durchführenden Stellen, die an einem Geschäftsprozess beteiligt sind, aber nicht derselben Abteilung angehören/in demselben

Gebäudeteil angesiedelt sind etc., hilft, unzweckmäßige Verantwortungsbereiche zu ermitteln.

5.1.3.2 Quantitative Analysen

Quantitative Analysen beziehen sich im Gegensatz zu qualitativen Analysen auf klar definierte Kennzahlen, in den meisten Fällen auf Durchlaufzeiten und Bearbeitungskosten.

Damit solche Kennzahlen überhaupt in aggregierter Form ausgewertet werden können, müssen sie zunächst einmal im Prozessmodell hinterlegt werden können. Dabei unterscheiden sich viele Softwareprodukte bereits voneinander im Grad der Genauigkeit, mit der die relevanten Kennzahlen erfasst werden. Beispielsweise können in einem bestimmten Tool grundsätzlich die durchschnittlichen Bearbeitungszeiten einer Funktion hinterlegt werden, in einem anderen Tool noch aber zusätzlich die durchschnittlichen Liegezeiten oder die Zeit, die ein Mitarbeiter für die Arbeitsvorbereitung benötigt. Diese Differenzierung ist durchaus sinnvoll, denn die Liegezeit sollte zwar bei der korrekten Ermittlung der gesamten Durchlaufzeit des Geschäftsprozesses berücksichtigt werden, spielt aber bei der Ermittlung der Gesamtkosten des Geschäftsprozesses keine Rolle (im Gegensatz zu den Bearbeitungszeiten, die mithilfe definierter Kostensätze pro Zeiteinheit die Bearbeitungskosten ergeben).

5.1.3.3 Simulation

Während die quantitative Prozessanalyse den Istzustand betrachtet, geht es bei der Simulation um die Analyse möglicher Prozessvarianten. Durch die Zuordnung verschiedener, den Prozess beeinflussender Parameter (Kapazitäten der Beteiligten, Prozessdurchläufe pro Zeiteinheit etc.) kann geprüft werden, wie sich zuvor definierte Kennzahlen (in erster Linie Zeiten und Kosten) in Abhängigkeit von diesen Einflussparametern entwickeln.

Die möglichen Ziele, die bei einer Simulation von Geschäftsprozessen verfolgt werden, sind zumeist:

- **Überprüfung der Ausführbarkeit der Modelle**
  Sollte ein Prozessmodell durch eine Simulationsengine nicht verarbeitet werden können, muss davon ausgegangen werden, dass es durch eine Engine zur Prozessautomatisierung ebenfalls nicht verarbeitet werden kann.
- **Sicherstellung der fachlich-inhaltlichen Korrektheit**
  Durch den Vergleich der in der Simulation ermittelten Kennzahlen mit ihren in der Realität gemessenen Pendants kann festgestellt werden, dass ein Prozessmodell die Realität wirklichkeitsgetreu abbildet.

- **Evaluierung alternativer Geschäftsprozesse**
  Durch den Vergleich der ermittelten Kennzahlen eines Prozessmodells mit den ermittelten Kennzahlen einer veränderten Version desselben Prozessmodells kann prognostiziert werden, wie positiv oder negativ sich mögliche Änderungen der Geschäftsprozesse in der betrieblichen Realität auswirken. Es können ebenfalls Prognosen abgegeben werden über die Entwicklung der Kennzahlen bei gleichbleibenden Geschäftsprozessen, aber veränderten Einflussparametern (z.B. Entwicklung der Durchlaufzeit bei einer Verringerung der Mitarbeiterkapazitäten).

Damit mögliche Geschäftsprozesse mit der Entwicklung definierter Kennzahlen durch eine Software simuliert werden können, müssen besondere Anforderungen an das Prozessmodell erfüllt sein:

- **Eindeutige Ablauflogik**
  Wer mit Modellierungswerkzeugen arbeitet, die eine Simulationsengine beinhalten, wird schnell feststellen, dass die Modellierung strengeren Regeln folgen muss, als das in BPM-Tools der Fall ist, die lediglich auf die Dokumentation von Geschäftsprozessen ausgerichtet sind. Dahinter steckt die Anforderung der Simulationsengine, den modellierten Prozess automatisiert verarbeiten zu können – das funktioniert aber nicht, wenn z.B. ein unbegrenzter Zyklus im Modell enthalten ist, der eine Simulation „in die Unendlichkeit" bedeuten würde.

- **Definierte Verzweigungsbedingungen**
  In den meisten Prozessmodellen wird kein eindeutiger Pfad durchlaufen, sondern ein Pfad, der sich abhängig von bestimmten Bedingungen zwischendurch aufteilt oder zusammengeführt wird. Die Bedingungen für solche Verzweigungen müssen eindeutig modelliert werden. Das funktioniert häufig über die Zuordnung von Wahrscheinlichkeiten, sodass z.B. in der Simulation bei 30% der Durchläufe Pfad A eingeschlagen wird und bei 70% Pfad B. In einigen Produkten besteht auch die Möglichkeit, inhaltliche Bedingungen festzulegen, z.B. das Zurückweisen eines Auftrags, dessen Summe die Bonität des Kunden übersteigt. In diesem Beispiel müssten aber die Auftragssumme und die Bonität des Kunden im Prozessmodell für jeden Simulationsdurchlauf ebenfalls (über Wahrscheinlichkeiten) hinterlegt sein.

- **Konfigurierte Prozessinstanzen**
  Im einfachsten Fall muss festgelegt werden, wie oft in der Realität ein Geschäftsprozess pro Zeiteinheit gestartet wird, also z.B. die Anzahl eingehender Aufträge pro Tag. Diese Angabe stellt die Basisinformation für die Simulationsengine dar, um darauf aufbauend die Auswirkung auf die definierten Kennzahlen zu ermitteln. Um der Realität näher zu kommen, bieten viele Produkte die Möglichkeit an, variierende Aufrufe pro Zeiteinheit

festzulegen, also z.B. eine Frequenz von zehn Aufträgen pro Stunde im Zeitraum von 09:00 bis 14:00 Uhr und lediglich sechs Aufträge pro Stunde im Zeitraum von 14:00 bis 18:00 Uhr.

- **Bearbeitungszeiten und Kapazitäten**
  Durch die Zuordnung von Bearbeitungszeiten zu den Elementen des Geschäftsprozesses sowie der Definition einer oder mehrerer ausführenden Stellen mit einer bestimmten Kapazität wird die zweite Basisinformation geschaffen, anhand derer die letztendlichen Zeiten und Kosten in Abhängigkeit von den konfigurierten Prozessinstanzen ermittelt werden.

Die Erstellung simulationsfähiger Prozessmodelle ist mit einem hohen Aufwand verbunden. Sie lohnt sich deshalb nur für Prozesse, die hochgradig strukturiert sind und mit hohen Volumina ausgeführt werden. Ein Paradebeispiel für solche Szenarien sind Callcenterprozesse im Customer Support-Bereich, bei denen der Anrufer sowohl mit Warteschleifen als auch mit einem abgestuften First-Level-Support für einfache, und einem Second-Level-Support für kompliziertere Fragestellungen versorgt wird. Die Abstimmung der Kapazitäten und Gestaltung der Abstufungskriterien ist in diesem Fall sehr schwierig, aber auch erfolgsentscheidend für eine maximale Kundenzufriedenheit bei maximaler Auslastung der Callcenteragenten (die wiederum für die Kostenoptimierung notwendig ist). Sie ist insbesondere abhängig von der Anzahl der Anrufe pro Zeiteinheit, die wiederum je nach Tageszeit stark schwanken kann. In solchen Fällen können Funktionen zur Prozesssimulation die essenzielle Grundlage für eine effektive Prozessoptimierung schaffen.

5.1.4 Automatisierung

Die Methode der Prozessautomatisierung wird in Kapitel 3 ausführlich vorgestellt. In diesem Abschnitt soll lediglich zusammenfassend auf die notwendigen Funktionalitäten eingegangen werden, die durch eine BPM-Software zur Prozessautomatisierung bereitgestellt werden müssen. Ein guter Teil der genannten Funktionalitäten wird in Kapitel 3 ausführlich erläutert.

Es muss prinzipiell festgehalten werden, dass eine BPM-Software, die zur Prozessautomatisierung dienen soll, eine **eigene** Process Engine enthalten muss, wie sie in Kapitel 3 dargestellt wird. Werkzeuge, die lediglich der Modellierung dienen, jedoch Exportfunktionen in Richtung Process Execution Languages besitzen, können die Prozessautomatisierung lediglich **vorbereiten**.

Prozessautomatisierung kann sich sowohl auf das Human Workflow Management als auch auf die prozessorientierte Anwendungsintegration beziehen. Sinnvollerweise sollte eine entsprechende BPM-Software also beide Gebiete beherrschen oder zumindest in beide Richtungen erweiterbar sein.

Insgesamt sind BPM-Softwareprodukte zur Prozessautomatisierung um ein Vielfaches komplexer als BPM-Tools, die sich lediglich auf die Dokumentation oder Analyse von Geschäftsprozessen beziehen. In den Tabellen 5.4 bis 5.6 können deshalb nur die wesentlichen zentralen Funktionalitäten aufgegriffen werden, während weitere Aspekte, deren jeweilige Bedeutungen für den Anwender szenarioabhängig sind, in dieser Übersicht ausgeblendet werden müssen.

Tabelle 5.4: Basis-Funktionalitäten für die Automatisierung

Funktion	Erläuterung	Relevanz
Scheduling	Prozesse können gestartet werden, indem ein Prozessbeteiligter einen Vorgang auslöst oder indem ein externes System den Prozess aufruft. Eine dritte Möglichkeit ist das periodische Starten eines Prozesses, z. B. alle fünf Minuten oder an jedem Montag um 08:00 Uhr morgens. Solche Regeln können über eine Scheduler-Funktionalität konfiguriert werden.	Das periodische Auslösen von Prozessen ist in vielen Szenarien notwendig. Besonders hilfreich ist diese Funktion dann, wenn die Konfiguration des Schedulers so benutzerfreundlich gestaltet ist, dass sie auch durch Angehörige der Fachabteilung vorgenommen werden kann.
Technische Überwachung	Mithilfe einer technischen Überwachungskomponente können technische Fehler, die während der Prozessausführung auftreten, schnell erkannt und behoben werden. Eine solche Komponente ist sinnvollerweise auch in der Lage, den Inhalt des Vorgangsobjekts zum Zeitpunkt des Fehlers anzuzeigen und eventuell manipulieren zu lassen.	Eine technische Überwachungskomponente ist für den produktiven Einsatz unabhängig vom Szenario unabdingbar. Wie ausgeprägt die Komponente sein muss, hängt wiederum davon ab, wie hoch die Anforderungen an die Ausfallsicherheit und Reaktionsgeschwindigkeit im Fehlerfall sind.
Recovery	Ein typischer Fehlerfall ist der Absturz des Servers, auf dem die BPM-Software läuft. In diesem Fall muss die Software dazu in der Lage sein, nach dem erneuten Hochfahren den unterbrochenen Prozess fortzusetzen. Es sind also Funktionen notwendig, die den aktuellen Stand eines jeden Prozesses jederzeit in einem konsistenten Zustand persistent halten und somit vor Abstürzen sichern.	In jedem produktiven Szenario notwendig.

Funktion	Erläuterung	Relevanz
Deployment	Deployment-Mechanismen unterstützen bei der Entwicklung, dem Testen und dem produktiven Bereitstellen automatisierter Prozesse. Sie können z. B. das komfortable Übertragen eines Prozesses von einem Test- auf ein Produktivsystem ermöglichen.	Ausgereifte Deployment-Funktionen sind eine enorme Erleichterung in der täglichen Arbeit. Je komplexer und umfangreicher die Prozesse bei gleichzeitigen häufigen Änderungen sind, desto wichtiger sind Deployment-Funktionen. Mitunter schwierig ist die Entscheidung, wie sich eine BPM-Software in folgender Situation verhalten soll: Ein Prozess ist aktiv. Eine Prozessinstanz wird gestartet. **Während** die Instanz läuft, wird der Prozess aktualisiert. Soll nun der Rest der laufenden Instanz bereits nach dem neuen Prozessmodell abgearbeitet werden oder noch nach dem alten? Abhängig von den Rahmenbedingungen kann die Antwort auf diese Frage unterschiedlich ausfallen. Eine BPM-Software kann im Idealfall beide Möglichkeiten bedienen.
Process Execution Languages/ Schnittstellen	Die Prozessautomatisierung kann auf Basis von Process Execution Languages wie BPEL oder XPDL geschehen. Weiterhin kann die BPM-Software Im- und Exportfunktionen anbieten, um auf Basis dieser Sprachen einen Austausch der Prozessmodelle mit anderen BPM-Lösungen zu ermöglichen.	Die Bedeutung von BPEL und XPDL sollte in der heutigen Praxis nicht überschätzt werden. Tatsächlich existiert so gut wie keine BPM-Software, die ausschließlich auf einer dieser Sprachen basiert. Stattdessen werden sie in jeder Lösung proprietär erweitert, um Anforderungen umzusetzen, die in den Standards nicht bzw. nicht ausreichend umgesetzt sind. Diese Erweiterungen schränken wiederum die Austauschbarkeit mit anderen Systemen stark ein. Eine BPM-Software ist also nicht automatisch deshalb höherwertig, weil sie BPEL oder XPDL „spricht".
Mehrbenutzerfähigkeit	Die Mehrbenutzerfähigkeit inklusive Rollenkonzept und Versionierung erlaubt die Zusammenarbeit bei der Prozessentwicklung von unterschiedlichen Standorten aus. Welche Prozesse hierbei von welchem Benutzer gesehen oder verändert werden dürfen, kann differenziert konfiguriert werden.	Abhängig vom Szenario, in der Regel aber notwendig.

Tabelle 5.5: Funktionalitäten für das Human Workflow Management

Funktion	Erläuterung	Relevanz
Masken-editor	Auch „Formulardesigner" genannt. Eine Komponente, mit der sich die Bildschirmmasken zur Interaktion mit Prozessbeteiligten gestalten lassen. Hierbei wird häufig eine Drag-and-drop-Funktionalität angeboten, um Masken vollständig mit der Maus zusammenziehen zu können.	Ein solcher Editor wird beinahe immer benötigt. Die einzige Ausnahme sind Human Workflows, bei denen die Datenstruktur der durchgeleiteten Vorgangsobjekte (z. B. der Urlaubsantrag) durch die Engine automatisch zur Generierung der entsprechenden Maske für die Anzeige oder Manipulation der Daten ausgewertet wird.
Fat Client-Unterstützung	Fat Clients sind in der Regel Windows-Anwendungen. Die Masken zur Interaktion mit Prozessbeteiligten werden in solchen Fällen also als Windows-Formulare gestaltet.	Mit einer Fat Client-Unterstützung kann die Interaktion besonders benutzerfreundlich gestaltet werden, da die typischen Komfortfunktionen, die der Anwender aus Windows kennt, verfügbar sind. Auf der anderen Seite bedeutet die Fat Client-Strategie, dass eine Anwendung an jedem Arbeitsplatz installiert werden muss, von dem aus am Prozess partizipiert wird.
Web-browser-Unterstützung	Auch „Thin Client"-Strategie genannt. Hierbei werden sämtliche Bildschirmmasken als HTML-Seiten generiert, weshalb sie von Webbrowsern wie Internet Explorer oder Mozilla Firefox angezeigt werden können.	Für gewöhnlich das Mittel der Wahl, wenn keine komplexen Anwendungsfälle über die Masken abzuwickeln sind. Insbesondere bei unternehmensübergreifenden Prozessen sind Thin Clients im Vorteil, da sie keine Installationen bei den Prozessbeteiligten erfordern. Dank moderner Technologien wie Ajax können Thin Clients auch zunehmend den Komfort von Fat Clients bereitstellen.
Portal-/ Portlet-Funktionen	Eine Weiterentwicklung einfacher HTML-Masken sind Prozessportale, bei denen verschiedene Prozesse über eigene Fenster „Portlets" angestoßen bzw. bearbeitet werden können.	Portale eignen sich besonders gut, um personalisierte Zusammenstellungen verschiedener Human Workflows in einer Ansicht bereitzustellen. Ihr Nutzen ist also umso größer, je mehr Prozesse automatisiert werden. Im Idealfall sind die bereitgestellten Portlets mit einer Standardschnittstelle versehen (z. B. auf Basis von JSR 168) und können somit auch in bereits vorhandenen Portalen integriert werden.

Funktion	Erläuterung	Relevanz
Aufgaben-listen	Für jeden Prozessbeteiligten existieren Aufgabenlisten, in denen anfallende Tätigkeiten, die zur Prozessausführung abzuarbeiten sind, ausgeführt werden.	Die Aufgabenliste entspricht dem „Posteingangskorb" klassischer DMS-Workflows. Sie kann durch Rollenkonzepte sinnvoll ergänzt werden. Die Aufgabenliste stellt eine Basisfunktion des Human Workflow Management dar und ist deshalb unerlässlich.
Rollen-konzepte	Die Zuweisung einer Aufgabe zu einer Rolle sorgt dafür, dass jeder Mitarbeiter diese Aufgabe in seiner Aufgabenliste sieht, der die entsprechende Rolle bekleidet. Häufig können unterschiedliche Mitarbeiter unterschiedliche Rollen bekleiden (M:N-Beziehung).	Die Arbeit mit Rollen ist im Human Workflow Management fast immer erforderlich, insbesondere dann, wenn für dieselbe Aufgabe mehrere Mitarbeiter infrage kommen (z. B. bei Support-Anfragen).
Timeout Manage-ment	Es können definierte Aktionen für den Fall konfiguriert werden, dass die Abarbeitung einer Aufgabe nicht innerhalb eines definierten Zeitrahmens erfolgt.	Timeout Management kann insbesondere im Umgang mit Kunden hilfreich sein, z. B. um die Einhaltung vereinbarter Service Level Agreements (SLA) zu gewährleisten.
Workload Balancing	Die Zuweisung von Aufgaben an definierte Rollen oder einzelne Mitarbeiter orientiert sich an der Masse bereits zugewiesener Aufgaben.	Mit Workload Balancing kann eine bessere Verteilung der Arbeitslast erzielt werden, um den Rückstau in bestimmten Bereichen bei gleichzeitigem Leerlauf anderer Bereiche zu verringern.
Schnittstel-len zu Syste-men mit Benutzer-daten	Typische Systeme wären SAP-HR, Active Directories oder andere LDAP-fähige Systeme.	Mit solchen Schnittstellen können zum einen die organisatorischen Strukturen aus anderen Systemen importiert werden, um eine redundante Datenhaltung zu vermeiden. Außerdem kann ein Single-Sign-On realisiert werden, damit sich Prozessbeteiligte zur Abarbeitung von Aufgaben nicht neu einloggen müssen.

Tabelle 5.6: Funktionalitäten für die prozessorientierte Anwendungsintegration

Funktion	Erläuterung	Relevanz
Web Service-Unterstützung	Eine WS-Unterstützung kann sehr unterschiedliche Ausprägungen besitzen. Im Minimalfall können mit der BPM-Software Web Services aufgerufen werden (z. B. per SOAP) und Prozesse als aufrufbare Web Services bereitgestellt werden. Weitere Funktionalitäten können sich auf den Umgang mit WSDL-Daten, UDDI-Registries oder auch auf weiter gehende Web Service-Protokolle wie die sogenannte WS*-Familie beziehen.	Für die Realisierung einer (modernen) serviceorientierten Architektur ist eine Web Service-Unterstützung unerlässlich. Prinzipiell kann eine prozessorientierte Integration aber auch ausschließlich auf Basis proprietärer Schnittstellen erfolgen (siehe „Systemkonnektoren").
Systemkonnektoren	Mit Systemkonnektoren können proprietäre und standardisierte Schnittstellen genutzt werden, Systeme anzusprechen. Streng genommen muss also auch eine Web Service-Unterstützung zur Gruppe der Systemkonnektoren gerechnet werden. Typische Systemkonnektoren dienen der Anbindung von Datenbanken, Mail-Servern, FTP-Servern, HTTP-basierten Schnittstellen, oder auch von bestimmten Softwareprodukten wie z. B. SAP R/3.	Eine Vielzahl von Systemkonnektoren ist insbesondere in heterogenen Systemlandschaften erforderlich, die historisch gewachsen sind und aus vielen unterschiedlichen Altsystemen bestehen („Legacy-Umgebungen"). In einigen BPM-Softwarelösungen wird die Möglichkeit zur Anbindung solcher Systeme auch als Teilfunktionalität eines Enterprise Service Bus (ESB) verstanden.
Formatadapter	Während sich Konnektoren auf technische Kanäle beziehen, dienen Formatadapter dem Umgang mit unterschiedlichen Datenformaten, wie z. B. XML, CSV, EDIFACT, oder auch proprietären Textformaten.	Formatadapter sind neben den Systemkonnektoren die zweite notwendige Komponente, um Prozesse in heterogenen IT-Landschaften automatisieren zu können.
Datenmapping	Mit Datenmapping-Komponenten können Zuordnungen von Datenfeldern deklarativ konfiguriert werden.	Selbst bei gleichen Datenformaten können die Datenstrukturen durchaus unterschiedlich sein. Eine BPM-Software muss deshalb sowohl in SOA- als auch in Legacy-Umgebungen die Möglichkeiten bereitstellen, entsprechende Datenmappings zu konfigurieren. Dies geschieht häufig mithilfe von XSLT.

5.1.5 Integration der Anwendungsbereiche

Für ein konsequentes, ganzheitliches Geschäftsprozessmanagement müssen alle genannten Anwendungsbereiche durch eine BPM-Software unterstützt werden. Ein besonderer Nutzen wird jedoch erzielt, wenn die Anwendungsbereiche nicht nur isoliert in der Lösung umgesetzt, sondern miteinander verzahnt sind, um eine tatsächliche Durchgängigkeit zu erreichen. Diese funktionale Integration ist eine der aktuellen Herausforderungen an die Anbieter von BPM-Software und wird deshalb in vielen Fällen gerade erst entwickelt.

Der aktuelle Fokus liegt bei vielen Anbietern derzeit auf dem Ansatz, fachliche Prozessmodelle so weit zu verfeinern, dass sie in technische Prozessmodelle umgewandelt werden können, also die Abläufe für das Human Workflow Management und die prozessorientierte Anwendungsintegration beschreiben. Hier spielen insbesondere die Überlegungen für eine Abbildung der BPMN auf Process Execution Languages wie BPEL eine Rolle. Auch der umgekehrte Weg, also die Ableitung fachlicher Prozessmodelle aus technischen Prozessmodellen, wird momentan angestrebt. Diese Integrationsbemühungen gehen vielfach auf den Umstand zurück, dass sich viele Anbieter auf die Unterstützung des organisatorischen Prozessmanagements konzentriert haben und keine eigenen Komponenten für die Prozessautomatisierung entwickeln möchten. Deshalb suchen sie den Schulterschluss mit den Anbietern von reinen Process Engines, um in der Summe eine ganzheitliche Lösung als integrierte Suite anbieten zu können.

Ein weiterer Ansatz zur Integration der Bereiche ist der Gedanke, die Kennzahlen, die in Process Engines gemessen werden, in Lösungen zur fachlichen Prozessanalyse zu verarbeiten. Diese hatten bislang das Problem, dass sie mit geschätzten Kennzahlen arbeiten mussten, die beispielsweise durch Selbstaufschreibung ermittelt wurden, was entsprechend aufwendig und fehlerträchtig ist. Derselbe Ansatz kann für die Prozesssimulation verwendet werden, beispielsweise, um die tatsächliche Spitzenlast zu ermitteln, auf deren Grundlage die Personaleinsatzplanung über Simulationsszenarien vorgenommen werden soll. Dieser zweite, sehr vielversprechende Ansatz liegt momentan noch weniger im Fokus der Integrationsbemühungen der Hersteller. Es darf aber damit gerechnet werden, dass sich dies in den kommenden Jahren ändern wird.

5.2 Frei verfügbare Produkte

5.2.1 Die eigentliche Bedeutung von Open Source

„There is no such thing as a free lunch", lautet eine bekannte englische Redewendung. Der Ursprung dieser Erkenntnis ist eine Vertriebsstrategie der Saloons in den Vereinigten Staaten von Amerika, die Ende des 19. Jahrhunderts kostenlose Mittagessen anboten – verbunden mit der Verpflichtung, während des Essens mindestens ein kostenpflichtiges Getränk zu konsumieren.

Diese Taktik findet in der heutigen Zeit ihre Fortsetzung in der Vertriebsstrategie einiger Softwarehersteller, die ihre Produkte mit einer Open Source-Lizenz anbieten. Wer meint, mit einer Open Source-Lösung eine vollständig kostenlose Software zu beziehen, kann jedoch auch negativ überrascht werden: Die Kosten, die gegenüber dem Kauf gespart werden, entstehen mitunter in Form eigener personeller Aufwände durch die Anpassung der Lösung bzw. einer besonders aufwendigen Einarbeitung. Gerade im Bereich der Prozessautomatisierung kann eine Open Source-Lösung in der Regel nur dann eingesetzt werden, wenn im eigenen Hause ausreichende Entwicklerkapazitäten vorhanden sind, die die Programmiersprache, in der das Werkzeug entwickelt wurde (heutzutage überwiegend Java), beherrschen.

Davon unabhängig existiert inzwischen eine Vielzahl unterschiedlicher Lizenzen mit sehr unterschiedlichen Berechtigungen für die Verwender der entsprechenden Software. Insofern muss bei der Beschaffung einer Open Source-Lösung darauf geachtet werden, unter welcher konkreten Lizenz das Produkt tatsächlich veröffentlicht wurde.

Zu guter Letzt praktizieren einige Hersteller bei der Bereitstellung von Open Source-Lösungen eine Salamitaktik: Es wird lediglich ein funktional eingeschränktes Produkt bereitgestellt, mit dem man sich bestenfalls in sehr einfachen Szenarien behelfen kann, für den produktiven Einsatz müssen dann aber doch wieder kostenpflichtige Zusatzmodule bezogen werden – there is no such thing as a free lunch.

Trotzdem können die Produkte, die in kostenlosen Editionen oder tatsächlich Open Source angeboten werden, durchaus Nutzen stiften, vor allem in der persönlichen Einarbeitung in das Themenfeld BPM, zur ausführlichen Evaluierung oder, sofern die entsprechenden Kapazitäten vorhanden sind und das Produkt in einer „echten" Open Source-Lizenz verfügbar ist, auch tatsächlich für den produktiven Einsatz.

Im Folgenden sollen exemplarisch zunächst zwei frei verfügbare Werkzeuge vorgestellt werden, die produktiv eingesetzt (JBoss jBPM) oder aber zur Einarbeitung bzw. im kleineren Rahmen genutzt (BizAgi Modeler) werden können. Dass gerade diese beiden Produkte vorgestellt werden, liegt im Fall von JBoss jBPM an der breiten Akzeptanz, die diese Process Engine in der Praxis bereits gefunden hat. Der BizAgi Modeler ist hingegen eine eher junge Entwicklung, aber aufgrund seiner leichten Bedienbarkeit und konsequenten BPMN-Unterstützung für Einsteiger, die sich erstmalig mit der Prozessmodellierung befassen, besonders interessant.

Das dritte Werkzeug, Oryx, ist eine sehr innovative, akademische Neuentwicklung des Hasso-Plattner-Instituts in Potsdam, die sich durch ihre Ambition der Verknüpfung von Prozessmodellen mit den Ansätzen von Web 2.0 auszeichnet.

5.2.2 BizAgi

Das britische Unternehmen BizAgi bietet seinen BizAgi Modeler kostenlos zum Download an. Der Modeler ist Teil der BizAgi BPM Suite und eignet sich lediglich für die Modellierung von Geschäftsprozessen auf Basis von BPMN. Wenn die Prozesse automatisiert werden sollen, muss der kostenpflichtige BizAgi BPM Server bzw. die integrierte Entwicklungsumgebung BizAgi Studio beschafft werden. Der BizAgi Modeler ist zwar kostenlos vollständig nutzbar, jedoch nicht mit einer Open Source-Lizenz versehen, der Quellcode ist also nicht offengelegt. Zum Zeitpunkt der Erstellung dieses Buches war BizAgi lediglich als Betaversion verfügbar. Da die vorliegende Version jedoch durch eine besonders intuitive Bedienung auffällt, soll sie trotzdem an dieser Stelle vorgestellt werden.

Der Modeler lässt sich sehr einfach herunterladen und installieren (www.BizAgi.com). Nach der Installation kann er sofort benutzt werden. Das Tool ist mit einem eigenen Frontend ausgestattet, das im Look & Feel von Microsoft Office 2007 gehalten ist (Bild 5.1).

Zur Prozessmodellierung unterstützt der Modeler die BPMN in der aktuellen Version 1.1. Dabei kann zwischen einem „Basic"- und einem „Advanced"-Modus unterschieden werden verfügbar (Bild 5.2). Im Basic-Modus werden lediglich die Kernelemente der BPMN zur Modellierung bereitgestellt, was die Übersichtlichkeit für Laien ein wenig erhöht. Im Advanced-Modus sind hingegen alle Elemente verfügbar (wobei zum Zeitpunkt der Erstellung dieses Buches nicht alle Notationselemente der BPMN 1.1 im Modeler implementiert waren).

Eine wichtige Unterstützung für die Modellierung ist die Möglichkeit, Diagramme validieren zu lassen (vgl. Abschnitt 5.1.1). Der BizAgi Modeler bietet diese Funktion. Wie in Bild 5.3 erkennbar, wurde ein Prozess modelliert, der mit der Spezifikation von BPMN 1.1 nicht kompatibel ist: Diese schreibt

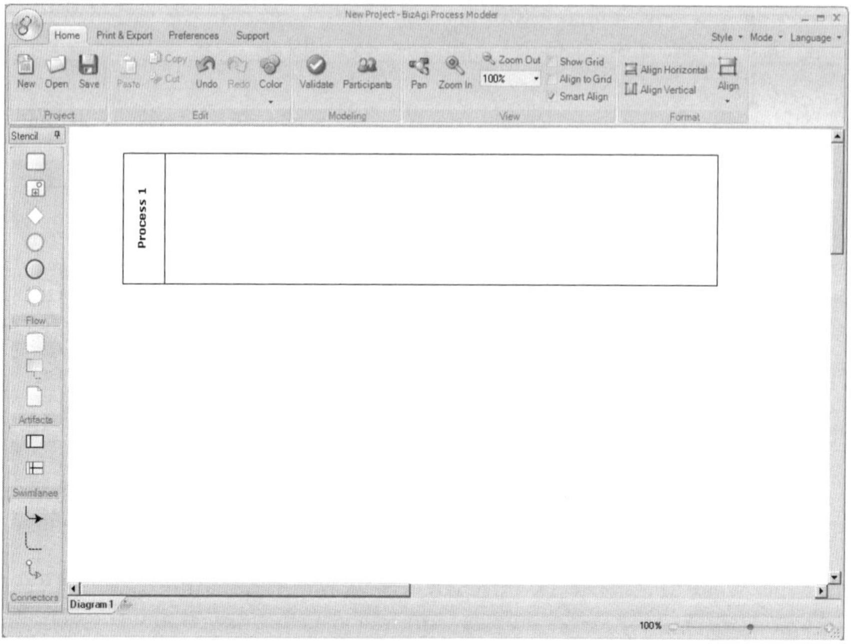

Bild 5.1: Benutzeroberfläche des BizAgi Modeler

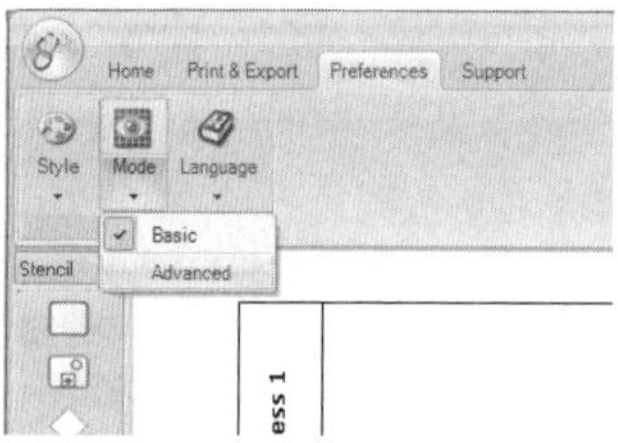

Bild 5.2: BPMN-Modellierung für Anfänger und Fortgeschrittene

vor, dass Sequenzflüsse zwischen Aktivitäten (Tasks) die Pool-Grenzen nicht überschreiben dürfen, was in diesem Fall aber modelliert wurde. Der BizAgi Modeler erkennt diesen Fehler und zeigt ihn in der unten stehenden Tabelle an.

Der BizAgi Modeler bietet einige weitere hilfreiche Funktionen, wie die Zuweisung menschlicher Akteure oder die Definition eigener Attribute für einzelne Modellelemente. Die erstellten Modelle können als Handbücher im Word- oder PDF-Format exportiert werden oder zur technischen Weiterverarbeitung im XPDL-Format, für das auch ein Import existiert.

Zusammenfassend kann festgehalten werden, dass sich der BizAgi Modeler aufgrund der einfachen Bedienung sehr gut für den Einstieg in die Prozess-

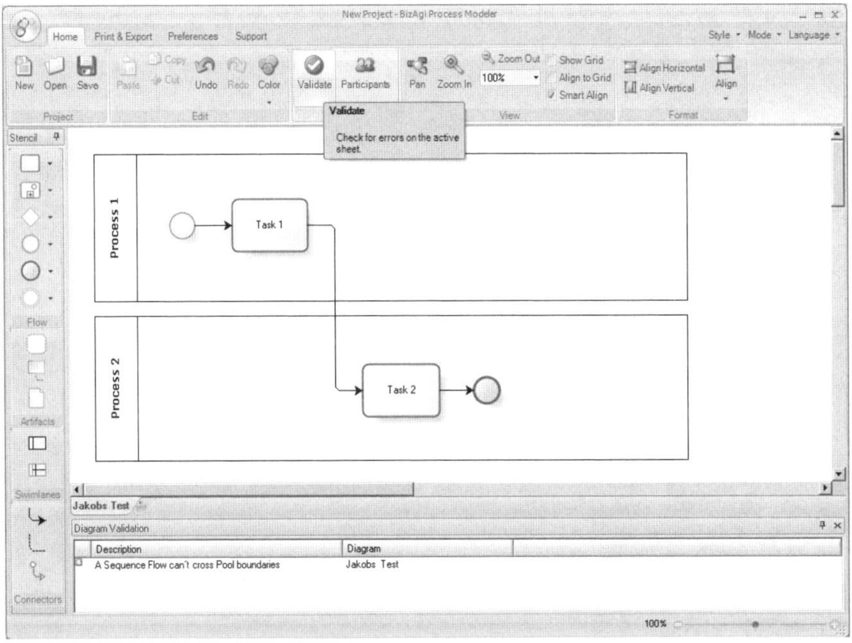

Bild 5.3: Validierung von BPMN-Diagrammen

modellierung auf Basis der BPMN eignet. Für den produktiven Einsatz zur Prozessdokumentation fehlen allerdings weiter gehende Modellierungsmöglichkeiten, z. B. für die Aufbauorganisation eines Unternehmens, sowie die Möglichkeit der Publikation der erstellten Modelle im Intranet.

5.2.3 JBoss jBPM

JBoss jBPM ist ein echtes Open Source-Projekt. Im Gegensatz zu BizAgi und Oryx konzentriert sich jBPM auf die Prozessautomatisierung, dient also nicht der fachlichen Modellierung von Geschäftsprozessen.

jBPM verwendet die eigene proprietäre Prozessbeschreibungssprache jPDL (jBPM Process Definition Language, vgl. Kapitel 3), Prozesse werden dabei in XML beschrieben. Zwar liegt auch eine BPEL-Implementierung vor, die aber eher selten eingesetzt wird. Der Vorteil von JBoss jBPM liegt in der leichtgewichtigen, äußerst flexiblen Process Engine, die in verschiedensten Umgebungen zum Einsatz kommen kann. Insbesondere, wenn bereits eine Java-Umgebung im Unternehmen existiert, kann jBPM sehr leicht darin integriert werden.

Die Kehrseite der Medaille ist die Tatsache, dass jBPM nicht out of the box eingesetzt werden kann, sondern die Entwicklung angeschlossener Java-Pro-

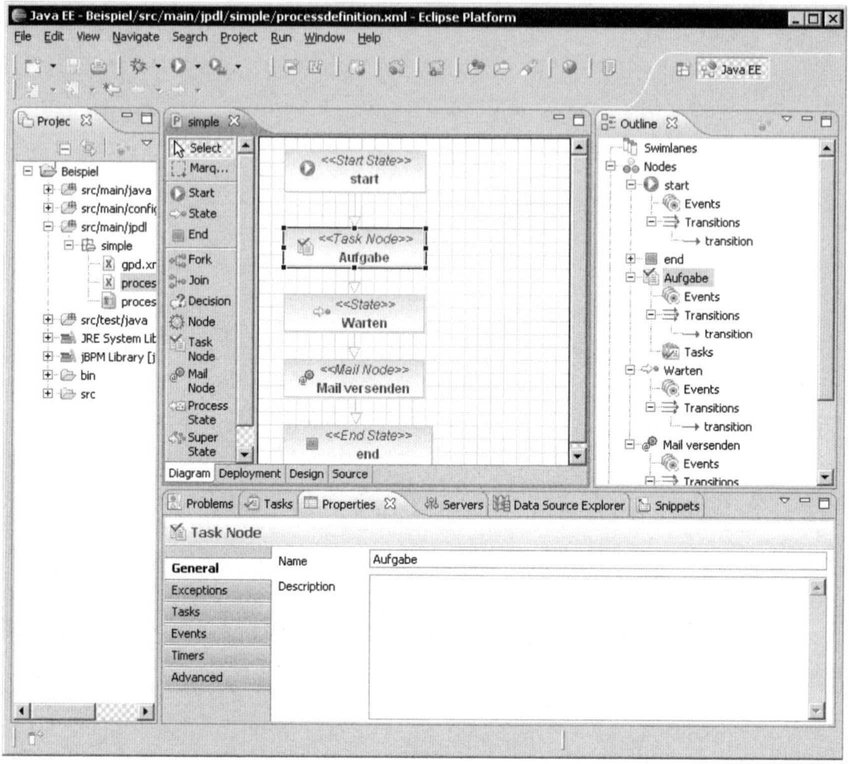

Bild 5.4: Process Designer von JBoss jBPM

gramme erfordert – der Aufbau oder Einkauf von Java-Kompetenz ist also unbedingt erforderlich. Der Prozessdesigner in jBPM ist eher rudimentär gehalten und unterstützt nur die eigene, proprietäre Notation (Bild 5.4).

Die entstehenden Diagramme sind für eine eigenständige Verwendung durch Fachabteilungen häufig nicht geeignet. Eine mitgelieferte Weboberfläche erlaubt die Einbindung von Prozessbeteiligten in Human Workflows.

Interessant ist die Vision des JBoss jBPM-Projekts, die sogenannte Process Virtual Machine (PVM). In dieser werden Kernabstraktionen einer Process Engine extrahiert, sodass die eigentliche Prozesssprache darauf aufbauend entwickelt werden kann. In der nächsten Version von jBPM können damit verschiedene Prozesssprachen unterstützt werden, sodass auch einige Hersteller kommerzieller Process Engines bereits darüber nachdenken, die PVM als Grundlage zu verwenden. Die eigentliche Sprache kann dann aufbauend auf diesen Abstraktionen relativ einfach gehalten werden. Dies ermöglicht es, dass eine Engine BPEL, XPDL und eine eigene Sprache direkt unterstützt, aber auch die einfache Definition von neuen Sprachen für spezielle Domänen. Diese Idee ist aus modellgetriebenen Ansätzen als Domain Specific Language (DSL) bekannt.

In der Zusammenfassung ist jBPM ein sehr interessantes, vollständig quelloffenes Projekt, das sich vor allem für die Integration als Process Engine in die eigene Java-Anwendungslandschaft eignet. jBPM findet vor diesem Hintergrund eine rasche Verbreitung und wird bereits in komplexen Projekten großer Unternehmen produktiv eingesetzt. jBPM ist jedoch nicht für Unternehmen geeignet, die Prozesse mit einer Out-of-the-box-Lösung automatisieren möchten und kein Java-Know-how besitzen.

5.2.4 Oryx

Die Business Process Technology Group am Hasso-Plattner-Institut in Potsdam beschäftigt sich intensiv mit verschiedenen Aspekten des Business Process Management, insbesondere mit der Modellierung automatisierbarer Prozesse. Ein Produkt dieser Forschung ist ein vollständig webbasiertes Werkzeug für die Prozessmodellierung, genannt Oryx.

Oryx ist zum größten Teil in JavaScript realisiert, der Quellcode ist offiziell offengelegt. Als Webbrowser wird lediglich der Mozilla Firefox unterstützt, der Internet Explorer also nicht. Da Oryx mit einem flexiblen System zur Verwendung unterschiedlicher grafischer Elemente, auch „Shapes" oder „Stencils" genannt, arbeitet, können verschiedene Notationen umgesetzt werden, wie die EPK oder die BPMN. Auch eine Modellierung von Strukturen, wie der Aufbauorganisation oder der Applikationslandschaft, ist möglich. Eine syntaktische Validierung der erstellten Modelle wird ebenfalls angeboten.

Da Oryx vollständig im Web läuft, ist eine Installation nicht erforderlich, noch nicht einmal die persönliche Registrierung wird verlangt. Es kann also sofort nach Aufruf der Website modelliert werden. Auch die Bedienung des Editors ist sehr einfach, und funktioniert im Firefox 3 mit einer Geschwindigkeit, die mit der einer lokalen Windows-Anwendung durchaus vergleichbar ist (Bild 5.5).

Die erstellten Modelle können als PDF-Dokumente publiziert werden. Weiterhin ist ein Export und Import auf Basis der PNML (Petrinet Markup Language) möglich, die allerdings lediglich im akademischen Bereich Verwendung findet und momentan von keinen kommerziellen BPM-Softwareprodukten unterstützt wird.

Das wirklich Interessante an Oryx ist die Vision einer Online-Gemeinschaft, die ihre Prozessmodelle miteinander teilt: Alle in Oryx erstellten Modelle können in einem globalen Repository abgelegt werden und sind mit einer eindeutigen URL versehen, die wiederum einfach per E-Mail verschickt und

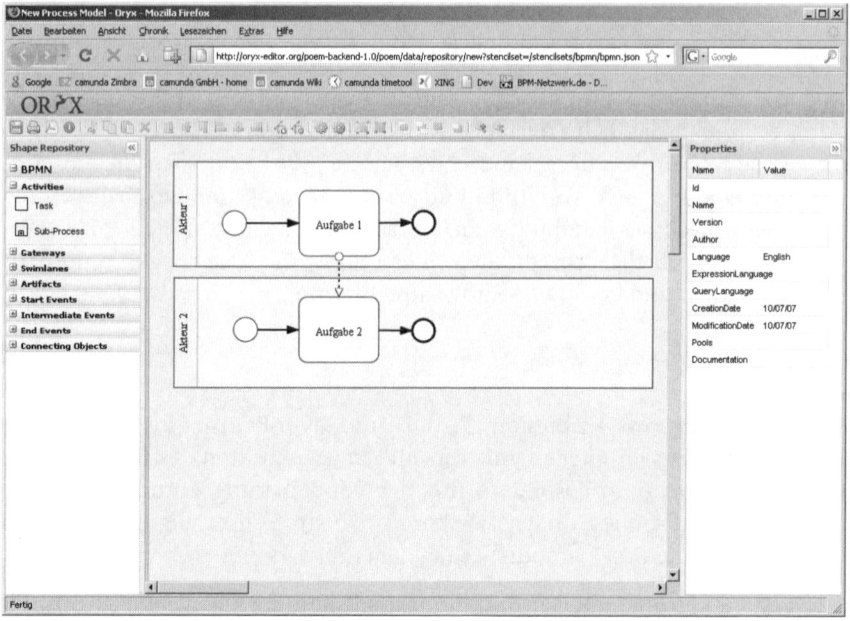

Bild 5.5: Prozessmodellierung mit Oryx

von jedem Interessierten aufgerufen werden kann. Vor diesem Hintergrund könnte Oryx das technische Vehikel einer Web 2.0-Community werden, die eine gemeinsame Sammlung von Best-Practice-Prozessmodellen entwickelt und diskutiert.

Für den produktiven Einsatz als Lösung für die unternehmensweite Dokumentation und Publikation der Geschäftsprozesse ist der webbasierte Ansatz von Oryx zunächst problematisch: Zum einen enthalten die Prozessmodelle vieler Unternehmen äußerst sensible Informationen, die nicht nach draußen gegeben werden sollen. Zum Zweiten müssen Prozessmodelle rollengerecht im firmeneigenen Intranet publiziert werden können, sodass alle Mitarbeiter die für sie relevanten Prozesse (und nur diese) betrachten können. Am Hasso-Plattner-Institut ist man bereits mit der Entwicklung einer entsprechenden Benutzergruppenverwaltung beschäftigt, sodass diese Problematik auf längere Sicht zumindest verringert werden dürfte.

Allerdings ist die Verknüpfung einzelner Modellelemente mit externen Dokumenten, z. B. Musterformularen oder Arbeitsanweisungen, die auf den zentralen Servern im Unternehmen abgelegt werden, häufig ein unabdingbares Feature für die produktive Nutzung. Zusätzlich dürfte die fehlende Unterstützung für den Internet Explorer in zahlreichen Unternehmen ein Ausschlusskriterium darstellen.

5.3 Die passende Lösung finden

5.3.1 Besondere Herausforderungen

Der Markt für BPM-Software ist, auch im Vergleich zu anderen Märkten für Standardsoftware, gekennzeichnet durch eine besondere Ausprägung der folgenden Merkmale:

- Er lässt sich schwer abgrenzen.
- Er ist in sich sehr heterogen.
- Es existieren nur unzureichende externe Orientierungshilfen wie Marktübersichten, Studien etc.

Die Folge ist eine äußerst geringe Transparenz des Marktes, was in Kombination mit weiteren Einflussfaktoren (siehe Bild 5.6) dazu führt, dass potenzielle Nachfrager die Suche nach dem geeigneten Produkt entweder früher oder später aufgeben oder sich für ein ungeeignetes Produkt entscheiden. In letzter Konsequenz werden die Chancen, die der Einsatz einer geeigneten BPM-Software in Bezug auf konkrete Problemstellungen oder Potenziale eröffnen könnte, gar nicht oder nur unvollständig genutzt. Mitunter führen BPM-Projekte, die aufgrund eines ungeeigneten Werkzeugs gescheitert sind, zu einer langfristigen, allgemein negativen Wahrnehmung des Themas BPM im betroffenen Unternehmen oder Geschäftsbereich.

Für die beschriebene Problemsituation lassen sich drei Hauptursachen identifizieren:

- BPM ist ein vergleichsweise abstrakter, allgemeiner Managementansatz mit vielen verschiedenen möglichen Ausprägungen. Dieser Umstand führt zum einen zu schwer miteinander vergleichbaren BPM-Tools, zum anderen sorgt er dafür, dass die meisten Unternehmen bzw. Verantwortlichen das Thema nicht in angemessener Zeit durchdringen und dementsprechend die verfügbaren Produkte nicht ausreichend hinsichtlich ihres individuellen Nutzens für das Unternehmen bewerten können.
- BPM ist ein sogenanntes „Buzzword“ (engl. „Modewort“), also ein Begriff, der in den letzten Jahren große Popularität erlangt hat und – vielleicht auch gerade aufgrund des Abstraktionsgrades – in den Marketing-Botschaften von Softwareherstellern und Unternehmensberatern ganz allgemein mit einer optimalen Managementleistung dank optimaler Geschäftsprozesse assoziiert wird. In der Folge werden zunehmend Softwareprodukte unter dem Begriff „BPM-Tool“ angeboten, die keine wirkliche Unterstützung von BPM-Methoden anbieten, sondern bestenfalls eine allgemeine IT-Unterstützung von Geschäftsprozessen, was streng genommen auf jede betriebswirtschaftliche Software zutrifft.

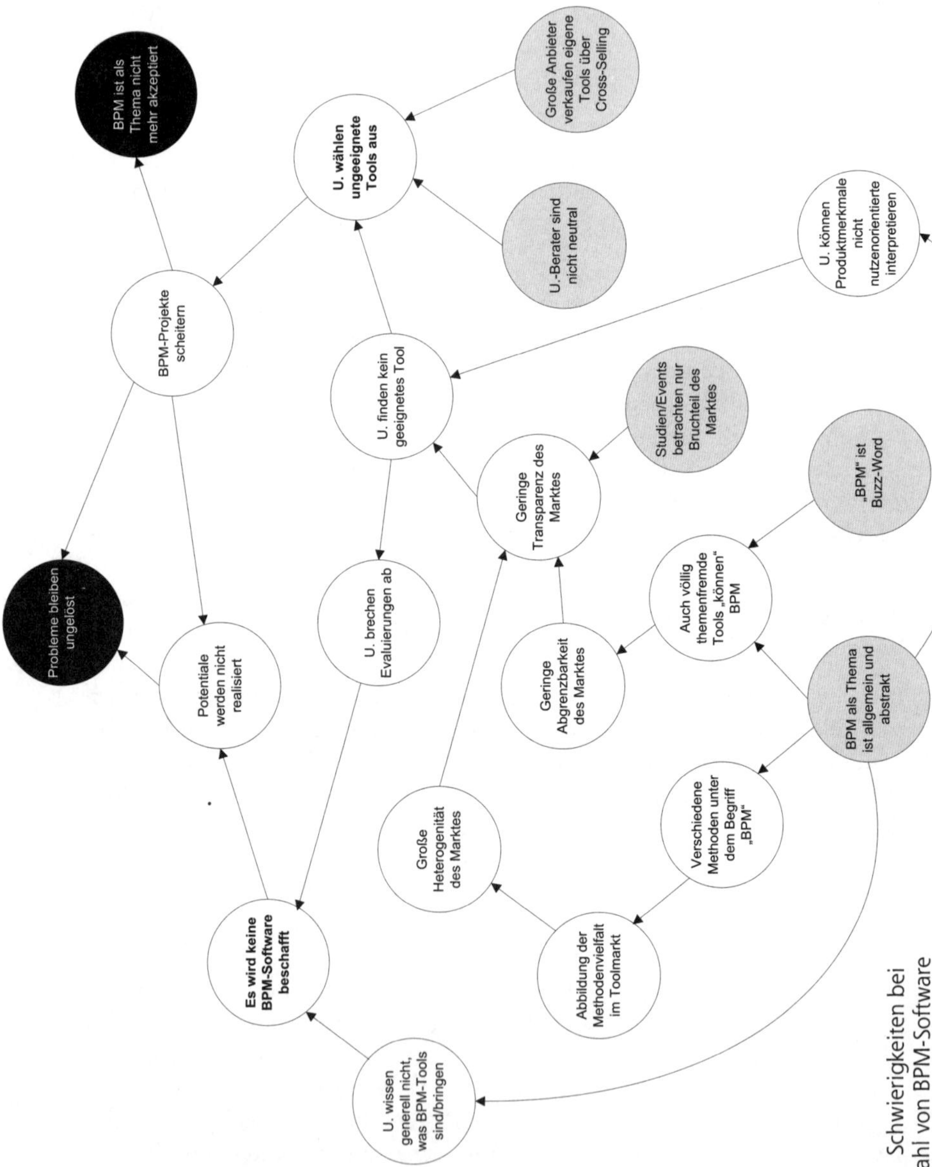

Bild 5.6: Schwierigkeiten bei der Auswahl von BPM-Software

- Es liegt in der Natur der Sache, dass sowohl schriftliche Dokumente wie Marktstudien und Produktvergleiche als auch Softwaremessen keinen vollständigen Marktüberblick gewährleisten können, da sie aus Kapazitätsgründen immer nur einen Ausschnitt betrachten. Gerade im BPM-Bereich existieren aber viele Produkte, deren Hersteller nicht über das notwendige Marketing-Budget oder die Kontakte verfügen, um auf Veranstaltungen präsent zu sein oder von Studienautoren überhaupt wahrgenommen zu werden. Dementsprechend sind Studien und Messen allein derzeit nicht geeignet, eine ausreichende Markttransparenz herzustellen.

Die Gefahr, dass Unternehmen aufgrund der oben genannten Ursachen ein für sie ungeeignetes Tool auswählen, wird durch zwei weitere Einflussfaktoren zusätzlich verstärkt:

- Manche Unternehmensberater positionieren sich suggestiv, teilweise auch demonstrativ als neutrale Marktanalysten und bieten interessierten Unternehmen ihre Unterstützung bei der Tool-Auswahl an. Tatsächlich sind viele dieser Berater allerdings nicht neutral, sondern agieren als Vertriebspartner der jeweiligen Hersteller. Sie haben also von vornherein eine Vorselektion vorgenommen und nur einen Bruchteil der am Markt verfügbaren Produkte im Portfolio.
- Gerade große Softwarehersteller versuchen, ihren bestehenden Kundenstamm zu verwerten und Bestandskunden neue Produkte zu verkaufen („Cross-Selling"), so auch Lösungen für BPM. Selten ist es das primäre Interesse des jeweiligen Herstellers, seinem Kunden das für ihn am besten geeignete Produkt zu verkaufen bzw. auf einen Abschluss zu verzichten, wenn das eigene Produkt bei gewissenhafter Betrachtung ungeeignet erscheint.

Vor diesem Hintergrund ist es sehr schwierig, die für das eigene Szenario optimal geeignete BPM-Software zu identifizieren. In den folgenden Abschnitten sollen die wichtigsten Aspekte der Tool-Auswahl beleuchtet und typische Fehler aufgezeigt werden, um den Auswahlprozess zumindest ein wenig leichter zu gestalten.

5.3.2 Der Auswahlprozess

Die Auswahl einer BPM-Software erfolgt in der Regel in vier Phasen, die im Folgenden näher betrachtet werden sollen (Bild 5.7).

5.3.2.1 Bedarfsermittlung

Aufgrund der Heterogenität des Tool-Marktes kommt der Ermittlung des eigentlichen Bedarfs eine besondere Bedeutung zu. Zu viele BPM-Projekte beginnen mit dem Teilprojekt „Tool-Auswahl", ohne überhaupt die Ziele und Maßnahmen des Projekts selbst definiert zu haben. Die Bedarfsermitt-

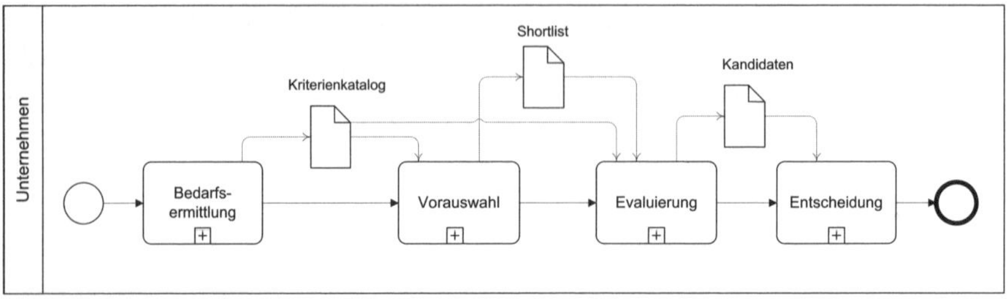

Bild 5.7: Auswahl von BPM-Software

lung wiederum wird in solchen Fällen nicht systematisch an den geplanten Maßnahmen des Projekts ausgerichtet, sondern es werden stattdessen verschiedene Tools direkt evaluiert, um sich von den angebotenen Funktionalitäten „inspirieren" zu lassen. Ein solcher Ansatz birgt große Risiken: Die Evaluierung erfolgt völlig unstrukturiert und chaotisch, die Evaluierenden drehen sich im Kreis und es wird am Ende die nächstbeste Lösung genommen, um endlich zu einem Abschluss zu kommen. In solchen Fällen gewinnt meistens die Software mit dem geschicktesten Vertrieb bzw. der größten Bekanntheit im Markt, und sie ist häufig für das Szenario des Käufers ungeeignet, was das BPM-Projekt im schlimmsten Fall scheitern lässt.

Das Ergebnis einer konsequenten Bedarfsermittlung ist ein Kriterienkatalog, der sowohl das kurzfristige als auch das langfristige Einsatzszenario für die BPM-Software skizziert und daraus die zu erfüllenden Anforderungen an die Software ableitet. Sinnvollerweise sind die einzelnen Anforderungen mit Gewichtungen versehen, um sie zu priorisieren. Die Komplexität des Kriterienkataloges, sowohl in Bezug auf die Hierarchieebenen als auch in Bezug auf die Granularität der Anforderungsbeschreibung, ist abhängig vom Einsatzszenario. Wenn dieses eher einfach ausfällt, kann sehr viel weniger Arbeit in den Katalog investiert werden, als wenn es sich um ein vielschichtiges, komplexes Szenario handelt, das obendrein von strategischer Bedeutung für das Unternehmen ist. Prinzipiell ist zu beachten, dass die Elemente einer Hierarchieebene mit unterschiedlichen Gewichtungen und teilweise sogar umgekehrten Effekten (positiv/negativ) in die Elemente der übergeordneten Hierarchieebene eingehen können. Beispielsweise kann eine ausgeklügelte Technik zur Erstellung hochgradig strukturierter Prozessmodelle die Auswertbarkeit der Modelle stark verbessern und somit im Szenario „Prozessanalyse" eine wichtige Rolle spielen. Sie kann gleichzeitig die Qualität des Prozessmodells in Bezug auf seine Wartbarkeit verbessern, spielt hierfür aber möglicherweise eine eher untergeordnete Rolle. Sie kann jedoch zusätzlich die Erlernbarkeit der Bedienung erschweren, weil sie dem Benutzer Restriktionen auferlegt, die er nicht auf Anhieb versteht, was sich wiederum negativ auf die spontane Akzeptanz des Tools auswirkt. Dieselbe Funktionalität einer Software kann also, je nach betrachteter Anforderung, sowohl positive als auch negative Effekte haben. Dieses Beziehungsgeflecht muss im Kriterienkatalog abgebildet und überschaubar gemacht werden, was eine nicht zu unterschätzende Herausforderung darstellt.

5.3.2.2 Vorauswahl

Die grobe Ebene des erstellten Kriterienkataloges ist die eigene Grundlage für die Sichtung des Tool-Marktes, um geeignete Anbieter zu recherchieren und eine sogenannte Shortlist zu erstellen, eine Liste mit ca. fünf Anbietern, die in die engere Auswahl kommen.

Für die Recherche nach möglicherweise geeigneten BPM-Tools kommen die folgenden Quellen infrage:

Studien

Es existieren diverse Publikationen zum Thema BPM-Software. Leider sind nur wenige ausreichend fundiert und gleichzeitig aktuell. Da sich die Funktionalitäten der diversen Tools alle paar Monate weiterentwickeln, ist die Aktualität von Studien selten gegeben. Trotzdem können auch weniger aktuelle Publikationen zumindest dabei helfen, ein Gefühl für den Tool-Markt zu entwickeln und die prinzipiellen Ausrichtungen einzelner Lösungen kennenzulernen.

Die zum Zeitpunkt der Erstellung dieses Buches aktuellste Studie wurde Mitte 2008 von der Fraunhofer-Gesellschaft veröffentlicht. Darin werden 18 Produkte betrachtet, wobei sich die Studie im Schwerpunkt lediglich auf die Prozessmodellierung bezieht. Sie kann unter www.kodok.de/german/literat/BPMT-Studie%202008.html bezogen werden.

Die Studie „Prozessmodellierungswerkzeuge" des Business Application Research Center (BARC) vergleicht 13 Systeme für Dokumentation, Entwurf, Simulation und Analyse von Geschäftsprozessen. Sie wurde im Juli 2007 herausgegeben und ist unter www.barc.de erhältlich.

Veranstaltungen

Auf diversen Themenkongressen zum Thema BPM stellen auch die Anbieter ihre Lösungen auf einer begleitenden Messe vor. Eine Veranstaltung, die sich speziell dem Thema BPM-Tools widmet, ist der „Process Solutions Day" der Gesellschaft für Organisation e. V. (Bild 5.8). Dieser findet jährlich im Mai in Frankfurt am Main statt und thematisiert die IT-Unterstützung von Prozessmanagement mit Fachvorträgen, Lösungsvorstellungen der Anbieter und einer Auszeichnung namens „Process Solution Award" für besonders innovative, Tool-basierte BPM-Projekte. Aktuelle Informationen zum Process

Bild 5.8: Besucher des Process Solutions Day im Mai 2008

Solutions Day erhält man auf der Webseite der Gesellschaft für Organisation, www.gfuero.org.

Internet

Neben dem direkten „Googeln" nach Anbietern können auch Auflistungen von BPM-Softwareprodukten im Internet genutzt werden, beispielsweise auf der Online-Community www.BPM-Netzwerk.de. Die Produkte werden dort nach einheitlichen Vorgaben durch die Anbieter beschrieben und können von Mitgliedern der Community bewertet werden.

Ausschreibungen

Die selbständige Recherche nach Tools führt häufig zunächst zu einer „Longlist", zu einer langen Liste möglicherweise infrage kommender Produkte. Dies liegt vor allem an der Vertriebs- und Marketing-Strategie der Hersteller, die in der öffentlichen Selbstdarstellung gerne für sich in Anspruch nehmen, jede gewünschte Funktionalität und jedes Szenario bedienen zu können. Dahinter steckt eine Variante des berühmten Gefangenen-Dilemmas: Wenn die Konkurrenz es schafft, mithilfe ihrer vollmundigen Versprechungen zunächst einmal auf die Shortlist zu kommen, ist für das eigene Produkt dort kein Platz mehr. Und die Konkurrenz unternimmt wahrscheinlich diesen Versuch, weil sie die berechtigte Hoffnung hat, dem Kunden seine nicht erfüllbaren Wünsche im direkten Gespräch schon ausreden zu können. Also stellt sich jeder Anbieter nach dem Prinzip der sich selbst erfüllenden Prophezeiung auf dieselbe kontraproduktive Weise dar, was die Erstellung einer Shortlist mitunter sehr erschwert.

In solchen Fällen muss bereits in der Phase der Vorauswahl der direkte Kontakt zu den Herstellern gesucht werden. Um zeitraubende Telefonate zu vermeiden, wird gerne auf das Mittel der Ausschreibung zurückgegriffen. Diese wird einmal erstellt und enthält eine Variante des internen Kriterienkataloges, der als Fragebogen gestaltet wird. Jeder interessierte Anbieter wird aufgefordert, anhand des zugeschickten Fragebogens detailliert anzugeben, ob und gegebenenfalls wie er die jeweilige Anforderung erfüllen kann. Bei der Erstellung eines solchen Fragebogens muss unbedingt darauf geachtet werden, mit präzisen, standardisierten Begriffen zu arbeiten, der Ersteller muss also fachlich versiert sein. Andernfalls ist die Gefahr von Missverständnissen sehr groß, die entweder zu schlecht ausgefüllten Fragebögen oder zahlreichen, zeitraubenden Rückfragen seitens der Anbieter führen. Zwar besteht auch bei Ausschreibungen prinzipiell das Risiko, dass die Anbieter mehr versprechen, als sie halten können. Sie sind in solchen Fällen allerdings meistens vorsichtiger, weil sie konkret nach einzelnen Funktionalitäten gefragt werden und sie eine schriftliche Aussage treffen müssen. Wenn sich in einer späteren Demonstration dann herausstellt, dass sie ihre Versprechen gar nicht halten können, kann ihnen der ausgefüllte Fragebogen unter die Nase gehalten werden – diese peinliche Situation wollen sich sogar besonders ambitionierte Verkäufer nach Möglichkeit ersparen.

5.3.2.3 Evaluierung

Mithilfe der Shortlist und des Kriterienkatalogs können die relevanten Produkte eingehend geprüft werden. Wenn das Einsatzszenario überschaubar und die Tools dementsprechend einfach und kostengünstig sind, kann diese Evaluierung sehr kurz ausfallen. Bei komplexeren Sachverhalten ist hingegen eine selbständige Prüfung der Lösung unerlässlich. Diese kann beispielsweise mithilfe einer kostenlos bereitgestellten Testversion erfolgen. Eine Alternative ist die Live-Präsentation durch den Anbieter, die vor Ort oder auch virtuell über das Internet erfolgen kann. Allerdings sollte man sich nicht damit zufriedengeben, dass das Tool während dieser Präsentation nur durch den Anbieter bedient wird, sondern selbst darum bitten, einmal die eine oder andere Funktion ausprobieren zu dürfen. Denn was aus der Perspektive des Zuschauers ganz einfach und vollständig aussieht, kann sich bei der eigenen Nutzung urplötzlich als kompliziert bzw. untauglich herausstellen. In jedem Fall sollte sich die direkte Prüfung sehr eng am definierten Kriterienkatalog orientieren. Hierbei kann jeder Prüfungsschritt entweder dazu führen, dass eine bestimmte Funktionalität unterstützt wird oder nicht (Ja/Nein), oder aber zu einer bestimmten Anzahl Punkte führen, die der Prüfer dafür vergibt, wie „gut“ oder „umfassend“ eine bestimmte Funktionalität unterstützt wird. Der zweite Ansatz führt zwar eher zu Ungenauigkeiten und subjektiven Fehleinschätzungen, ist aber umso wahrscheinlicher, je weniger präzise der Kriterienkatalog gestaltet wurde.

Im Idealfall wird die direkte Prüfung des Tools nicht anhand eines allgemeinen Szenarios vorgenommen, sondern direkt auf Basis der eigenen Anforderungen. Dies kann beispielsweise durch einen Prototyp geschehen, der sich auf die eigenen, zu modellierenden bzw. zu automatisierenden Prozesse bezieht. Auch in diesem Fall gilt: Der Prototyp sollte nicht durch den Anbieter im „stillen Kämmerlein“ erstellt und später präsentiert werden, sondern in Anwesenheit des Prüfers, der im Idealfall in die Entwicklung aktiv einbezogen wird und die Gelegenheit erhält, selbst mit Hand anzulegen. Dieses Vorgehen ist der beste Ansatz, um sich einen umfassenden Eindruck von der Mächtigkeit und Benutzerfreundlichkeit einer BPM-Software zu verschaffen.

5.3.2.4 Entscheidung

Die finale Entscheidung für oder gegen einen Kandidaten hängt von weiteren Parametern ab. So kann beispielsweise die wirtschaftliche Stabilität des Anbieters ein wichtiges Kriterium sein, wenn es um die kontinuierliche Verfügbarkeit von Support- oder Consulting-Kapazitäten geht. Auch die geografische Präsenz kann eine Rolle spielen sowie die Referenzen des Anbieters in der eigenen Branche bzw. für das eigene Szenario. Diese Kriterien sind unabhängig vom Produkt und werden häufig erst nach der Auswahl geeigneter Kandidaten abgearbeitet, wobei eine Berücksichtigung im Rahmen der Vorauswahl unter Umständen effizienter ist.

Ein schwieriges Thema ist wie immer der Preis, der für eine BPM-Software verlangt wird. Dieser kann sich, je nach Produkt, im drei- bis sechsstelligen Bereich bewegen – so groß ist die Bandbreite des BPM-Tool-Marktes. Allerdings existiert in der Regel auch ein großer Verhandlungsspielraum. Insbesondere, wenn der Kunde aus Sicht des Anbieters als Referenz- oder Pilotkunde infrage kommt, ist die Bereitschaft groß, beim Preis auch umfangreiche Abstriche zu machen. Preisnachlässe von über 50% sind zwar selten, können in solchen Fällen aber durchaus vorkommen.

5.3.3 Typische Fehler

Bei der Auswahl von BPM-Software werden immer wieder dieselben Fehler gemacht. Die häufigsten sollen an dieser Stelle kurz skizziert werden.

5.3.3.1 Entscheidung aufgrund von Bekanntheit/Marktführerschaft

Eine IT-Bauernweisheit besagt: „Es ist noch keiner entlassen worden, weil er SAP eingeführt hat."

Vor dem Hintergrund der Unsicherheit bei der BPM-Tool-Auswahl gibt manch einer der Versuchung nach, sich für den Namen bzw. die Reputation des Herstellers zu entscheiden anstatt für dessen Softwareprodukt. Falls das auf Basis der Lösung in Angriff genommene BPM-Projekt nicht erfolgreich verläuft, kann derjenige, der die Tool-Entscheidung getroffen hat, seine Hände trotzdem in Unschuld waschen: „Wenn so viele Unternehmen mit diesem Produkt/diesem Hersteller erfolgreich sind, wird die Ursache für unser Scheitern wohl woanders liegen."

Diese Haltung ist ein Fehler, weil es nur selten wirklich „bessere" oder „schlechtere" BPM-Lösungen gibt. Es gibt lediglich Lösungen, die für eine ganz bestimmte Situation besser oder schlechter **geeignet** sind, diese Erkenntnis ergibt sich aus der bereits dargestellten Heterogenität des Marktes. Deshalb ist es unerheblich, in wie vielen Unternehmen ein bestimmtes BPM-Tool bereits eingesetzt wird. Einmal ganz davon abgesehen, dass die Tatsache, dass ein Tool in vielen Unternehmen eingesetzt wird, noch lange kein Garant dafür ist, dass es dort auch **erfolgreich** eingesetzt wird.

5.3.3.2 Festklammern an Standards

Wer dieser Tage Gespräche mit BPM-Herstellern führt und sie fragt, weshalb ihre Lösung jetzt auch den BPEL-Standard unterstützt, erfährt häufig: „Weil der Markt es verlangt." Wer sich wiederum mit Unternehmen unterhält, die derzeit BPM-Tools evaluieren, und sie fragt, weshalb die Unterstützung von BPEL für sie wichtig ist, hört: „BPEL ist ein Standard, der sich durchsetzt. Das merkt man schon daran, dass immer mehr Hersteller ihn unterstützen." In solchen Gesprächen wird ziemlich schnell klar, dass sich weder Hersteller noch Kunden mit BPEL wirklich auskennen, sondern eher wie im berühmten Film *Das Leben des Brian* im kollektiven Wahn einer heiligen Sandale oder Flasche oder einem vermeintlichen Messias hinterherlaufen.

Diese Beschreibung trifft natürlich nicht auf jeden Marktteilnehmer zu, ist aber häufig zu beobachten. Und BPEL ist an sich auch keineswegs negativ zu sehen, sondern an dieser Stelle nur ein Beispiel für den unreflektierten Umgang mit dem Thema Standards (Standard = gut). Dabei ist es mit Standards ähnlich wie mit BPM-Tools: Selbst wenn ein Standard auf breiter Front akzeptiert wird und objektiv betrachtet ausgereift ist (was leider auch nicht so häufig der Fall ist), heißt das noch lange nicht, dass er für jedes Szenario geeignet ist. In vielen Fällen sind proprietäre Lösungen heutzutage noch wesentlich effektiver als beispielsweise BPEL. Und der Gedanke, dass man sich durch einen Standard wie BPEL eine größere Unabhängigkeit vom Tool-

Hersteller sichern könnte, kann ebenfalls ein Irrtum sein: Aufgrund punktueller Defizite in BPEL wird dieser Standard von vielen Tool-Herstellern proprietär erweitert, eine Austauschbarkeit von Prozessen zwischen den Tools ist also bislang eher selten bzw. nur eingeschränkt gegeben.

Prinzipiell ist die Unterstützung eines Standards zwar positiv zu bewerten. Das Ausmaß dieser positiven Bewertung muss bei der Erstellung des Kriterienkataloges jedoch individuell und differenziert festgelegt werden.

5.3.3.3 Verwechslung von Methoden und Funktionen

Ein weiteres oft gehörtes Zitat von Unternehmen, die BPM-Tools evaluieren, lautet: „Wenn wir die Lösung XY beschaffen, können wir damit Six Sigma (oder Balanced Scorecard oder Ähnliches) machen." Noch stärker auf dem Holzweg sind solche Unternehmen, die sagen, sie möchten eine bestimmte BPM-Software beschaffen, weil sie damit ihre Prozesse optimieren könnten – ohne zu konkretisieren, wie dies geschehen soll.

Six Sigma und Balanced Scorecard sind Methoden, die in erster Linie menschliche Hard und Soft Skills erfordern. Zwar können diese Methoden durch BPM-Tools durch bestimmte Funktionen **punktuell unterstützt** werden, aber das Tool ist eben nur ein Werkzeug, den Hammer muss der Handwerker selbst führen können. Das methodische Know-how, wie Six Sigma etc. anzuwenden sind, kann in einer BPM-Software nicht hinterlegt werden. Beim Thema „Prozessoptimierung" ist dieses Missverständnis noch drastischer: Prozessoptimierung ist nicht einmal mehr eine Methode, sondern lediglich ein **Bestreben**, das mittels unterschiedlicher Methoden und unter Umständen mit Unterstützung von BPM-Tools verwirklicht werden kann. Aber in keinem BPM-Tool dieser Welt wird es jemals einen Knopf „Prozess optimieren" geben (und wenn doch, handelt es sich um einen üblen Schwindel).

Deshalb stehen Six Sigma, Balanced Scorecard, Prozessoptimierung und ähnliche Begriffe nicht für BPM-Tool-Funktionalitäten und sollten als solche auch nicht im Kriterienkatalog erscheinen, sondern wenn überhaupt als Einsatzszenarien, denen wiederum konkrete unterstützende Funktionen zugeordnet sind.

5.3.3.4 Entscheidung aufgrund vorhandener Systeme

Manche Unternehmen praktizieren eine „One vendor only"-Strategie. Weil sie bereits ein ERP-System oder eine Datenbank eines bestimmten Herstellers benutzen, kaufen sie auch die BPM-Software bei diesem Anbieter. Dieses Verhalten ist fast ausschließlich im Bereich Prozessautomatisierung zu beobachten (was auch daran liegen mag, dass die meisten Modellierungs-Tool-Anbieter wiederum eine „One product only"-Strategie praktizieren). Natürlich sprechen einige Argumente für diesen Ansatz, jedoch eher auf der betriebswirtschaftlichen Ebene. Auf der technischen Ebene ist es hingegen häufig ein Trugschluss, anzunehmen, man würde auf diese Weise die Integration der Software in die eigene Systemlandschaft vereinfachen. Die entsprechenden Anbieter sind fast immer erst vor kurzer Zeit auf den BPM-/SOA-Hype aufgesprungen und haben ihr Geld bis dahin primär mit anderen Systemen (eben ERP, Datenbank etc.) verdient. Das bedeutet, ihre BPM-Softwarelösungen sind entweder erst vor Kurzem entwickelt worden und besitzen deshalb häufiger Kinderkrankheiten, oder wurden erst vor Kurzem hinzugekauft, weshalb ihre Integration in das Portfolio des Anbieters mit Kinderkrankheiten gesegnet ist. Auf der technischen Ebene ist die Integration deshalb zum heutigen Zeitpunkt kaum fortgeschrittener, als wenn die BPM-Lösung eines anderen Anbieters beschafft würde. Natürlich ist davon auszugehen, dass sich dieses Problem in einigen Jahren anders darstellen wird.

5.3.3.5 Blindes Vertrauen in Schnittstellen

Das Thema Integrationsfähigkeit ist generell für viele Unternehmen von großer Bedeutung. Dahinter steckt u.a. die Hoffnung, mithilfe von Schnittstellen einen besseren Investitionsschutz für erstellte Prozessmodelle zu erhalten, insbesondere dann, wenn diese Schnittstellen auf Standards basieren.

Und tatsächlich sind Schnittstellen ein sinnvolles und wichtiges Feature einer BPM-Software. Sie müssen allerdings auch funktionieren. In der Praxis sind sie leider häufig nur rudimentär implementiert, um offiziell behaupten zu können, man könne viele Standards auf Basis von Schnittstellen bedienen. Wenn man dann tatsächlich einmal das Prozessmodell exportieren oder ein fremdes Modell importieren möchte, stellt man schnell fest, dass die Hälfte fehlt, falsch übertragen wurde oder zwar alle Aktivitäten des Prozesses importiert wurden, aber ein optisches Durcheinander herrscht, weil sie nicht korrekt angeordnet wurden. Man sollte dazu wissen, dass die Graphentheorie ausgesprochen anspruchsvoll ist und ihre Umsetzung in Modellierungswerkzeugen extrem aufwendig. Und genau diesen Aufwand scheuen viele Hersteller so lange, bis ein Kunde ihr Produkt tatsächlich wegen der Importroutine kauft und deshalb die Verlegenheit so groß wird, dass die Funktion notgedrungen vervollständigt wird (man kann diese Verlegenheit auch eleganter mit dem Begriff „Business Case“ umschreiben).

5.3.3.6 Abfragen statt selber testen

Im Rahmen einer BPM-Tool-Auswahl, die vor einiger Zeit erfolgte, spielte auch die Funktionalität „Prozessmodell als PDF bereitstellen“ eine Rolle. Es wurden also diverse Anbieter u.a. dahin gehend befragt, ob sie diese Funktion unterstützen. Die meisten bejahten die Frage. Im Rahmen der nachfolgenden Tests konnte bei einem der Tools die Funktion nicht gefunden werden. Die Online-Hilfe wurde konsultiert, und unter der Überschrift „Prozessreport als PDF“ stand:

„Um Ihr Prozessmodell als PDF zu publizieren, wählen Sie bitte im Menü ‚Datei‘ den Befehl ‚Drucken‘. Wählen Sie nun den Drucker ‚Acrobat Distiller‘ und bestätigen Sie mit ‚OK‘. Hinweis: Um diese Funktion nutzen zu können, muss Acrobat Distiller installiert sein.“

Diese kleine Anekdote soll verdeutlichen, dass im Rahmen der BPM-Tool-Auswahl jede benötigte Funktion, die im Kriterienkatalog genannt wird, vor der finalen Entscheidung selbst getestet werden sollte.

5.4 Ergebnisse der Befragung „BPM-Software 2008"

5.4.1 Zielsetzung und Durchführung

In der ersten Jahreshälfte wurde von der camunda services GmbH die Befragung „BPM-Software 2008“ durchgeführt. Es handelte sich um die zweite Befragung dieser Art, die erste fand ein Jahr zuvor statt.

Zielsetzung dieser Befragung war es zunächst, den tatsächlichen Stand der Nutzung von BPM-Software primär in Deutschland, ferner in Österreich und in der Schweiz zu ermitteln (Befragung „Veteranen“). Weiterhin sollte ermittelt werden, welche Bedürfnisse momentan bei solchen Organisationen bestehen, die den Einsatz von BPM-Software in Erwägung ziehen (Befragung „Aspiranten“). Ein besonderes Augenmerk wurde auf den Vergleich sowohl der Veteranen mit den Aspiranten als auch mit den Ergebnissen der Befragung des Vorjahres gerichtet.

Es wurden deshalb zwei Fragebögen entwickelt, die im Zeitraum 04.03.2008 bis 08.04.2008 online ausgefüllt werden konnten. Die Teilnehmer wurden, anders als im Vorjahr, aufgefordert, ihre E-Mail-Adresse zu hinterlassen. Diese Maßnahme sollte vor allem die Manipulation der Befragung durch Mitarbeiter von Tool-Herstellern erschweren, die im Vorjahr teilnahmen und behaupteten, sie seien Tool-Anwender und die Lösung ihres (tatsächlichen) Arbeitgebers habe ihre Erwartungen übertroffen. Tatsächlich mussten auch in dieser Befragung nach Abschluss 14 Datensätze entfernt werden, die von solchen Personen stammten. Alle nachfolgenden Aussagen beziehen sich auf die bereinigte Version der Befragungsergebnisse.

An der Befragung „Veteranen“ nahmen 187 Personen teil, an der Befragung „Aspiranten“ nahmen 159 Personen teil. Insgesamt nahmen somit 346 Personen an der diesjährigen Befragung teil, was einer Steigerung von rund 72% gegenüber dem Vorjahr entspricht.

5.4.2 Ergebnisse der Befragung „Veteranen"

5.4.2.1 Zusammensetzung der Teilnehmer

An der Befragung „Veteranen" nahmen 187 Personen teil. 89% der Veteranen haben über 75% der Fragen beantwortet, niemand hatte weniger als 50% der Fragen beantwortet. 64% der Teilnehmer nahmen sich mindestens sechs Minuten Zeit für die Befragung, 32% mehr als neun Minuten.

Der Großteil der Veteranen stammte wie im Vorjahr aus Deutschland, jedoch hat die Zahl der Vertreter anderer Länder im Vergleich zugenommen (Bild 5.9).

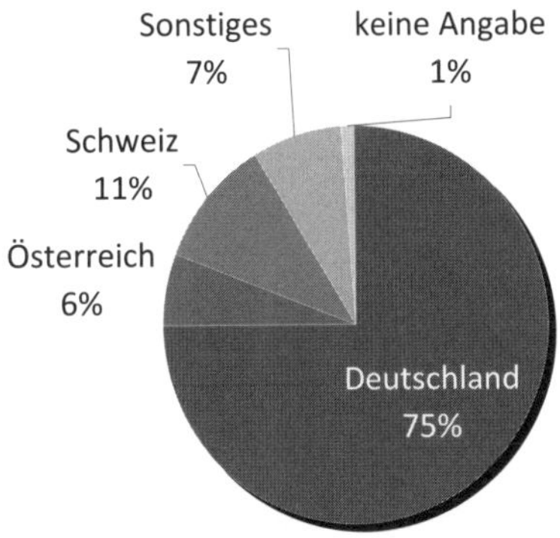

Bild 5.9: Geografische Herkunft der Teilnehmer

Die meisten Veteranen bekleiden Führungspositionen, wobei die Rolle des „Projektleiters" als Zwitter zwischen Fach- und Führungsposition zu werten ist (Bild 5.10).

Die Branchenzugehörigkeiten wurden in dieser Auswertung im Gegensatz zum Vorjahr stärker aufgefächert, sodass viele wenig vertretene Branchen erkennbar sind (im Vorjahr wurden diese unter „Weitere" zusammengefasst). Unter „Sonstige" wurden in den freien Kommentaren vor allem Logistik und Bildungswesen (Hochschulen) genannt (Bild 5.11).

BPM-Software wird offensichtlich völlig unabhängig von der Unternehmensgröße eingesetzt (Bild 5.12). Dies ist auch nicht überraschend angesichts der derzeitigen Heterogenität des Marktes. Stichproben in der Datenbasis haben eine (nicht näher berechnete) Korrelation ergeben zwischen der Unternehmensgröße und der BPM-Tool-Kategorie: Kleinere Unternehmen nutzen eher einfache Tools zur Prozessvisualisierung, in größeren finden sich (zusätzlich) häufiger Lösungen für die Prozessautomatisierung, die in der Regel teurer

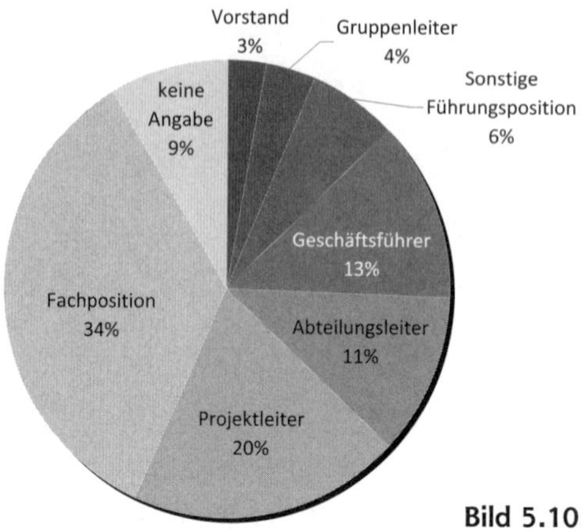

Bild 5.10: Positionen der Teilnehmer

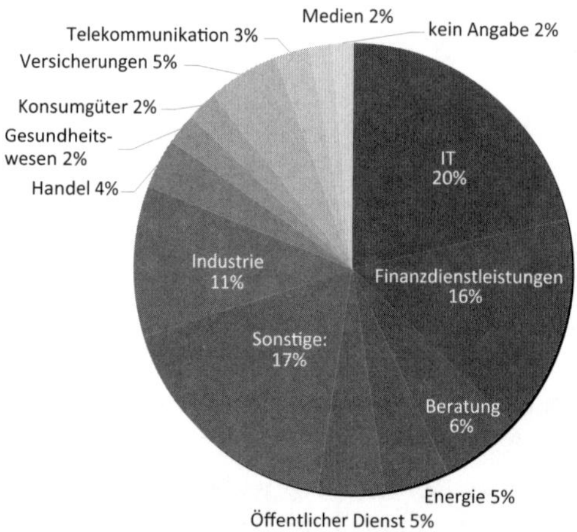

Bild 5.11: Branchenzugehörigkeit

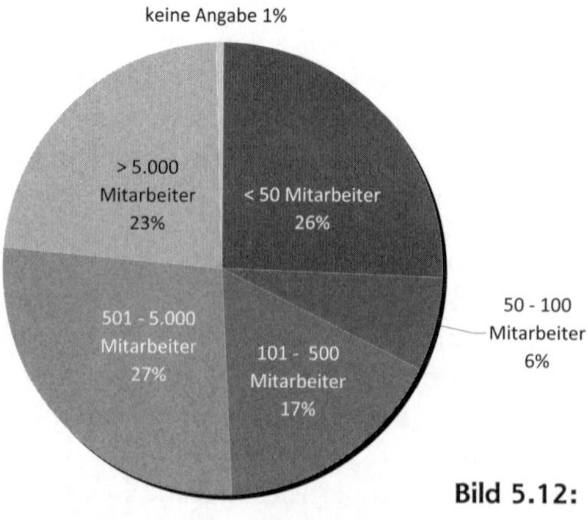

Bild 5.12: Größe der Unternehmen

und komplizierter in der Handhabung sind. Nichtsdestotrotz ist diese Erkenntnis interessant für Unternehmen, die sich bislang für die Anwendung von BPM (und sei es auch „nur" das organisatorische BPM) für zu klein hielten, eine Meinung, die besonders häufig im traditionellen Mittelstand der Industrie und des Handels anzutreffen ist.

5.4.2.2 Beschaffungsmotivation

In D. A. CH. wird BPM offensichtlich nach wie vor primär mit dem Thema Prozessdokumentation in Verbindung gebracht. Allerdings ist auch eine eindeutige Veränderung im Vergleich zum Vorjahr zu erkennen, wo dieser Aspekt noch eine wesentlich größere Rolle gespielt hatte. Auffällig ist, dass das von Anbietern gern angepriesene „Business-IT-Alignment" zumindest bei den Veteranen am seltensten der Hintergrund einer BPM-Tool-Beschaffung war. Tatsächlich kann man sagen, dass bei den verfügbaren Antworten die am häufigsten gegebene „Dokumentation" in Bezug auf die Bodenständigkeit und Bescheidenheit wohl das genaue Gegenteil des innovativen, komplexen und am seltensten genannte „Business-IT-Alignment" darstellt (Bild 5.13).

Analog zum Wunsch nach Prozesstransparenz waren für die meisten Veteranen die Funktionen zur Visualisierung und Dokumentation von Geschäftsprozessen von großer Bedeutung, das Thema Prozessautomatisierung (SOA & Co.) hat hingegen weniger Unternehmen bei der Beschaffung beeinflusst. Auch dies ist keine Überraschung und zeigt nur, dass wir uns noch mitten in einer Übergangsphase befinden, was durch die Ergebnisse des Vorjahres, in denen dieses Verhältnis noch deutlich ausgeprägter war, erkennbar wird. Auffällig ist das Nischendasein der Prozesssimulation: Diese zählt eigentlich zum organisatorischen Aspekt von BPM, unterliegt jedoch einer undankbaren Ambivalenz: Vom Prinzip her finden es viele Unternehmen spannend, ihre Prozesse simulieren zu können. Wenn sie jedoch erst einmal verstanden

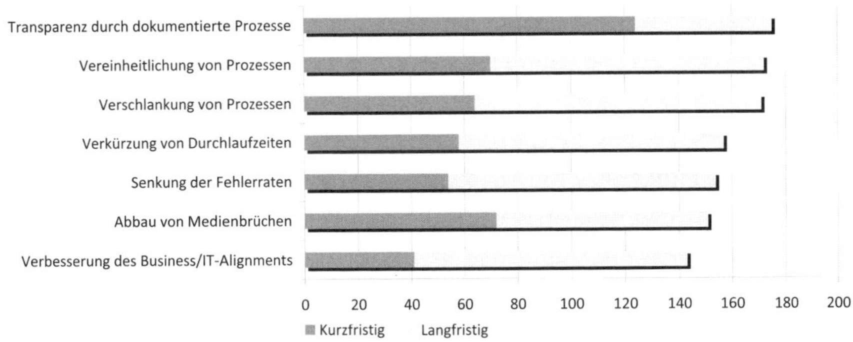

Bild 5.13: Beschaffungsmotive (Mehrfachnennungen möglich)

haben, welcher Aufwand (eindeutiges Prozessmodell, Kennzahlenerhebung) damit verbunden ist, bzw. wie wenige Prozesse sich tatsächlich wirksam simulieren lassen, wird das Thema in einem relativ frühen Stadium der Tool-Evaluierung fallen gelassen. Eine der spannendsten Fragen der nahen Zukunft ist, inwieweit die Kopplung der Prozessautomatisierung, die zur Kennzahlenmessung befähigt, mit den Methoden und Werkzeugen der Simulation tatsächlich neue Potenziale realisieren kann, die die Bedeutung dieser Funktion radikal verändern würden (Bild 5.14).

Die wichtigste Eigenschaft einer BPM-Software ist nach allgemeiner Auffassung eine leichte Bedienbarkeit – ein klares Zeichen dafür, dass viele Anwender die Benutzerfreundlichkeit spezialisierter Standardsoftware ganz allgemein für zu gering halten. Die Hersteller reagieren auf diese Anforderung gern mit Customizing-Funktionen, die die umfangreiche Benutzeroberfläche für bestimmte Zielgruppen einschränken können, um die Übersichtlichkeit zu verbessern. Dies ist jedoch gerade im Bereich der Prozessautomatisierung eher ein Tropfen auf dem heißen Stein: Die eigentliche Herausforderung besteht in der Detailgestaltung sehr unterschiedlicher Workflows durch eine entsprechend generische Oberfläche, die je nach Hersteller z. B. für das Design von Formularen oder die Erstellung von Datentransformationen sehr unterschiedlich gestaltet ist – solche Aspekte werden in keiner Standardnotation berücksichtigt.

Eine weitere häufig geforderte Eigenschaft ist die Unterstützung von Standards. Die eher unreflektierte Einforderung von Standards durch die Kunden hat auf Herstellerseite vereinzelt dazu geführt, dass die beiden jüngeren BPM-Standards BPMN und BPEL mehr schlecht als recht in die Produkte integriert wurden, um diese entsprechend etikettieren zu können (davon ausgehend, dass der Kunde die Unterstützung zwar im Evaluierungsprozess abfragen, in der Praxis aber nie einsetzen wird). Nichtsdestotrotz ist natürlich die Akzeptanz von Standards im Markt prinzipiell eine positive Entwicklung.

Wie schon im letzten Jahr scheint die Eigenschaft „Marktführer" bei den Befragten eine geringe Rolle zu spielen. Diese Angabe steht in einem Missverhältnis zu einer in der Praxis häufig zu treffenden Beobachtung: Allzu oft wird eine bestimmte Lösung deshalb beschafft, weil der Anbieter prominent ist, in der (berechtigten) Hoffnung, man würde als Entscheider im Falle eines Scheiterns des BPM-Projekts nicht so sehr dafür verurteilt, die falsche Lösung beschafft zu haben – dieses Risiko ist ungleich größer, wenn man einen Außenseiter beschafft. Möglicherweise stellt die Antwort für viele Befragte auch eher den Wunsch als die Erfahrung dar (Bild 5.15).

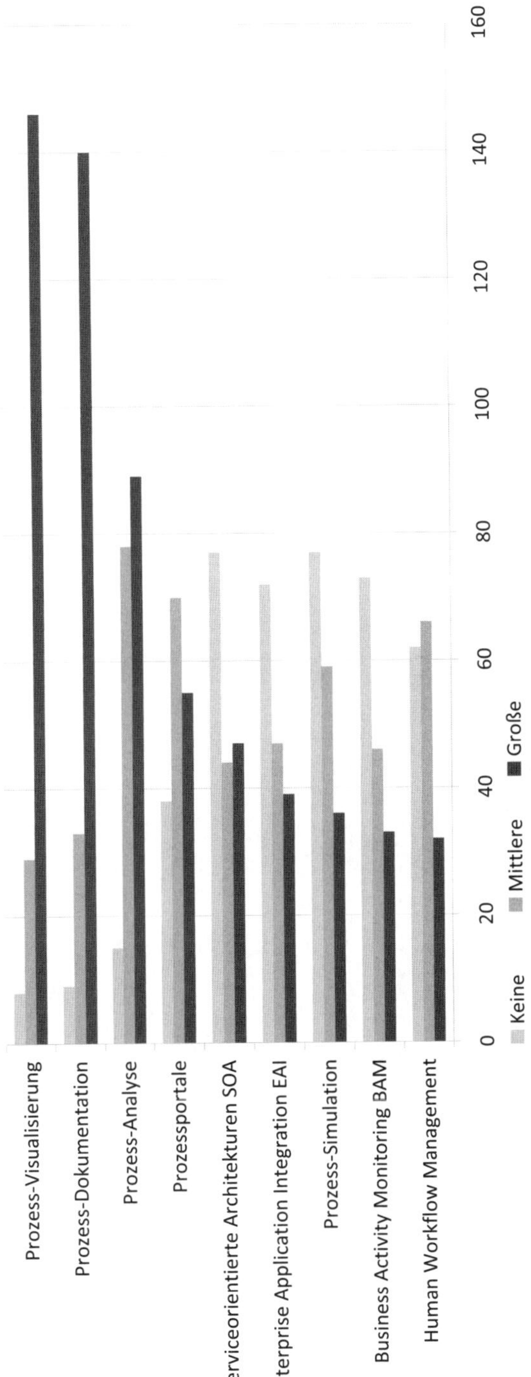

Bild 5.14: Bedeutung von Funktionen (Mehrfachnennungen möglich)

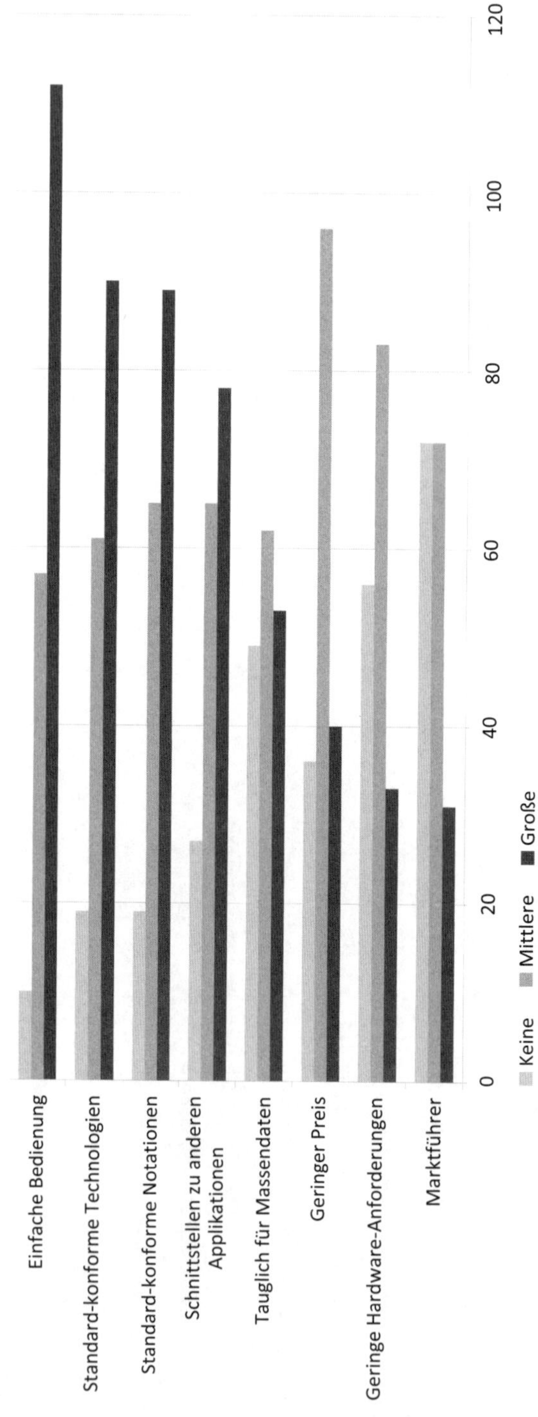

Bild 5.15: Bedeutung von Eigenschaften (Mehrfachnennungen möglich)

5.4.2.3 Nutzung

Der Siegeszug der Business Process Modeling Notation (BPMN) hat sich im Vergleich zum Vorjahr eindeutig fortgesetzt. Mittlerweile hat sie die UML-Aktivitätsdiagramme hinter sich gelassen und gegenüber der Ereignisgesteuerten Prozesskette (EPK), dem bisherigen Platzhirsch für Prozessmodellierung in Deutschland, an Boden gewonnen.

Die Prozesslandkarten sind wie im Vorjahr die am häufigsten genutzte Form der Prozessdarstellung, was ganz einfach daran liegt, dass sie nicht substituierend für EPK, BPMN & Co. stehen, sondern ergänzend (Bild 5.16).

Sonstige genutzte Notationen waren u. a. Petrinetze, Organisations-Prozess-Darstellung, SIPOC, die subjektorientierte Darstellung und in drei Fällen „Microsoft Visio".

Das Problem der „nicht gelebten Prozessmodelle" hat sich im Vergleich zum Vorjahr verschärft: 20 % der Veteranen gaben an, dass in ihrem Unternehmen zwar Prozessmodelle veröffentlicht werden, diese aber kaum Beachtung fänden. Hier ist ein Missstand eindeutig erkennbar, und es stellt sich die Frage nach adäquaten Lösungen. Allerdings sind die Ursachen für dieses Problem noch vielfältig, die nach unserer Erfahrung häufigsten sind nachfolgend abgebildet. Auch in dieser Hinsicht entstehen aus der Idee der direkten Ausführung von Prozessmodellen in Process Engines zahlreiche Hoffnungen für eine Problemlösung (Bild 5.17).

Die Berechnung von Zeiten ist bei der kennzahlenbasierten Prozessanalyse eindeutig die dominierende Form (und auch die einfachste). Analog zu den bereits betrachteten gewünschten Tool-Funktionen im Rahmen der Evaluierung ist auch die tatsächliche Nutzung von Simulationsmöglichkeiten bei den Veteranen wenig verbreitet (Bild 5.18).

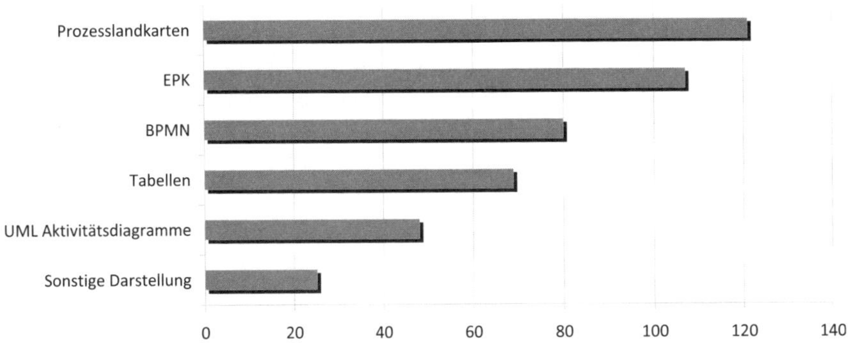

Bild 5.16: Nutzung der Prozessvisualisierung

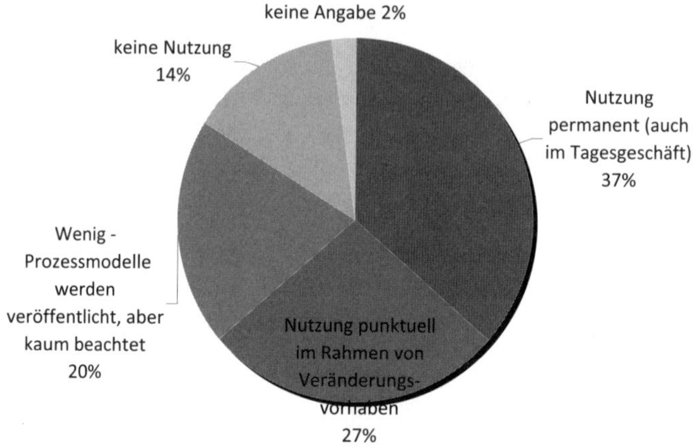

Bild 5.17: Nutzung von Publikationsmöglichkeiten

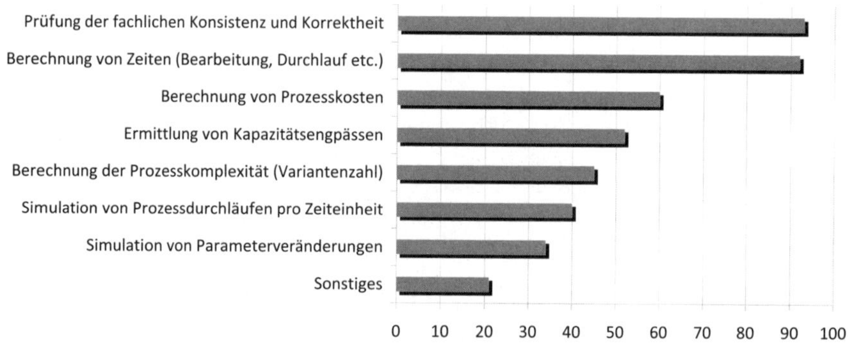

Bild 5.18: Nutzung von Analysemöglichkeiten

Sofern überhaupt Prozesse mit einer BPM-Software automatisiert werden, geschieht dies anscheinend am häufigsten mithilfe der Business Process Execution Language (BPEL). Allerdings ist es auch durchaus möglich, dass die befragten Veteranen eine Lösung im Einsatz haben, die BPEL offiziell unterstützt, die automatisierten Prozesse aber tatsächlich (oder im Kern) auf einer proprietären Sprache basieren, was den befragten Anwendern jedoch nicht vollständig bewusst ist. Im Übrigen darf die Auswahl der angebotenen Antworten durchaus diskutiert werden: Es handelt sich um

- BPEL, eine standardisierte Execution Language,
- XPDL, eine standardisierte Beschreibungssprache, die im reinen Kern eigentlich kaum zur Ausführung geeignet ist und deshalb von Herstellern noch viel stärker proprietär erweitert wird als BPEL,

- jBPM (als Sprache eigentlich jPDL), eine proprietäre, aber als Open Source verfügbare Engine,
- weitere proprietäre Sprachen und
- „Sonstiges".

Diese Auswahl basiert auf unserer Marktwahrnehmung, der zufolge häufig nach einem Vergleich zwischen BPEL, XPDL, Open Source und kommerziellen Automatisierungsmöglichkeiten gefragt wird. Unter „Sonstiges" befand sich als weitere echte Execution Language lediglich YAWL (Yet Another Workflow Language), dafür aber viele unpassende Antworten wie „JavaScript", „XSLT" oder „Externe Softwarefirmen" (Bild 5.19).

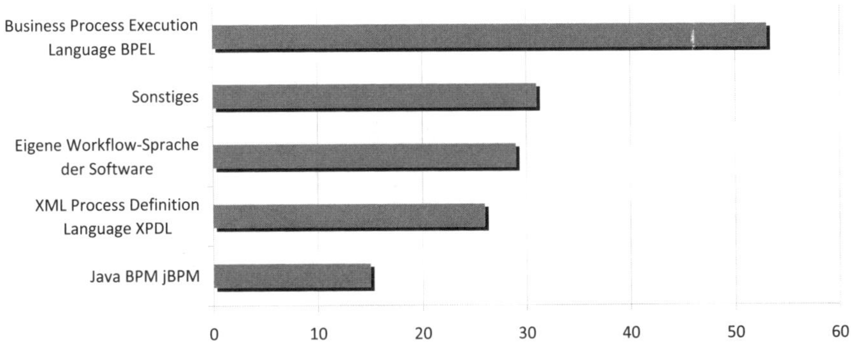

Bild 5.19: Nutzung von Process Execution Languages

Dass BPM-Software nach wie vor am häufigsten durch die Betriebsorganisation genutzt wird, ist gerade angesichts des Wunsches nach Transparenz durch Prozessdokumentation nicht überraschend. Unter „Sonstiges" befanden sich Angaben wie das Qualitätsmanagement, Beschaffung, Entwicklung und in vielen Fällen „gesamtes Unternehmen" (Bild 5.20).

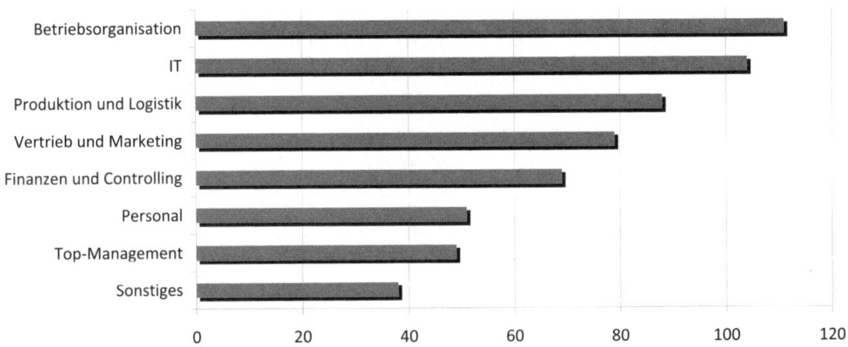

Bild 5.20: Nutzung in Funktionsbereichen

5.4.2.4 Investitionsvolumen und empfundener Nutzen

Die Bandbreite der Kosten, die die Veteranen für die Beschaffung der BPM-Software in Kauf genommen haben, entspricht der Heterogenität des Marktes. Der größte Teil spielt sich jedoch im Bereich von 1000 bis 50 000 EUR ab (Bild 5.21).

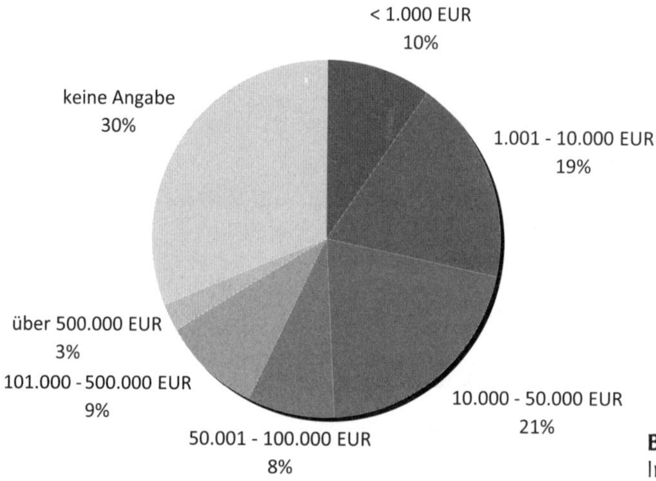

Bild 5.21: Getätigte Investitionen

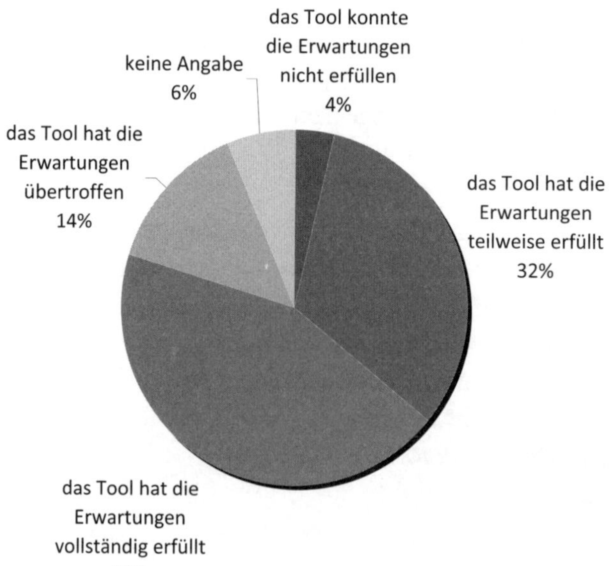

Bild 5.22: Empfundener Nutzen

Eine der zentralen Erkenntnisse der Vorjahresbefragung war die Tatsache, dass die beschaffte BPM-Software bei einem Drittel der Befragten die Erwartungen lediglich teilweise erfüllt hatte. Auch in diesem Jahr muss festgehalten werden, dass 36% der Veteranen mit der beschafften Lösung nicht vollständig zufrieden sind (inklusive 4%, deren Erwartungen gar nicht erfüllt wurden; Bild 5.22).

5.4.3 Ergebnisse der Befragung „Aspiranten"

5.4.3.1 Zusammensetzung der Teilnehmer

An der Befragung „Aspiranten" nahmen 159 Personen teil. 53% der Aspiranten haben über 75% der Fragen beantwortet, 31% haben weniger als 50% der Fragen beantwortet. 25% der Teilnehmer nahmen sich mindestens sechs Minuten Zeit für die Befragung, 11% mehr als neun Minuten.

Der Großteil der Aspiranten stammt wieder aus Deutschland, jedoch hat die Zahl der Vertreter anderer Länder im Vergleich zum Vorjahr zugenommen (Bild 5.23).

Die meisten Aspiranten bekleiden Führungspositionen, wobei die Rolle des „Projektleiters" als Zwitter zwischen Fach- und Führungsposition zu werten ist (Bild 5.24).

Unter den Aspiranten sind im Vergleich zu den Veteranen auffällig wenig Vertreter von Finanzdienstleistern zu finden (Bild 5.25).

Auch unter den Aspiranten herrscht eine gewisse Gleichverteilung in Bezug auf die Unternehmensgrößen: Kleine Unternehmen, mittlere Unternehmen (51 bis 500 Beschäftigte), größere Unternehmen und Großunternehmen sind zu beinahe gleichen Teilen vertreten (Bild 5.26).

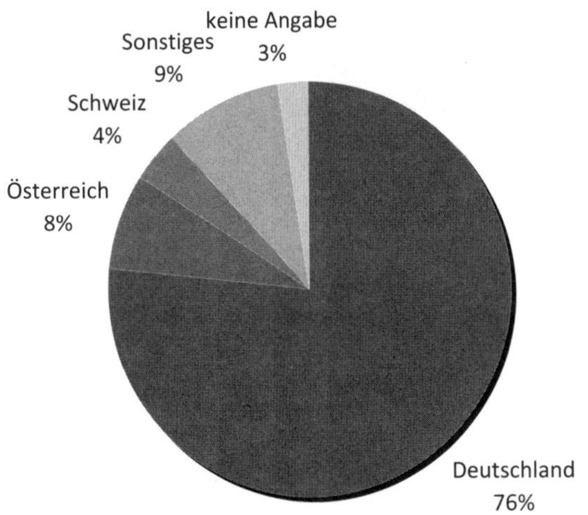

Bild 5.23: Geografische Herkunft der Aspiranten

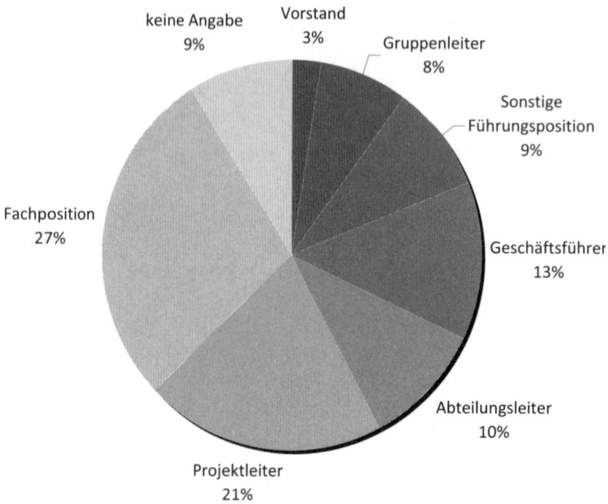

Bild 5.24: Positionen der Aspiranten

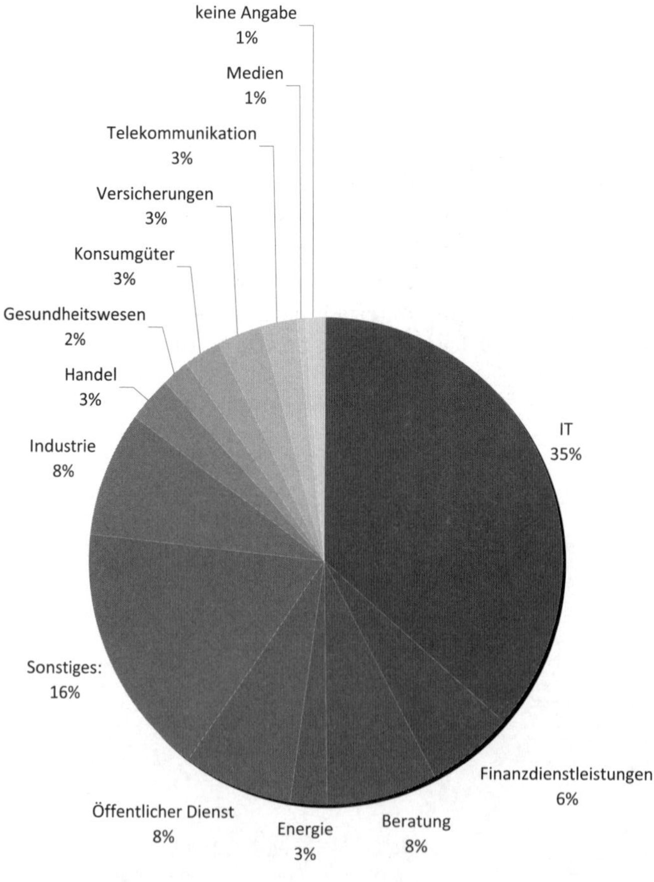

Bild 5.25: Branchenzugehörigkeit der Aspiranten

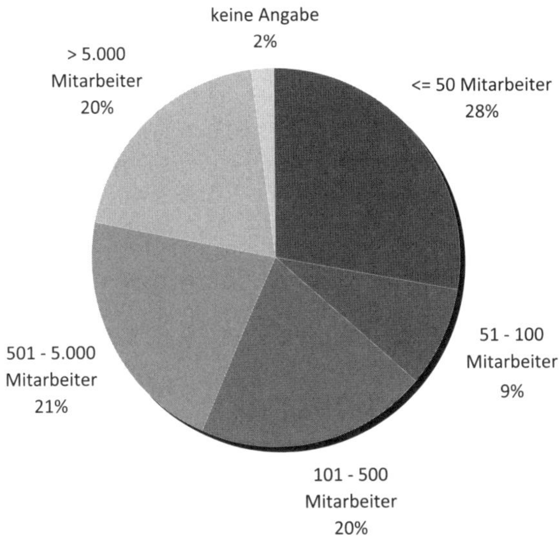

Bild 5.26: Unternehmensgrößen

5.4.3.2 Beschaffungsmotivation

Die Motive für die Beschaffung einer BPM-Software besitzen bei den Aspiranten eine beinahe identische Rangfolge wie die Motive bei den Veteranen. Der einzige nennenswerte Unterschied ist die Tatsache, dass die Verbesserung des Business/IT-Alignments bei den Aspiranten insgesamt in der Relation einen höheren Stellenwert zu besitzen scheint als bei den Veteranen, was sicher auch ein Ausdruck der jüngeren Popularität dieses Themas ist (Bild 5.27).

Auch bei den Aspiranten liegt das Hauptaugenmerk daher auf den Funktionen zur fachlichen Prozessmodellierung und der Analyse. Jedoch ist das

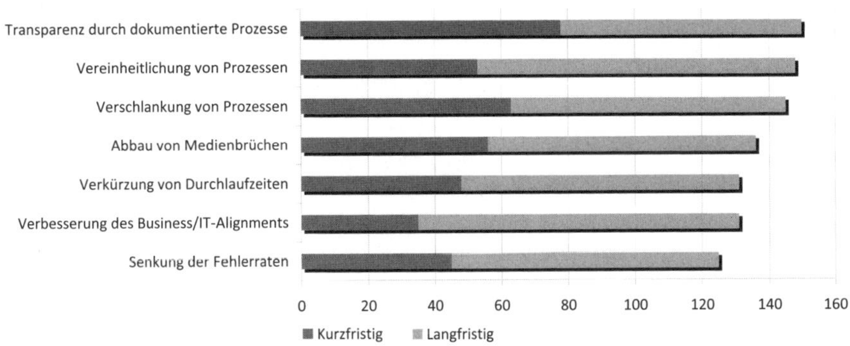

Bild 5.27: Beschaffungsmotive (Mehrfachnennungen möglich)

Thema SOA im Vergleich zu den Veteranen deutlich wichtiger, während EAI interessanterweise dieselbe vergleichsweise geringe Bedeutung besitzt (das ist deshalb interessant, weil die praktischen Herausforderungen, die in den Unternehmen im Bereich SOA existieren, in aller Regel auch EAI-Themen sind). Insofern stellt diese Darstellung ein weiteres Indiz für den erkannten Trend dar, dass auch in Deutschland das Thema BPM zunehmend nicht mehr allein auf das organisatorische Prozessmanagement bezogen, sondern ganzheitlich verstanden wird (Bild 5.28).

Die seitens der Aspiranten gewünschten Eigenschaften von BPM-Software sind nahezu identisch mit denen der Veteranen und brauchen deshalb nicht erneut kommentiert zu werden. Lediglich das Thema „Schnittstellen“ wird unter Aspiranten deutlich höher bewertet. Auch dies könnte mit dem Wunsch der Anwender zu tun haben, zumindest perspektivisch den gesamten BPM-Zyklus abbilden zu können (also fachlich und technisch) und mithilfe von Schnittstellen die beschaffte Lösung besser erweitern zu können (was ebenfalls die Bedeutung der Unterstützung von Standards unterstreicht; Bild 5.29).

Eine zusätzliche Frage an die Aspiranten bezog sich auf die Dringlichkeit der Beschaffung: Für viele Unternehmen ist BPM und somit auch BPM-Software ein Thema, das „man sich mal anschauen kann“, was 32% der Befragten auch so angaben. 25% der Aspiranten sahen eine konkrete Bedürfnissituation, während 26% auch tatsächlich bereits ein Projekt initiiert hatten, das die Beschaffung einer Lösung erfordert (Bild 5.30).

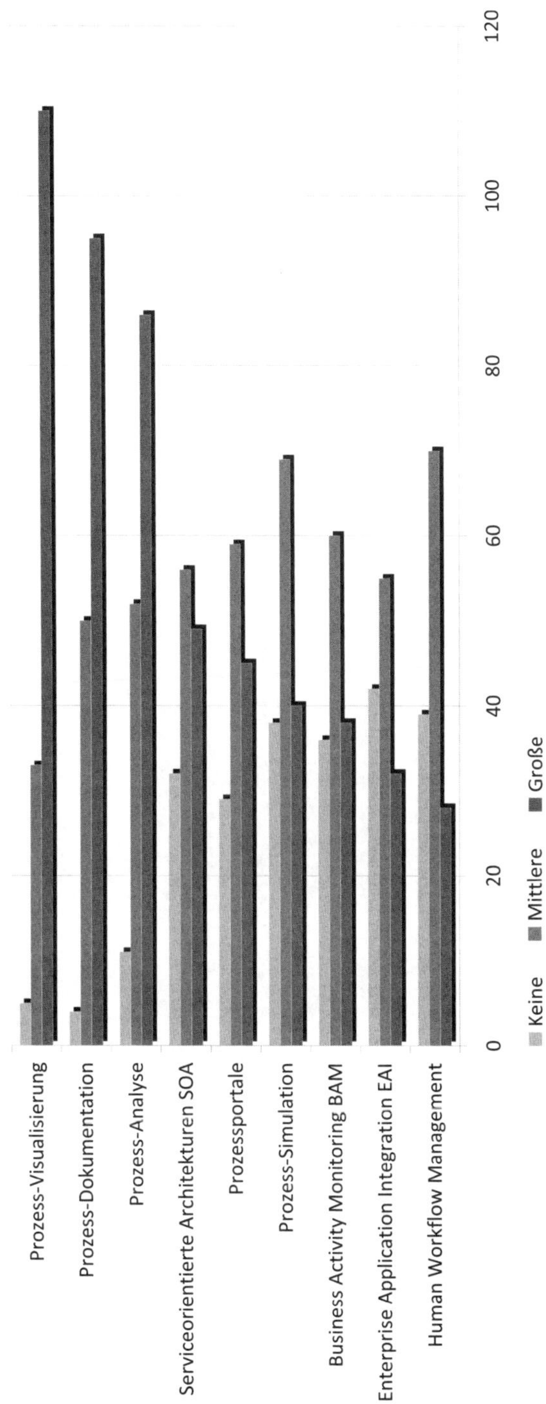

Bild 5.28: Bedeutung von Funktionalitäten (Mehrfachnennungen möglich)

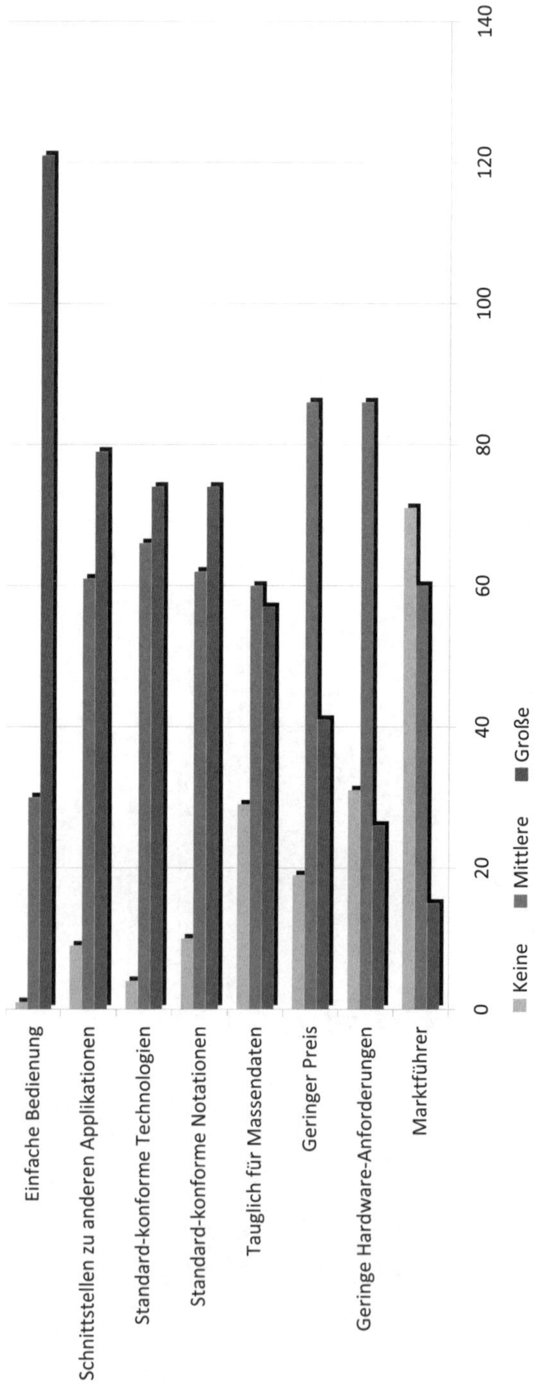

Bild 5.29: Bedeutung von Eigenschaften (Mehrfachnennungen möglich)

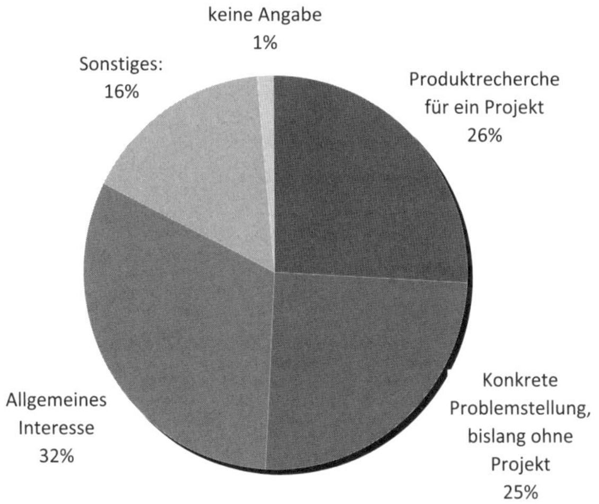

Bild 5.30: Beschaffungshintergrund

5.4.3.3 Investitionsbereitschaft und geplante Nutzung

Wie schon im Vorjahr möchten BPM-Aspiranten prinzipiell weniger für BPM-Software ausgeben, als Veteranen das getan haben – eine verständliche Diskrepanz. Diese Diskrepanz ist im Vergleich zum Vorjahr jedoch deutlich geringer, möglicherweise ein Indiz für eine gewisse „Reife" der potenziellen Käufer (Bild 5.31).

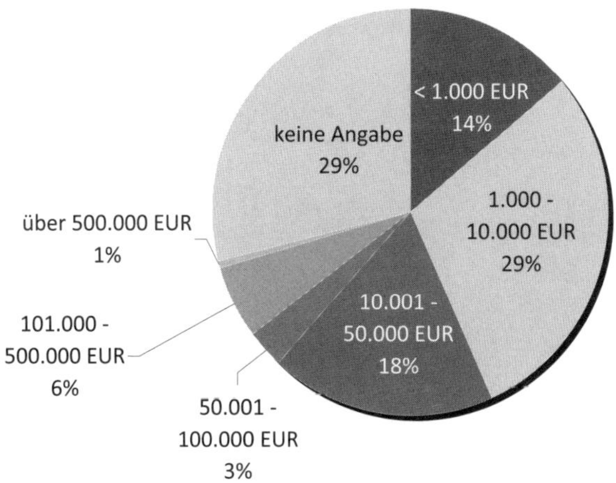

Bild 5.31: Investitionsbereitschaft

Die Funktionsbereiche, in denen die BPM-Software im Zweifel eingesetzt werden soll, unterscheiden sich kaum von den Angaben der Veteranen, IT und Organisation sind nach wie vor die dominierenden Antworten (Bild 5.32).

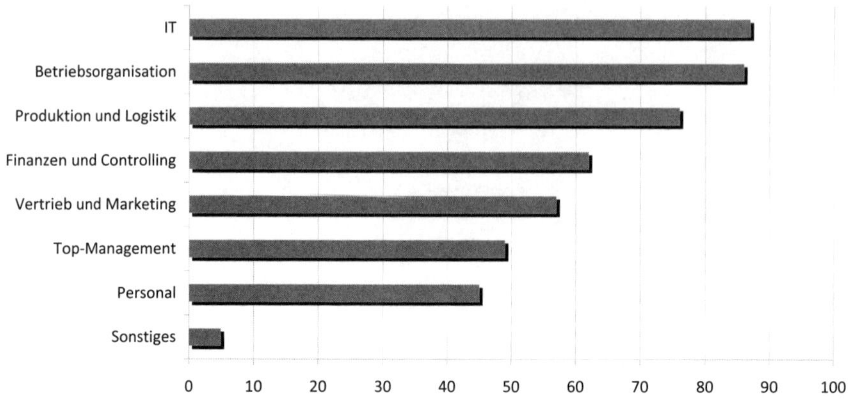

Bild 5.32: Funktionsbereiche für den Einsatz

6 Projektablauf

In diesem Kapitel wird das Muster für einen Projektablauf vorgestellt. In diesem Muster wird folgende Aufgabenstellung angenommen:

- Neugestaltung der Prozesse,
- Unterstützung der Prozesse mit einer IT-Lösung.

Der Projektablauf wird hier in folgende Phasen gegliedert:

- Vorstudie (Vorbereitung des Projekts),
- Grobkonzept,
- Feinkonzept,
- Realisierung (Bild 6.1).

Jede Phase besteht dabei aus mehreren Aufgaben, die zu erledigen sind. Jede Aufgabe für sich wird wiederum mit folgendem Standardschema beschrieben:

- Zweck (Warum macht man das, was soll rauskommen?),
- Voraussetzung für die Durchführung der Aufgabe (Was ist unabdingbar, um die Aufgabe durchzuführen?),
- Aktivitäten (Was muss wie durch wen getan werden?),
- Ergebnis (Was muss als Ergebnis am Ende vorliegen?),
- Sonstiges (ergänzende Informationen und Hinweise).

Diese stringente Form wurde gewählt, um dem Leser neben den Grundlagen auch eine strukturierte Anleitung für sein Projekt an die Hand zu geben. Dieses Phasenschema ist sehr allgemein gehalten und kann natürlich von jedem für seine Belange angepasst werden. Ebenso können Projektstandards des eigenen Unternehmens hierbei eine Rolle spielen. Zu beachten ist auch, dass hier kein generelles Projektmanagement dargestellt wird, sondern vor allem themenspezifische Aufgabenstellungen im Rahmen der fachlichen Analyse, Konzeption und Umsetzung in einem BPM-Projekt diskutiert werden.

Die grafische Darstellung des Projekts erfolgt in der BPMN.

Hinweis: Im Anhang finden Sie die hier referenzierten Beispiele und Checklisten.

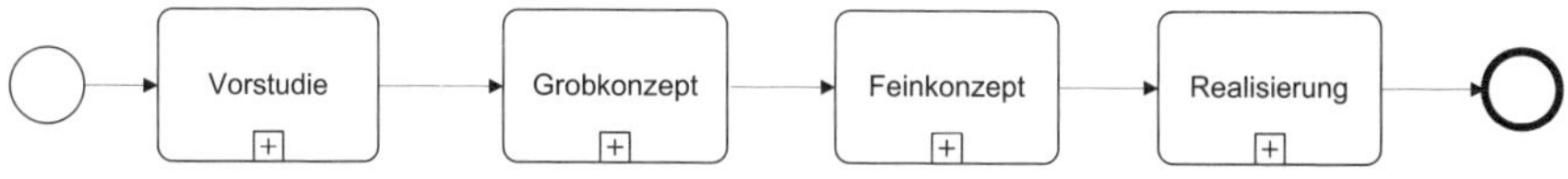

Bild 6.1: Phasen eines Projekts

6.1 Vorstudie durchführen

Am Anfang eines Projekts ist oft nicht klar, dass es sich hierbei um ein Projekt handelt – es schleicht sich sozusagen bei der Lösung von Tagesproblemen unmerklich ein. Selten gibt es eine klare Vorstellung, was mit dem Projekt erreicht werden soll (vgl. Beispiel 8). Mit zunehmender Komplexität der aufgeworfenen Fragen erkennt man langsam, dass der Umfang etwas größer ist, als im Rahmen des Tagesgeschäftes bewältigt werden kann. Es reift dann die Erkenntnis, dass dies wohl ein Thema für ein Projekt ist.

Eine Vorstudie schafft Klarheit über den eigentlichen Inhalt des Projekts (Bild 6.2). Wenn dagegen schon am Anfang eine klare Projektdefinition vorliegt, kann auf diese Phase verzichtet werden.

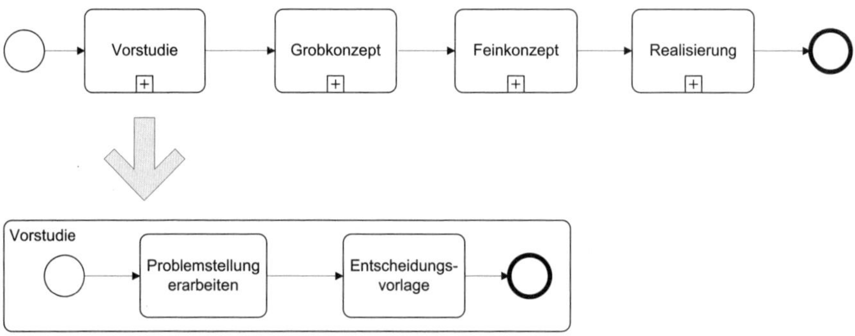

Bild 6.2: Phase Vorstudie

6.1.1 Zweck

Häufig gibt es zu Beginn eines Projekts nur einen unmerklichen Auslöser. Es besteht eine diffuse Problemsituation – es gibt einzelne Indikatoren, dass etwas nicht so läuft, wie es sollte, aber es ist ein unklares Bild.

Die Ausgangssituation in einem Unternehmen sieht dabei oft auf den ersten Blick gar nicht so schlimm aus, nur ein paar Kleinigkeiten fallen auf. Es wird vielleicht beklagt, dass es so lange dauert, bis die Vorgänge abgewickelt sind. Es wird vielleicht gefragt, ob neue IT-Systeme Abhilfe bringen können. Oft gibt es sogar schon konkrete Lösungsvorschläge, die meist technischer Natur sind („Wir brauchen ein YXZ-System"). Auch die Bürokratie könnte etwas reduziert werden. Das eine oder andere Formular sollte mal überarbeitet werden. Die Beteiligten sind auf alle Fälle guten Mutes, dass durch ein paar kleine organisatorische Anpassungen sich die Abläufe an die neuen Anforderungen anpassen lassen.

Bei näherer Betrachtung stellt sich aber oft heraus, dass viel schwerwiegendere Probleme vorliegen. Eine starke Arbeitsteiligkeit bewirkt z.B. fragmentierte Prozesse mit hohen Liege-, Rüst- und Transportzeiten. Die Zuständigkeiten sind häufig nicht klar definiert. Die Prozesse sind meistens mit historischem Ballast versehen und entsprechend kompliziert. Auffallen tut das alles nicht so schnell, weil entsprechend viele Vorgänge im System sind und alle Mitarbeiter ständig beschäftigt sind. Dadurch stört es niemand – außer den „Kunden" des Prozesses –, wenn ein Vorgang mal länger liegen bleibt. Erst wenn energische Maßnahmen getroffen werden, um den hohen „Wasserstand" der Vorgänge abzusenken, schrammt das „Schiff der Prozesse" über die „Untiefen" der Organisation und die Probleme werden sichtbar (vgl. Bild 6.3).

Wegen fehlender Informationen, unklarer Kompetenzen, Medienbrüchen usw. dauern die Prozesse viel zu lange und sind viel zu teuer! Nun wird klar,

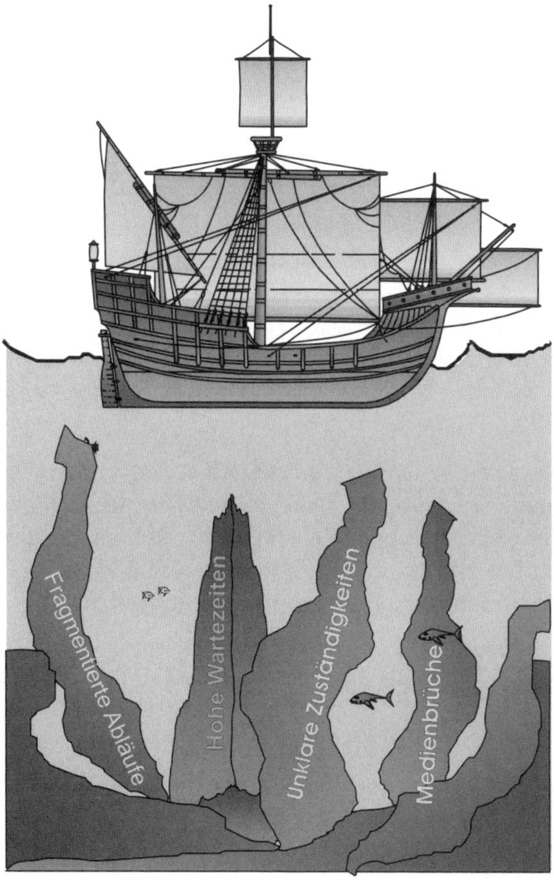

Bild 6.3: Schiff über Untiefen

dass es nicht mit ein paar kleinen Änderungen und mit der Einführung neuer IT-Systeme getan ist, sondern dass wesentlich fundamentalere Schritte unternommen werden müssen. Diese Erkenntnis ist für alle Beteiligten im Allgemeinen schmerzhaft, viele machen die Augen zu und erklären, daran könne man nichts ändern. Genau über diesen Punkt muss aber hinweggekommen werden.

Kritische Erfolgsfaktoren für das Projekt sind daher:

- Der Wille zur Veränderung muss in allen Ebenen vorhanden sein.
- Controlling, Berichts- und Eskalationswege müssen definiert sein.
- Die Meilensteine im Umsetzungsplan müssen eingehalten werden. Jede Verschiebung verzögert das Ergebnis.
- Teilprojekte müssen frühzeitig genehmigt werden.
- Die Ressourcen müssen zur Verfügung stehen.

Um rechtzeitig zu erkennen, mit welchen Problemen und Alternativen man es zu tun hat, ist es wichtig, das Ganze „richtig“ zu starten und eine Vorstudie aufzusetzen. Aufgabe dabei ist es, die Problemstellung zu erarbeiten und eine Entscheidungsvorlage als Basis für das Projekt zu entwickeln und zu verabschieden.

6.1.2 Zieldefinition

Im Rahmen der Projektvorbereitung muss eine Zieldefinition immer möglichst konkret sein. Dies bedeutet, dass das Ziel operationalisierbar, im Sinne einer Messbarkeit, sein muss, und es ist der Zeitraum, in dem dies zu erreichen ist, anzugeben! Auch muss ein Konsens über die Ziele herrschen. Die Ziele sollten außerdem ehrgeizig, aber auch realistisch sein. Dazu muss noch festgelegt werden, anhand welcher Kriterien die Zielerreichung überprüft werden kann (vgl. Beispiel 9).

Die übergeordneten Prozesse sollen näher betrachtet werden und daher muss zuerst eine Identifikation und Zuordnung der Unterprozesse erfolgen. Wichtig sind immer eine adäquate Selektion der relevanten Prozesse für den Beginn einer Prozessumgestaltung und die richtige Definition von Zielvorgaben. Das Thema Durchlaufzeit nimmt hierbei oft großen Raum ein.

6.1.3 Problemstellung erarbeiten

Vorbemerkungen

Am Anfang ist es notwendig, für das Projekt überhaupt mal einen geeigneten Aufsetzpunkt zu finden. Zuerst wird sich das angedachte Projekt immer weiter vergrößern und ausweiten. Dies ist auch so in Ordnung, nur dadurch kann sichergestellt werden, dass wichtige Aspekte nicht vernachlässigt oder ganz ausgeklammert werden. Dann kommt es darauf an, die richtigen Prioritäten zu setzen und das Feld wieder so einzugrenzen, dass letztendlich ein handhabbares Projekt definiert werden kann. Hierzu gehört eine Menge Erfahrung und es ist wichtig, schon in dieser frühen Phase ein intuitives Gespür für das Projekt zu gewinnen. In der Vorstudie werden nämlich wichtige Festlegungen für das weitere Projekt getroffen (vgl. hierzu Beispiel 1).

Voraussetzung für die Durchführung der Aufgabe

Je tiefgreifender der erwartete Wandel ist, desto wichtiger ist es, einen **Mentor** für das Projekt zu gewinnen. Ein Mentor ist ein Unterstützer aus dem Topmanagement, der nicht im Projekt aktiv mitarbeitet, aber z.B. im Lenkungsausschuss vertreten ist. Der Mentor sollte das Projekt unterstützen und in kritischen Phasen Widerstände und Zweifel ausräumen. Insbesondere wenn mit dem Projekt erhebliche Veränderungen im Unternehmen verbunden sind, ist es wichtig, dass das Projekt für alle erkennbar eine starke Unterstützung aus dem Topmanagement hat! Darüber hinaus sind folgende Punkte am Anfang notwendig:

- Problembewusstsein muss vorhanden sein.
- Projekt ist im Planungsfeld angekündigt.
- Der Auftrag dafür erfolgte aus einer geeigneten Managementfunktion.

Aktivitäten

Die durchzuführenden Aktivitäten im Rahmen einer Vorstudie können je nach Hintergrund des Projekts stark differenzieren. Folgende werden aber fast immer dabei sein:

- Schwachstellen benennen und eingrenzen (wenn möglich, quantifizieren),
- Planungsfeld in Bezug auf beteiligte Personen, Organisationseinheiten und vor allem Prozesse eingrenzen,
- Abgrenzung, Überschneidungen und Wechselbeziehungen zu anderen laufenden oder geplanten Projekten überprüfen,
- Zielstellung des Projekts skizzieren.

Für eine erste Schwachstellenanalyse ist der Vergleich mit anderen Organisationen (Benchmarking) oft hilfreich. Wenn in dieser Phase schon realistische Vorstellungen über ein neues IT-System vorhanden sind, dann sollte ein Marktüberblick über relevante technische Systeme verschafft werden.

Im Rahmen des Vorgehens sollten alle Informationsquellen, die genutzt werden können, auch genutzt werden (Interviews, Unterlagen studieren etc.). Und für besonders kritische Fragen bieten sich spezielle Workshops an.

Ergebnis

Eine Vorstudie sollte auf alle Fälle Aussagen über folgende Punkte treffen:

- Die wirkliche Problemstellung ist herausgearbeitet.
- Mögliche Lösungswege sind benannt.
- Die Aufgabenstellung eines möglichen Projekts ist definiert.
- Der Charakter des Projekts ist klar (organisatorisch oder technisch orientiert oder beides?).
- Der Charakter des Untersuchungsfeldes ist klar.

Auf der Basis dieser ersten Untersuchung wird dann eine Entscheidungsvorlage erarbeitet.

6.1.4 Entscheidungsvorlage erstellen

Zweck

Die Entscheidungsvorlage steht für die Notwendigkeit der endgültigen Initiierung des Gesamtprojekts, d. h. den Übergang auf das Kernprojekt. Es wird die gesamte Technik und die Organisation des Unternehmens bzw. des Planungsfeldes mit einbezogen. Jetzt müssen

- Unternehmensziele,
- Unternehmensstrategien,
- Geschäftsverläufe,
- organisatorische und technische Strukturen,
- Funktionen und Prozesse,
- Kosten, Nutzen und Wirtschaftlichkeit,
- Kunden- und Lieferanten-Beziehungen,
- IT-Umfeld,
- Fähigkeiten der Mitarbeiter
- etc.

einer genaueren Betrachtung unterzogen werden. Dementsprechend umfassend und intensiv muss nun die Informationsbeschaffung erfolgen.

Außerdem sind alle laufenden organisatorischen und DV-technischen Projekte, die

- geplant,
- in der Einführung,
- soeben implementiert und
- seit Längerem betreut werden,

in die Betrachtung einzubeziehen. Eine Fülle von Aspekten muss gleichzeitig betrachtet werden. Diese Phase ist noch äußerst kritisch, weil die vorliegenden Informationen naturgemäß noch nicht alle objektiven Fakten aufweisen können und oft eher pauschal sind.

In der Entscheidungsvorlage ist zu beschreiben, welche Forderungen die zu entwickelnde Lösung erfüllen muss, um die Vorgangsbearbeitung zu unterstützen und dadurch zu einer Steigerung der Produktivität zu kommen.

Sehr wichtig ist es, die Ziele festzulegen. Es können folgende unterschiedliche Zielkategorien unterschieden werden:

- strategische Ziele,
- organisatorische Ziele,
- wirtschaftliche Ziele,
- technische Ziele.

Strategische Ziele können z. B. im Bereich der Kundenbindung und -gewinnung gesetzt werden. Durch Erhöhung der Prozessqualität für den Kunden (Durchlaufzeiten, Auskunftsbereitschaft etc.) soll die Kundenzufriedenheit erhöht werden. **Organisatorische Ziele** können sein, dass die Prozesstransparenz verbessert wird, die rechtlichen Anforderungen (Compliance) erfüllt werden oder eine bessere Selbststeuerung der Mitarbeiter erreicht wird. **Wirtschaftliche Ziele** können eine Reduzierung der Kosten sein, aber auch eine Verkürzung der Durchlaufzeit, um z. B. die Kapitalbindung zu reduzieren. **Technische Ziele** können z. B. auf eine Flexibilisierung der Infrastruktur zielen, um Prozesse rasch auf neue Anforderungen ausrichten zu können.

Die Vorstudie endet mit einer Präsentation vor den Entscheidungsträgern des Unternehmens, in der alle Ergebnisse aus dieser Phase zusammengefasst werden. Zum Schluss der Entscheidungsvorlage erfolgt noch einmal eine Konsistenzprüfung mit Geschäftszielen und Strategien. Dann kann das Kernprojekt bei Zustimmung durch das Entscheidungsgremium beginnen. Das verantwortliche Management erteilt den Auftrag für die Weiterführung des Projekts.

Voraussetzung für die Durchführung der Aufgabe

Auf Basis der Vorstudie wurde ein Auftrag mit einer konkreten Zielsetzung erteilt.

Aktivitäten

Je nach Auftrag können die Aktivitäten variieren:

- Ziele und Anforderungen definieren,
- Planungsfeld festlegen,
- Kosten, Nutzen und Wirtschaftlichkeit grob ermitteln,
- spezielle Restriktionen erläutern,

- Herstellerinformationen einholen,
- Anwender befragen,
- Kunden-/Lieferantenbeziehungen analysieren,
- Konsistenz zu Zielen und Strategien ermitteln,
- zu unterstützende Funktionen festlegen,
- Voraussetzungen ermitteln:
  - technisch,
  - organisatorisch,
  - personell,
- groben Kriterienkatalog erstellen,
- Chancen und Risiken darstellen,
- Grundzüge einer möglichen IT-Unterstützung skizzieren,
- Grundzüge möglicher organisatorischer Ansatzpunkte darstellen,
- Entscheidungsvorschlag für ein weiteres Vorgehen ausarbeiten.

Vgl. auch Checkliste 1: Entscheidungsvorlagen.

Ergebnis

Am Ende dieser Phase steht der endgültige Projektauftrag: Dieser sollte schriftlich und möglichst exakt formuliert werden. Nur so lässt sich nach Abschluss des Projekts zweifelsfrei klären, ob das Projektziel auch erreicht wurde. Im Projektauftrag sind mindestens folgende Punkte zu klären:

- Definition des Planungsfeldes,
- Budget,
- Aufgabenstellung und Zieldefinition (vgl. hierzu Beispiel 10),
- Zeitraum für das Projekt,
- Handlungsspielraum,
- Projektleitung und grobe Projektorganisation,
- zu nutzende Methoden und Tools.

Der Projektauftrag dient als eine erste Entscheidungs- und Planungsgrundlage für das Projekt. Das Projekt wird inhaltlich skizziert und abgegrenzt. Dadurch lassen sich auch gegebenenfalls vorhandene Beziehungen, Abhängigkeiten und Überschneidungen mit anderen Projekten erkennen. Schwierig ist oft die Abgrenzung des Planungsfeldes. Bei „herkömmlichen" Projekten erfolgte dies im Allgemeinen durch die Benennung von Bereichen laut der Aufbauorganisation. Hier werden zwar die Prozesse benannt, aber es ist anfangs meist nicht klar, wie weit sich der einzelne Prozess in der Organisation verzweigt, oder ob bestimmte Ablaufketten als ein großer Prozess oder als mehrere kleinere, die miteinander verbunden sind, betrachtet werden sollen.

Exkurs: Den Charakter des Untersuchungsfeldes erkennen

Wichtig ist es, im Rahmen der Vorstudie zu erkennen, welche Charakteristika das Untersuchungsfeld aufweist, um sich darauf einzustellen. Mehrere Faktoren müssen hierbei beachtet werden (vgl. BALZERT1999):

- Charakteristika der Mitarbeiter,
- erwartete neue organisatorische Struktur,
- Eigenschaften des neuen technischen Systems,
- soziales Umfeld im Planungsfeld,
- „Kultur“ der Kommunikation im Planungsfeld.

Die neue organisatorische Struktur und technische Infrastruktur, die sich ergeben wird, und die damit verbundene Zielsetzung müssen den Mitarbeitern (in ihrem prinzipiellen Aufbau) von Anfang an transparent gemacht werden. Je mehr Vorteile sie sich davon versprechen (z. B. interessantere Arbeit, Kompetenz, Arbeitserleichterung, persönliche Entwicklungsmöglichkeiten etc.), desto eher werden sie bereit sein, die Veränderungen zu akzeptieren und/ oder zu unterstützen: Je größer der Mitarbeiter den relativen persönlichen Vorteil gegenüber dem Istzustand empfindet, desto eher ist er bereit, die neue Struktur zu akzeptieren.

Gleichzeitig gilt, je einfacher der Übergang vom alten System auf das neue ist und je geringer die Komplexität der Innovation ist, desto einfacher ist die Einführung. Das soziale Umfeld sollte liberal und offen für neue Ideen sein. Wichtig ist hierbei auch, dass die Meinungsführer unter den Mitarbeitern das Vorhaben unterstützen.

Im Rahmen des Projekts muss die Kommunikation mit den Mitarbeitern offen und ehrlich sein. Es sollten keine unrealistischen Erwartungen geweckt werden und die Mitarbeiter sind eng in das gesamte Vorhaben einzubeziehen.

Ob Mitarbeiter gute oder schlechte Erfahrung mit einem Projekt machen, bezieht sich nicht nur auf dieses Projekt, sondern wirkt sich auch auf Folgeprojekte aus. Wenn das erste Projekt gut verläuft und die betroffenen Mitarbeiter dies auch so kommunizieren, verlaufen die Folgeprojekte in der Regel einfacher.

Folgende wichtige Punkte sollten immer beachtet werden:

- Das Projektteam sollte aus positiv eingestellten und gut qualifizierten Mitarbeitern gebildet werden.
- Das Projekt sollte durch einen Mentor aus dem oberen Management unterstützt werden.

6.2 Grobkonzept erstellen

Das Grobkonzept ist entscheidend für die technische und organisatorische Neugestaltung der Abläufe, da hier die wichtigsten Festlegungen über die künftige Prozessstruktur und IT-Ausstattung getroffen werden. Hier sollen Alternativen der Gestaltung für die untersuchten Geschäftsprozesse erarbeitet, wirtschaftlich bewertet und in einer ersten Stufe verfeinert werden. Am Ende dieser Phase findet eine Auswahl des bzw. der weiterzuverfolgenden alternativen Sollstrukturen und IT-Systeme statt (Bild 6.4).

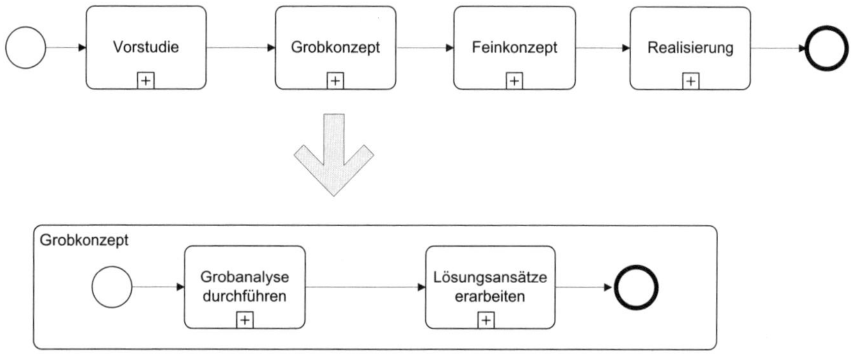

Bild 6.4: Teilphasen des Grobkonzepts

Am Anfang wird das Projekt „eingerichtet“. Neben der Bestimmung der Teammitglieder und sonstigen üblichen Aktivitäten (Ressourcen beschaffen, Berichtswege festlegen, Planung etc.) erfolgt die Methoden- und Tool-Auswahl. Dies sollte hier sehr fundiert durchgeführt werden, da ein späterer Wechsel schwierig und in der Regel aufwendig ist. Wichtig ist, dass mindestens ein in der Prozessanalyse erfahrenes Mitglied im Team dabei ist! Idealerweise kennt dieses die verwendeten Methoden und Tools. Umgekehrt sollte man sich aber nicht verleiten lassen, nur weil ein Teammitglied eine bestimmte Methode oder bestimmtes Tool kennt, unbedingt dieses zu verwenden – diese Auswahl sollte sich am Charakter und der Zielsetzung des Prozesses orientieren. Besser ist es hier, in die Ausbildung der Mitarbeiter zu investieren und/oder externes Beratungs-Know-how einzukaufen.

6.2.1 Grobanalyse durchführen

Um eine Konzeption aufzubauen, müssen zunächst die Anforderungen beschrieben werden, die sich aus den Zielen ergeben. Diese Anforderungen beziehen sich einmal auf zentrale Eigenschaften des künftigen IT-Systems, wie Zeitverhalten, zu bewältigende Mengen, Stabilität etc., aber auch Service

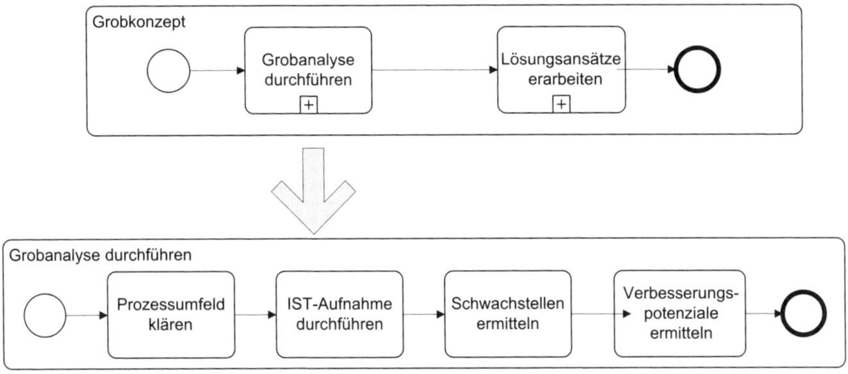

Bild 6.5: Phase Grobanalyse

durch den Hersteller, Weiterentwicklung usw. – zum anderen muss die Organisation bezüglich ihrer Strukturen dargestellt werden (Bild 6.5).

Ferner müssen die **Rahmenbedingungen** für das neue System bekannt sein:

- Die **technischen Rahmenbedingungen** beschreiben die gegenwärtig vorhandenen technischen Systeme und wie diese künftig zu nutzen und einzubinden oder abzulösen sind. Das Gleiche gilt für die vorhandenen Anwendungen und deren Nutzung. Dies sind wichtige Punkte, insbesondere wenn das neue System stark in die bisherigen Anwendungen zu integrieren ist, wie das z. B. bei Workflow-Systemen und Dokumentenmanagementsystemen der Fall ist.
- **Organisatorische Rahmenbedingungen** können in zwei Richtungen wirken: Das Planungsfeld wird abgesteckt und damit eingegrenzt. Außerdem kann es gewisse organisatorische Festlegungen geben, die (aus welchen Gründen auch immer) nicht infrage gestellt werden dürfen. Gerade der letzte Punkt ist im Hinblick auf die neuen organisatorischen Konzepte sehr problematisch!

6.2.1.1 Prozessumfeld klären

Zweck

Die Klärung des Prozessumfeldes ist ein wesentlicher Punkt bei der Projektierung. Hier werden die Prozesse in ihrem Umfeld betrachtet. Dies sind insbesondere organisatorische und technische Schnittstellen, die erwarteten Leistungen des jeweiligen Prozesses und die benötigten Inputs zu den Prozessen.

Voraussetzung für die Durchführung der Aufgabe

Das Untersuchungsfeld muss definiert sein und die zu untersuchenden Prozesse müssen bekannt sein. Zu jedem Prozess sollte ein grober Grundkonsens über dessen Aufgabe bestehen.

Zudem muss ein Projektauftrag mit mindestens folgenden Punkten bestehen:

- Projektziele sind bekannt.
- Untersuchungsfeld ist definiert.
- Zu untersuchende Prozesse sind bekannt.

Aktivitäten

Um eine prinzipielle Betrachtung der Prozesse zu ermöglichen, ist es notwendig, das Umfeld des jeweiligen Prozesses und die Anforderungen an den Prozess zu beschreiben. Dazu ist es wichtig, das Ist zu verstehen und den Handlungsspielraum für das Soll zu ermitteln.

Der Prozess wird durch seine Umfeldfaktoren beschrieben. Die innere Struktur interessiert in diesem Zusammenhang nicht, da hier seine Eingangsgrößen, Ausgangsgrößen und die Schnittstellen zu anderen Prozessen im Vordergrund stehen. Das Umfeld des Prozesses sowie die an ihn gestellten Anforderungen beschreiben im Wesentlichen die Antworten auf folgende Fragestellungen:

- Was sind die geforderten Ergebnisse des Prozesses?
- Welche Ereignisse lösen den Prozess aus?

Ausgearbeitet wird dies durch folgendes Vorgehen:

- Interviews zur Vorklärung mit beteiligten Abteilungen und Führungskräften,
- Workshop zur Ausarbeitung der prinzipiellen Struktur,
- Nacharbeit und ergänzende Gespräche, um Details zu klären.

Vgl. auch Folgendes:

- Checkliste 2: Prozessumfeld
- Checkliste 3: Workshop allgemein
- Checkliste 4: Workshop Prozessumfeld
- Beispiel 2: Klärung Prozessumfeld

Neben dem Projektteam sind fallweise zur Klärung spezifischer Fragen folgende Beteiligte einzubeziehen:

- Führungskräfte der betroffenen Fachabteilung,
- Vertreter der Nutzer des Prozesses,

- Vertreter der Auslöser des Prozesses,
- sonstige Zuständige für Schnittstellenbereiche.

Dabei haben die Beteiligten unterschiedliche Rollen, je nachdem, wie stark sie in dem untersuchten Prozess involviert sind. Die Einbeziehung kann in Form von Interviews zur Vorklärung oder mittels Workshops geschehen.

Ergebnis der Aktivität

Als Ergebnis entsteht eine Kurzbeschreibung des Prozessumfeldes (vgl. Checkliste 2: Prozessumfeld und Beispiel 2: Klärung Prozessumfeld). Dabei können bereits unklare Schnittstellen, Überschneidungen und Doppelarbeiten erkennbar werden.

6.2.1.2 Istaufnahme

Zweck

Die Istaufnahme umfasst zwei Bereiche:

- Aufnahme der bestehenden Prozesse,
- Aufnahme der vorhandenen IT-Ausstattung.

Anfangs müssen die Prozesse strukturiert und kategorisiert werden. Ein mögliches erstes gedankliches Raster kann sich an folgendem weitverbreiteten Schema orientieren (Bild 6.6):

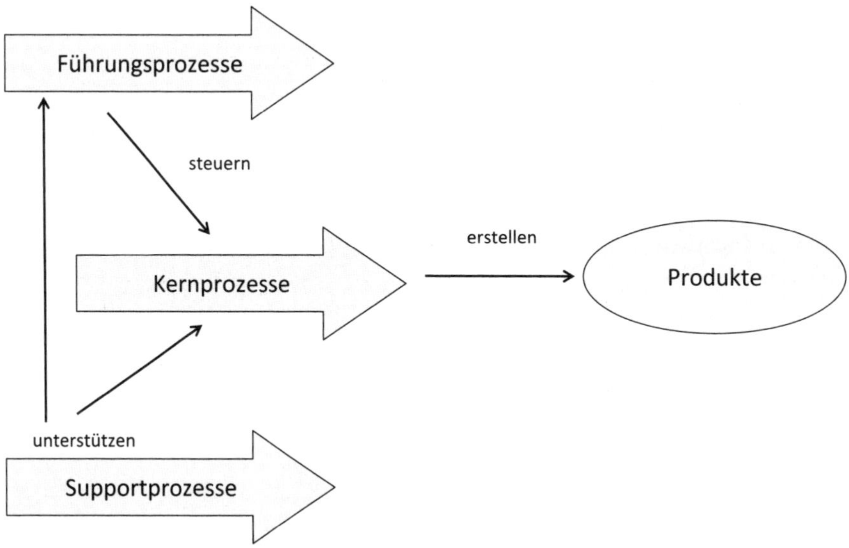

Bild 6.6: Zusammenwirken der Prozesskategorien

1. **Führungsprozesse**
   Führungsprozesse beinhalten alle Prozesse, die sich mit dem operativen und strategischen Management des Unternehmens beschäftigen.
2. **Kernprozesse**
   Kernprozesse dienen der direkten Leistungserstellung, stellen also ein Produkt für den Kunden dar, für die er bereit ist, einen Gegenwert zu bezahlen.
3. **Support-Prozesse**
   Support-Prozesse stellen keinen direkten Wert für den Kunden dar, sind aber unerlässliche Voraussetzungen für die Kernprozesse.

Um Prozesse sinnvoll einer Ebene des Geschäftsprozessmodells zuzuordnen, werden sie oft wie folgt unterschieden:

1. **Hauptprozess**
   Ein Hauptprozess stellt einen Prozess der obersten Ebene im Geschäftsprozessmodell mit definiertem Ergebnis dar. Es ist ein klar umrissener Aufgabenbereich.
2. **Teilprozess**
   Teilprozesse bilden einen klar abgegrenzten Aufgabenbereich innerhalb des Hauptprozesses in Form eines Prozesses ab. Sie erstellen durch das Ausführen von Aktivitäten Teilergebnisse zur Erreichung des Zieles des Hauptprozesses.
3. **Subprozess**
   Subprozesse werden auf Teilprozessebene verwendet, um eine Aktivität des Teilprozesses detaillierter in Prozessform zu beschreiben. Oft findet man auch Subprozesse, die mehrmals in unterschiedlichen Teil- oder Hauptprozessen verwendet werden.

Wichtig bei den Prozessen ist das Verständnis für den Zweck der Prozesse und nicht die Details der heutigen Abwicklung. Nur dies ist erforderlich, um dann im Grobkonzept top-down eine Sollstruktur zu entwickeln und um eine Kommunikationsbasis mit der jeweiligen Fachabteilung zu haben. Hinweise auf Schwachstellen und Verbesserungspotenziale sollten auf alle Fälle dokumentiert werden!

Voraussetzung für die Durchführung der Aufgabe

Die Prozesse sind abgegrenzt, ihre Aufgabenstellung ist beschrieben und ihre Auslöser sind bekannt.

Aktivitäten

- Zu erhebende Informationen (Daten, Dokumente, Prozessstrukturen etc.) bestimmen.
- Aufnahme der Informationen und dokumentieren der Ergebnisse.

Folgende Beispiele und Checklisten sind dazu im Anhang zu finden:

- Beispiel 10: Erhebungsbogen zu Prozessaktivität
- Checkliste 5: Vergleich von Erhebungsmethoden
- Checkliste 11: Dokumentenanalyse

Ergebnis

Folgende Ergebnisse müssen vorliegen und sind in geeigneter Weise zu dokumentieren:

- Prozesse sind auf einer oberen Ebene strukturiert (Prozesslogik).
- Auslöser und Ergebnisse der Prozesse sind ermittelt und detailliert.
- Grundverständnis über Sinn und Zweck der Prozesse besteht.
- Die Aufbauorganisation mit Verantwortlichkeiten und Kompetenzen ist festgehalten.
- Bestehende IT-Systeme sind aufgenommen.

6.2.1.3 Exkurs: Prozesse messen und bewerten

Es ist nicht sinnvoll, Prozesse organisatorisch neu zu gestalten und/oder mit neuer IT-Technik zu unterstützen, wenn der Erfolg nicht nachgeprüft werden kann. Daher sind zwei Punkte ganz besonders wichtig:

- Nach welchen Kriterien werden die Prozesse bewertet?
- Wie werden die gewählten Kriterien gemessen?

Diese Themen müssen schon bei der Aufnahme der Prozesse und der damit verbundenen Schwachstellenanalyse geklärt werden. Dies ist aus mehreren Gründen wichtig:

- Ohne Kriterien kann keine sinnvolle Zielsetzung für das Projekt erarbeitet werden.
- Ohne Messgrößen kann kein objektiver Zielerreichungsgrad ermittelt werden.
- Bereits bei der Istaufnahme muss der heutige Zielerreichungsgrad festgestellt werden.
- Die Werte müssen im Istzustand ermittelt werden, um später eine Wirtschaftlichkeitsrechnung mit Soll-Ist-Vergleich durchführen zu können.
- Die Bewertung der Lösungsalternativen muss auf den Kriterien aufbauen.
- Im Betrieb (nach dem Projekt!) müssen die Kriterien weiter beobachtet werden, um bei Abweichungen von dem definierten Sollzustand Maßnahmen ergreifen zu können.

Nach allen Kriterien kann unmittelbar gemessen werden (vgl. dazu auch Beispiel 3). In Fällen von schwer quantifizierbaren Kriterien müssen möglicherweise andere Wege gegangen werden:

- Das Einrichten eigener Messverfahren ist eine mögliche Alternative: Zwar ist es immer am besten, wenn die Messgrößen automatisch anfallen, aber sehr häufig muss eine spezielle Vorrichtung vorgenommen werden.
- Bei indirekten Messmethoden wird mit Ersatzkriterien gearbeitet: Wenn sich das ausgewählte Kriterium nicht direkt messen lässt, kann ein anderes Kriterium gewählt werden, von dem bekannt ist, dass es direkt mit dem gesuchten Kriterium zusammenhängt.

6.2.1.4 Schwachstellen ermitteln

Zweck

Erkannte Schwachstellen sind automatisch Verbesserungspotenziale. Viele Schwachstellen fallen den Organisatoren schon während der Erhebung auf. Wichtig ist hier, dass die laufende Dokumentation nicht übersehen wird. Liegen alle Informationen vor, dann muss durch systematisches Auswerten gezielt nach Problempunkten gesucht werden. Die erkannten Schwachstellen sind zu dokumentieren, zu bewerten (Auswirkungen auf die Zielsetzung) und mit entsprechenden Prioritäten zu versehen.

Voraussetzung für die Durchführung der Aufgabe

Die Prozesse sind erhoben und für eine Analyse geeignet dokumentiert:

- Istablaufbeschreibung,
- Schwachstellenliste mit Verbesserungspotenzialen,
- Wirtschaftlichkeitsbetrachtung,
- die Schwachstellen sind ermittelt und geeignet beschrieben,
- erste Lösungsansätze zur Schwachstellenbehebung sind vorhanden,
- quantifizierte Angaben zum Istprozessablauf und zu den entsprechenden Lösungsansätzen für einen modifizierten Prozessablauf sind vorhanden,
- Verbesserungspotenziale sind ermittelt.

Aktivitäten

Dies ist im Prinzip ein Analysieren der erhobenen Prozesse in Bezug auf Schwachstellen unter dem Aspekt der Ziele des Prozesses. Hierbei ergeben sich zwei unterschiedliche Bereiche:

1. **Prozessleistung** (Effektivität des Prozesses): Leistet der Prozess heute das, was von ihm erwartet wird? Sind alle heutigen Leistungen sinnvoll? Welche zusätzlichen Leistungen sind notwendig? Stimmt die Qualität der Leistung (innerhalb der einzelnen Prozessschritte und beim Prozessergebnis) mit den Anforderungen überein?
2. **Prozessdurchführung** (Effizienz des Prozesses): Wird der Prozess heute effektiv durchgeführt? Sind beispielsweise die Bearbeitungszeiten, Kos-

ten, Durchlaufzeiten, die der Prozess verursacht, zu hoch? Hier sind die Kriterien für die Prozessbeurteilung und Prozessmessgrößen relevant!

Folgende Kontrollfragen können verwendet werden, um die Relevanz der Schwachstellen zu bewerten:

- Tragen die ermittelten Schwachstellen wesentlich zu der Charakteristik des Istprozesses bei?
- Welche Veränderungen der Kennzahlen bzw. der Nutzenparameter sind bei Abstellung der Schwachstellen zu erwarten?
- Wie beeinflusst die Behebung der Schwachstellen gegebenenfalls weitere, mit dem analysierten Prozess vernetzte Prozesse?
- Wurden die am Prozess mitwirkenden Fachabteilungen in die Projektarbeit ausreichend einbezogen?

- **Vgl. Checkliste 6: Schwachstellenanalyse**
- **Vgl. Beispiel 3: Bewertung des Istzustands**

Folgendes Vorgehen kann hierzu hilfreich sein:

In einem Workshop werden die Prozesse Schritt für Schritt anhand der Checkliste (Checkliste 6: Schwachstellenanalyse) durchgegangen. Hierbei erfolgt eine gezielte Betrachtung der Prozessergebnisse und der Schnittstellen. Erkannte Schwachstellen und Lösungsansätze werden im Prozess markiert und eine kurze Beschreibung der Schwachstelle samt Lösungsidee wird erstellt (vgl. Beispiel 4: Beschreibung der Schwachstellen).

Ergebnis

Es müssen alle erkannten Schwachstellen dokumentiert werden. Später sind dann die Lösungsvorschläge zu prüfen, ob sie auch wirklich geeignet sind, diese Schwachstellen zu beseitigen:

- Nennen und beschreiben der festgestellten Schwachstellen bezüglich der Prozessdurchführung (Was leistet der Prozess?) und der Prozessleistung (Wie leistet es der Prozess?).
- Ansatzpunkte und Ideen zur Schwachstellenbehebung.

6.2.1.5 Verbesserungspotenziale ermitteln

Zweck

Die Ermittlung der Verbesserungspotenziale hat zum Ziel, Möglichkeiten zur Verbesserung und deren Höhe zu erfassen (Bewertung!). Es sollen Ideen zur Umgestaltung entwickelt und Verbesserungsmöglichkeiten aufgezeigt werden. Hierbei geht es darum, eine erste Entscheidungsgrundlage für die weiteren Projektschwerpunkte zu entwickeln.

Voraussetzung für die Durchführung der Aufgabe

Die (wesentlichsten) Schwachstellen des Istprozesses sind festgestellt, benannt und kurz beschrieben. Ansatzpunkte zur Schwachstellenbehebung und Ideen für einen optimierten Prozessablauf wurden zusammengestellt und dokumentiert.

Aktivitäten

Bei den einzelnen Prozessen werden mögliche Verbesserungen ermittelt. Dabei werden erkannte Schwachstellen, die Prozessmessgrößen und gegebenenfalls weitere erkannte Ansatzpunkte genutzt. Dabei kann wie folgt vorgegangen werden:

- Erarbeitung erster Ideen in einem Workshop,
- Ausarbeitung und Bewertung in Einzelarbeit,
- Bewertung der Verbesserungspotenziale mit Business Case (vgl. Beispiel 5: Business Case Budgetplanung),
- Verabschiedung im Team unter Einbezug der Fachabteilung.

Dabei müssen folgende Punkte sichergestellt sein:

- Liegen Aussagen zu den Verbesserungspotenzialen in quantitativer oder anderweitig bewertbarer Form vor?
- Wurden alle am Prozess beteiligten Fachabteilungen bei der Ermittlung und der Bewertung von Lösungsansätzen für einen optimierten, modifizierten Prozessablauf hinzugezogen?
- Haben alle Beteiligten einen Beitrag geleistet?

Ergebnis

Wichtig bei der Darstellung der Ergebnisse ist eine gute Aufbereitung, die von allen Betroffenen verstanden wird. Nur so kann eine Akzeptanz erreicht werden. Folgende Punkte sind darzustellen:

- Beschreibung der Detailanalyse (Schwachstellenergebnisse) in Form quantitativer und qualitativer Verbesserungspotenziale (vgl. Beispiel 6).
- Bewertung der Verbesserungspotenziale aus der Detailanalyse in Form von Business Cases. Darstellung z. B. von (je nachdem, was fallweise sinnvoll):
  - betroffene Prozesse (Schwachstellenbenennung, z. B. Zahlungseingang),
  - Bezugsgrößen – wie Umsatz oder Kosten in Euro (z. B. 40 000),
  - Optimierungspotenzial in Prozent oder festen Euro-Beträgen,
  - Einsparungen in Euro oder Prozent-Werten,
  - Einsparungen in Euro pro Bezugseinheit (z. B. verkaufte Stück),
  - qualitative Verbesserungen.

Liegt das Gesamtergebnis der Analysephase vor, dann kann mit der Erarbeitung von Lösungsvorschlägen begonnen werden. Das Gesamtergebnis sollte dann noch mal mit folgenden Punkten zusammengefasst werden:

- Istablaufbeschreibung,
- Schwachstellenliste mit Verbesserungspotenzialen,
- Wirtschaftlichkeitsbetrachtung/Business Case.

Vgl. hierzu auch Checkliste 7: Nutzenparameter

6.2.2 Lösungsansätze erarbeiten

Die erkannten Schwachstellen müssen nun systematisch auf Lösungsansätze untersucht werden (Bild 6.7).

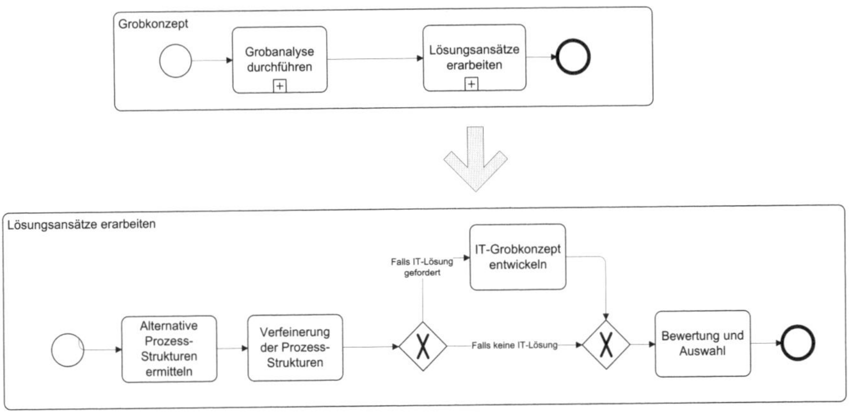

Bild 6.7: Phase Lösungsansätze erarbeiten

6.2.2.1 Alternative Prozessstrukturen entwickeln

Zweck

Aus dem Grundverständnis des Prozesses sollen jetzt neue innovative Ideen zur Gestaltung des Prozesses entwickelt werden. Hierbei bestehen im Prinzip noch große Freiheitsgrade. Wichtig ist hier, dass auch durchaus auf den ersten Blick „verrückte“ Ideen betrachtet werden. Aus den verschiedenen Ideen sollen letztendlich mehrere konkurrierende Konzepte entstehen!

Die Kernprozesse können idealtypisch aufgebaut werden. Diese Sollprozesse werden als Nächstes top-down in Teilprozesse zergliedert und erneut aufgeteilt, bis der Detaillierungsgrad zur Beurteilung der Alternative ausreicht. Parallel muss hierzu ein Modell der Aufbauorganisation erstellt und müssen die Beziehungen zu den Prozessen beschrieben werden. Ebenso müssen die

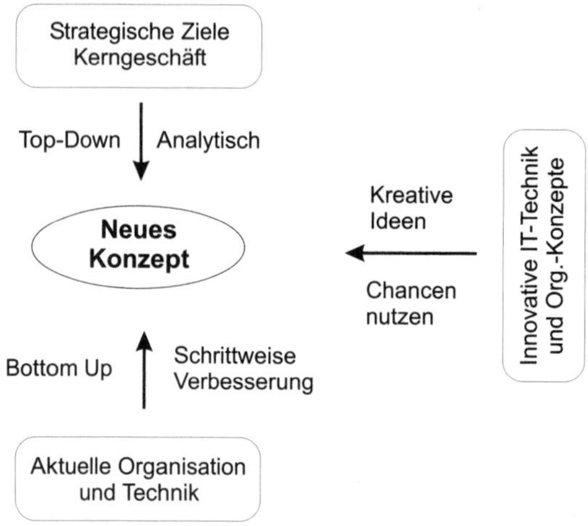

Bild 6.8: Wege zur Konzeptentwicklung

Informationsflüsse betrachtet werden. Die technische Unterstützung der Arbeitsschritte ist zu skizzieren. Umgekehrt kann man aus den Schwachstellen und Verbesserungspotenzialen Ansätze zur Verbesserung der Istprozesse ableiten. Welcher Weg gewählt wird, hängt letztendlich vom Charakter und der Zielsetzung des Projekts ab (Bild 6.8).

Die Konzeptphase lebt von der Kreativität und dem Ideenreichtum der Mitarbeiter. Dies kann man durch unterschiedliche Methodiken, die verschiedene Sichten von dem Problem wiedergeben, anregen, fördern und systematisieren.

Exkurs: Sollprozesse entwickeln

Es gibt verschiedene prinzipielle Vorgehensweisen, um ein Sollkonzept zu entwickeln:

1. **Top-down:** Man versucht einen vollkommen neuen Ansatz für den Prozess zu finden und verwirft die bisherige Struktur. Ausgangspunkt ist dabei einerseits die Strategie und das Kerngeschäft des Unternehmens und andererseits die abstrakte Überlegung: „Was muss der Prozess wirklich leisten?" Dieses Vorgehen ist sehr stark analytisch geprägt und wird z. B. vom Process Reengineering-Ansatz vertreten (vgl. HAMMER1994).
2. **Bottom-up:** Die generelle Struktur wird nicht infrage gestellt, sondern man bemüht sich um Verbesserungen im Detail bei der bestehenden Lösung.
3. **Technik als Treiber:** Ein weiterer Ansatz ist, dass man durch neue technische Entwicklungen oder organisatorische Ideen angeregt wird, seine bisherigen Lösungen zu überdenken.

Der zweite Ansatz ist risikoloser und im Prinzip relativ einfach umzusetzen. Der erste Ansatz erlaubt dagegen oft eine sehr viel deutlichere Verbesserung, erzeugt aber oft große Akzeptanzhürden. Der dritte Weg ist keine prinzipielle Alternative, sondern ergibt sich oft parallel zu den beiden anderen.

Voraussetzung für die Durchführung der Aufgabe

Um neue Lösungsansätze entwickeln zu können, brauchen die Beteiligten ein gutes Verständnis von den Aufgaben der Prozesse. Dazu müssen Detailinformationen vorliegen:

- Der gegenwärtige Ablauf ist dokumentiert.
- Die Zielsetzung der Neugestaltung ist definiert.
- Das Prozessumfeld ist geklärt.

Ergänzend können Beispiele aus anderen Unternehmensbereichen und anderen Unternehmen zum Vorbild genommen, Prozessstandards herangezogen oder Konzepte aus anderen Fachgebieten als Anregung genutzt und zu transformieren versucht werden.

Aktivitäten

Großer Zeitdruck sollte vermieden werden. Vor allem am Anfang sollte man auch für (scheinbar) verrückte Ideen offen sein. Aber auch später sollten nicht generell neue Vorschläge sofort abgeblockt werden, nur weil der „Projektablauf schon so weit ist". Im Prinzip sind folgende Aktivitäten durchzuführen, wobei dies nicht als strenge Abfolge zu sehen ist, sondern man wahrscheinlich mehrmals durch die Schritte iteriert:

- Es werden mehrere alternative Prozessabläufe entwickelt.
- Die Konzepte sind in ihrer groben Prozessstruktur zu beschreiben.
- Die grundlegende Idee eines jeden Konzepts ist zu dokumentieren.
- Die erfolgversprechendsten Ideen sind für die weitere Betrachtung auszuwählen.
- Erste Ideen für eine technische Unterstützung werden entwickelt (in Abhängigkeit von der IT-Strategie).

Eine erste Planung für die Abfolge der Bearbeitung könnte wie folgt aussehen:

1. Workshop: Entwicklung von Ideen, diese Ideen verfeinern und eine erste Lösungsskizze erarbeiten.
2. Einzelarbeit: Ideen ausarbeiten und eine erste Bewertung der Vorschläge vornehmen.
3. Workshop: Kritische Diskussion der Vorschläge. Gedachten Ablauf durcharbeiten bzw. durchdiskutieren und eine erste Vorselektion vornehmen.
4. Einzelarbeit: Ausgewählte Ideen tiefer ausarbeiten und bewerten.
5. Workshop zum Abschluss: Kritisch diskutieren und interessante Vorschläge für die weitere Bearbeitung auswählen.

Der erste Workshop kann wie folgt gestaltet werden:

Alternative Lösungsansätze werden durch das Projektteam erarbeitet. Dabei ist es wichtig, dass zuerst einmal möglichst viele neue Ideen entstehen. Um dies zu erreichen, kann man sich unterschiedlicher Kreativitätstechniken wie

- Brainstorming,
- Brainwriting und
- Metaplantechnik

bedienen.

Die Ergebnisse werden dann in

- den Workshops und
- der Einzel- und Gruppenarbeit

ausgearbeitet.

Als Beispiele und Anregungen können dienen:

- Beispiel 11: Kurzbeschreibung der Grundidee eines Grobkonzeptes
- Checkliste 8: Sollalternativen entwickeln
- Beispiel 7: Kennzahlendarstellung
- Checkliste 9: Moderation

Ergebnis

Die verschiedenen Vorschläge sind zu beschreiben:

- Grober Prozessablauf:
  Es ist ein grobes Diagramm zur internen Diskussion der Ergebnisse notwendig (kann „unsauber“ und unvollständig sein). Sofern das Ergebnis nur eine Detailverbesserung der Istsituation darstellt, reicht gegebenenfalls auch eine handschriftliche Notiz auf dem Istablauf.
- Kurze Beschreibung der grundlegenden Idee des Konzepts.
- Auswahl der interessantesten Sollvorschläge (maximal drei Vorschläge, meist nur zwei).
- Grobes IT-Lastenheft.

Exkurs: Überbetriebliche Zusammenarbeit

Ein wesentlicher Punkt in den neuen Organisationskonzepten ist die überbetriebliche Zusammenarbeit:

Bei den herkömmlichen Betrachtungen der Abläufe im Unternehmen tauchen die Außenbeziehungen oft überhaupt nicht oder nur als (nicht zu beeinflussende) Randbedingung auf. Die eingehenden Informationen werden vor allem unter dem Gesichtspunkt betrachtet, wie sie in das eigene IT-System eingebracht werden können (z. B. mittels Scannen).

Diese Sichtweise ist heute absolut ungeeignet, da die Kommunikationspartner überhaupt nicht betrachtet werden. Man „sieht“ die Informationsströme nur, solange sie die Grenze der eigenen Organisation noch nicht überschritten haben bzw. wenn sie nach innen kommen.

Die umgekehrte Sicht ist, dass man zwar die Quellen und Senken der externen Kommunikationsströme betrachtet, die das eigene Unternehmen betreffen, aber die Zusammenhänge im eigenen Haus vernachlässigt. Hier steht die zwischenbetriebliche Kommunikation im Mittelpunkt. Da aber die eigenen internen Abläufe vernachlässigt werden, läuft man Gefahr, dass die Integration in die eigene IT-Landschaft nur unzureichend verwirklicht wird und sehr viele Schnittstellen und Medienbrüche produziert werden. Die Folge davon ist, dass zwar das Briefporto eingespart wird, aber viele strategische Vorteile einer unternehmensübergreifenden elektronischen Kommunikation „verschenkt“ werden.

Die logische Schlussfolgerung ist, dass die Kommunikation mit Partnern als ein integraler Bestandteil der eigenen Prozesse und des unternehmenseigenen IT-Systems betrachtet wird. So lassen sich die externen Verbindungen optimal mit den eigenen Systemen verbinden. Dies hat nicht nur technische Dimensionen, sondern auch logische: Die Forderungen reichen bis hin zu unternehmensübergreifenden Informationsmodellen. Beginnend mit einer Anpassung der Datenstrukturen (Feldarten, Feldgrößen etc.) sollte zumindest ein gleiches Verständnis der Dateninhalte (Interpretation der Werte) erreicht werden. Dadurch lassen sich wesentlich bessere Automatismen realisieren, da nun keine Graubereiche in der Interpretation existieren und alle wesentlichen Informationen automatisch ausgetauscht werden können.

Das Problem der Schnittstellen und Konvertierungen lässt sich damit auch besser, ökonomischer und technisch optimaler lösen.

Ein Business Reengineering muss auf alle Fälle die Potenziale einer unternehmensübergreifenden IT-Landschaft mit berücksichtigen. Es wird nicht nur die Arbeitsteilung im Unternehmen, sondern auch zwischen den Unternehmen hinterfragt. So kann dann z. B. der Lieferant sofort die Disposition aufgrund der Verkaufsdaten übernehmen oder es braucht keine Rechnung mehr, sondern es wird bei Lieferung automatisch bezahlt.

Dabei wird eine enge Verzahnung mit den Partnern durchgeführt. Dies erfordert aber eine Offenlegung der eigenen inneren Strukturen und eine dementsprechende Vertrauensbasis. Auf dieser Basis kann man Aufgaben und Abläufe zwischen den Partnern integrieren und auch Elemente daraus zwischen den Partnern neu verteilen. Dies schafft eine Zusammenarbeit auf einer höheren Ebene!

Gegenwärtig wird dieses Thema meistens im Zusammenhang mit E-Business (B2B oder B2C) und den neueren Formaten wie XML, als übergreifende Standards, diskutiert. Aber auch schon länger gibt es etablierte Lösungen wie EDI und EDIFACT. In verschiedenen Branchen (z. B. Autoindustrie) gibt es aber schon länger Speziallösungen, die aber nun langsam abgelöst werden. Aber man sollte immer bedenken, dass eine rein technikorientierte Betrachtung zu kurz greift!

6.2.2.2 Verfeinerung der Prozessstrukturen

Zweck

Die ausgewählten Prozessalternativen werden weiter verfeinert. Die technische Unterstützung wird verstärkt betrachtet. Die Alternativen werden so weit detailliert, dass zum Abschluss die Alternativen genau verglichen werden können und eine umzusetzende ausgewählt werden kann.

Voraussetzung für die Durchführung der Aufgabe

Es liegen mehrere grob beschriebene alternative Sollprozesse vor und es wurde schon eine Vorauswahl für ca. zwei Alternativen getroffen.

Aktivitäten

Die erarbeiteten Konzepte sind so weit zu verfeinern, dass alle wesentlichen Änderungen des Sollkonzepts gegenüber dem Istzustand klar bewertbar sind. Generell soll bis auf Abteilungsebene verfeinert werden, gegebenenfalls ist bis auf Stellenebene zu verfeinern, wenn es für das Verständnis erforderlich ist. Dabei sind die Details so weit darzustellen, dass Veränderungen gegenüber dem Istzustand deutlich werden. Diese Veränderungen und deren (erwartete) Auswirkungen müssen – wenn zum Verständnis erforderlich – auch noch zusätzlich verbal erläutert werden. Wichtig ist, dass die Ergebnisse als Kommunikationsmittel über das Team hinaus wirken. Dadurch werden die Kernaussagen des Grobkonzepts allen Betroffenen in den Zielgruppen verständlich gemacht und es kann darüber diskutiert werden.

Man kann sich dabei von Leitlinien lenken lassen, wie z. B.:

Entsprechend den neuen organisatorischen Paradigmen, wie Selbstoptimierung, Entscheidungsdezentralisierung usw., kann der Handlungsspielraum für die einzelnen Mitarbeiter ausgeweitet werden. Dieser umfasst zwei Dimensionen:

- Ausweitung der Tätigkeiten,
- Ausweitung des Entscheidungs- und Kontrollspielraums.

Beide Bereiche müssen bei der Neugestaltung der Prozesse entsprechend ausgestaltet werden! Die erweiterten Möglichkeiten der IT, durch die man jede Information an jedem Ort zu jeder Zeit verfügbar machen kann, verschaffen hier einen weiten Handlungsspielraum.

Vorschlag für das Vorgehen:

- Einzelne Teammitglieder arbeiten die verschiedenen Sollalternativen aus.
- Abschließende Durchsprache mittels Workshop.
- Bewertung der einzelnen Alternativen.

Vgl. Checkliste 10: Sollalternativen beschreiben

Der Detaillierungsgrad für die Prozessschritte richtet sich nach der notwendigen fachlichen Tiefe für die Beschreibung: Jeder Prozessschritt sollte noch ein eigenes fachliches Ergebnis produzieren. (Beispiel: Einen Rechnungseingang verbuchen ist noch eine sinnvolle Funktion, der Aufruf des Buchhaltungsprogramms dagegen nicht mehr).

Ergebnis

Im Prinzip wird die vorliegende Dokumentation verfeinert:

- Grobe Prozessdarstellung und Funktionsbaum,
- Liste der Veränderungen gegenüber Istprozess,
- Darstellung der Voraussetzung für die einzelnen Alternativen in Bezug auf:
  - Personal,
  - Organisation,
  - Kompetenzen,
  - Ressourcen,
  - Richtlinien,
  - Technik.

Wichtig ist dabei die Beschreibung der grundlegenden Idee des Konzepts, dazu kommt noch:

- Veränderungen gegenüber dem Ist im Detail beschreiben,
- erforderliche Maßnahmen zur Umsetzung.

6.2.2.3 IT-Grobkonzept entwickeln

Zweck

Die Durchführung dieser Aufgabe ist nur notwendig, wenn die Lösung eine neue bzw. veränderte IT-Unterstützung erfordert.

Voraussetzung für die Durchführung der Aufgabe

IT-unterstützte Funktionen aus dem Fachgrobkonzept sind beschrieben.

Aktivitäten

Aus den fachlichen Vorgaben des Konzepts ergeben sich die Anforderungen an die IT. Daraus lässt sich dann das IT-Konzept entwickeln.

Notwendig ist die Ermittlung der

- Hardware- und Systemsoftwareumgebung,
- geforderten Anwendungssystemfunktionen:
  - Welche Hardware-, Softwarekomponenten und Funktionen kommen neu hinzu?
  - Welche Hardware-, Softwarekomponenten und Funktionen sind zu ändern?
  - Welche Hardware-, Softwarekomponenten und Funktionen werden nicht mehr benötigt?
- Welche Kosten entstehen für die neue/geänderte IT-Landschaft (grobe Schätzung)?

Ergebnis

Die Beschreibung muss ausreichen, um die Kosten einer geänderten oder neuen IT-Unterstützung schätzen zu können:

- Kurzbeschreibung der Neuerungen und Veränderungen,
- Systembeschreibung als grobes Pflichtenheft.

6.2.2.4 Bewertung und Auswahl

Zweck

Die endgültige Festlegung der umzusetzenden Alternative muss vorbereitet werden. Dazu sind die Vor- und Nachteile transparent zu machen.

Vorbemerkung: Möglichkeiten zur Beurteilung von Alternativen

Die Bewertung von alternativen IT-Systemen kann ein sehr aufwendiges und komplexes Thema werden. Wichtig ist in diesem Zusammenhang, ob man das System vorher praktisch testen oder zumindest im Praxiseinsatz beobachten kann. Hierfür gibt es, wie in Tabelle 6.1 dargestellt, verschiedene Möglichkeiten.

Ein Grundproblem bei allen Alternativen ist letztendlich, inwieweit die überprüfte Lösung mit der eigenen Anwendungssituation vergleichbar ist. Insbesondere sind Workflow-Lösungen in der Regel keine fertigen Systeme, sondern individuell aufgebaute Lösungen!

Tabelle 6.1: Möglichkeiten der praktischen Beurteilung

Alternativen der praktischen Begutachtung	Tests von Einzelfunktionen beim Anbieter	Probeinstallation im eigenen Haus	Referenzeninstallationen besichtigen
Zweck	Gezielte Erprobung bestimmter Funktionen	Umfassender Überblick über Gesamtsystem	Erfahrungen einholen, Anwendungsfälle begutachten
Aufwand	Je nach nötiger Vorbereitung – mittel	Sehr hoch	Gering
Anmerkung	Vergleichbarkeit mit späterer eigener Installation schwierig	Wegen hohen Aufwands läuft man Gefahr, die Entscheidung schon vorwegzunehmen	Der Anbieter wird sicher nur gut funktionierende Systeme vorstellen
Empfehlung	Gut geeignet, wenn man gezielt kritische Funktionen begutachten will	Nur in Ausnahmefällen, wenn das Funktionieren des Systems für das Unternehmen äußerst kritisch ist	Da geringer Aufwand, sollte man das immer machen; versuchen, bei dem Anwender „zwischen den Zeilen zu lesen"

Der letzte Schritt der Konzeptphase ist die **Bewertung von Alternativen:**

Nicht quantitative Kriterien müssen mit geeigneten Verfahren zueinander in Beziehung gesetzt und bewertet werden. Die Erfahrung zeigt aber, dass komplizierte Nutzwertanalysen eine eher geringe Akzeptanz erreichen, da die unmittelbare Transparenz der Entscheidung leidet. Daher wird hier ein einfacheres Verfahren vorgestellt.

Die **Multifaktorenanalyse** ist eine Vereinfachung der Nutzwertanalyse. Man stellt eine Liste von Kriterien auf, die zu gewichten sind. Jedes Kriterium wird bewertet, ob sich bei der betrachteten Alternative eine Verbesserung bzw. Verschlechterung gegenüber dem Istzustand ergibt. Tabelle 6.2 zeigt ein Beispiel.

Quantitative Kriterien lassen sich mit bestimmten etablierten Methoden (wie Kapitalwert, interner Zinsfuß, ROI usw.) gut bewerten. Wichtig ist dabei, dass man wirklich alle relevanten Werte ermittelt. Der Wert einer derartigen Analyse liegt aber oft mehr in den Diskussionen unter den Beteiligten, die zu der Bewertung führen, da hier häufig viele Annahmen transparent werden und man gemeinsam auf neue Aspekte stößt.

Tabelle 6.2: Multifaktorenanalyse (Beispiel)

Bewertungskriterien	Gewichtung	Punkte	Punkte · Gewicht
Bearbeitungsqualität	1	+1	+1
Informationsversorgung	2	+2	+4
Transparenz und Übersichtlichkeit	2	+2	+4
Kapazitätsreserven	3	0	0
Durchlaufzeiten	1	+3	+3
Flexibilität der Organisation	2	+3	+6
Fehleranfälligkeit der Technik	2	−1	−2
Anpassungsfähigkeit der Technik	2	+2	+4
Terminverkürzungen	1	+1	+1
Bedienungsfreundlichkeit der Technik	1	+1	+1
Anwenderfreundlichkeit/ Ergonomie	3	−2	−6
Summen	20		+16

Koeffizient: 16 : 20 = 0,8
⇒ leichte Verbesserung
Legende: Gewichtung: 1 = unwichtig, 2 = wichtig, 3 = sehr wichtig

Voraussetzung für die Durchführung der Aufgabe

- Prozesskennzahlen liegen fest.
- Preise, Kosten und Nutzenfaktoren sind bekannt.

Aktivitäten

Für das weitere Vorgehen im Projekt wird eine Entscheidungsgrundlage zur Auswahl der weiterzuverfolgenden Alternativen benötigt. Hierzu sind die erwarteten Verbesserungen der betrachteten Prozesse zu ermitteln (Kosten, Durchlaufzeit, Qualität etc.). Die Kriterien hierfür ergeben sich aus den definierten Prozesskennzahlen.

Diesen Verbesserungspotenzialen sind die Kosten der Veränderung (im Sinne einer Investitionsrechnung) gegenüberzustellen:

- einmalige Kosten (Projektkosten, Investitionen),
- laufende Prozesskosten nach der Umgestaltung.

Aus der Betrachtung beider Faktoren ergibt sich eine Empfehlung, welche alternativen Sollkonzepte weiterzuverfolgen sind.

Einzeltätigkeiten zur Bewertung der Alternativen:

- Ermitteln der Mengengerüste,
- Ermitteln der zu erwartenden Investitionskosten, Einmalkosten und Betriebskosten (je alternativer Lösung),
- Ermitteln des zu erwartenden qualitativen und quantitativen Nutzens (je alternativer Lösung),
- Kostenschätzung für die Phase Feinkonzept, bezogen auf die jeweilige alternative Lösung,
- Erarbeiten eines Vorschlages zur weiteren Vorgehensweise, bezogen auf die jeweilige alternative Lösung,
- Bewerten der alternativen Lösungen,
- Auswählen der am geeignetsten erscheinenden Lösung.

Ergebnis

Am Ende dieser Phase hat man einen gemeinsamen Vorschlag für das weitere Vorgehen:

- Die Sollalternativen für die Geschäftsprozesse sind wirtschaftlich bewertet.
- Alternative IT-Lösungen sind bewertet und eine IT-Lösung ist ausgewählt.
- Eine umzusetzende organisatorische/technische Alternative ist ausgewählt.

6.3 Feinkonzept erstellen

Im Feinkonzept wird die ausgewählte Sollalternative aus dem Grobkonzept weiter verfeinert und im Detail vollständig beschrieben (Bild 6.9). Im Gegensatz zum Grobkonzept fallen hier keine prinzipiellen strukturellen Entscheidungen mehr, sondern es wird jetzt das jeweilige Detail ausgestaltet. Das Gleiche gilt für die Beschreibung des IT-Systems. Auch hier sollte schon die Auswahl erfolgt sein. Nur im Einzelfall wird man noch alternative Systeme betrachten.

Das Grobkonzept ist tendenziell sehr stark top-down orientiert. Das heißt, allein aufgrund von idealtypischen Überlegungen werden die Grundstrukturen des neuen Prozesses festgelegt. Das Feinkonzept beachtet auch viele Details aus dem Istzustand. Aus dem gegenwärtigen Zustand wird nicht zwangsläufig alles übernommen, aber das „Ist“ wird betrachtet und es werden daraus Informationen für die Gestaltung des neuen Systems abgeleitet. Dadurch ergeben sich Unterschiede zwischen:

- top-down: theoretisches Ideal,
- bottom-up: tatsächlich vorhandene Lösung.

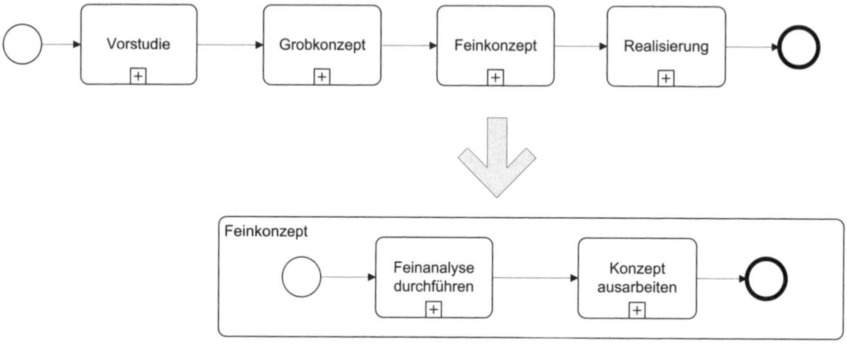

Bild 6.9: Phasen Feinkonzept

Wie sind diese Unterschiede zu bewerten?

1. Wenn man z. B. im Istzustand Prozessschritte findet, die im Grobkonzept nicht enthalten sind, dann ist kritisch zu prüfen, ob man nicht vielleicht wichtige Aspekte des Prozesses vergessen hat oder ob diese tatsächlich überflüssig sind und nur z. B. früher eine Bedeutung hatten.
2. Umgekehrt kann es sein, dass man sich im Grobkonzept etwas ausgedacht hat, wozu es im Istzustand keine Entsprechung gibt. Auch hier gilt es, dies kritisch zu würdigen: Warum wurde dies bisher nicht vermisst? Hat das keine praktische Relevanz? Wurden diese Aufgaben bisher in einem anderen Prozess erledigt?

Wenn der Istzustand sehr stark vom Grobkonzept abweicht, dann sind derartige Abgleiche nur sehr schwer durchführbar.

Aus der Betrachtung beider Blickwinkel ist letztendlich ein tragfähiges Gesamtkonzept zu entwickeln (Bild 6.10).

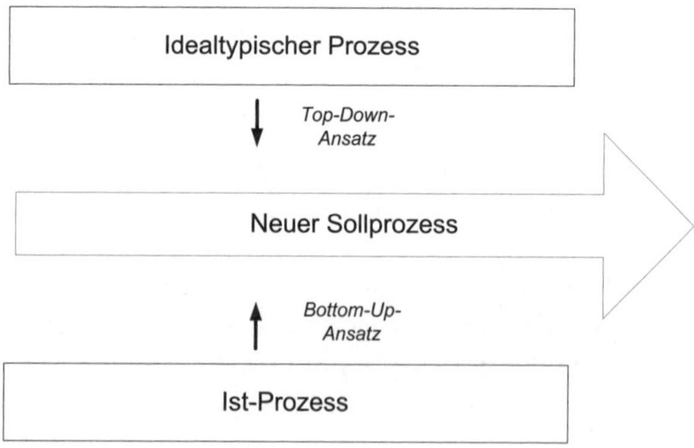

Bild 6.10: Abgleich von Soll und Ist

6.3.1 Feinanalyse durchführen

Die Feinanalyse ist eine detaillierte Untersuchung des Istzustands (Bild 6.11). Hier werden einzelne Aspekte erkennbar, die in das Soll eingehen müssen und oft nochmals Überarbeitungen einzelner Bereiche erfordern. Bedenken muss man auch, dass hier ein relativ hoher Aufwand zu betreiben ist und man mehr Mitarbeiter einbeziehen muss. Diesen muss man dann exakte Vorgaben zur Analyse und Dokumentation geben, da diesen der bisherige Projekthintergrund fehlt und man ansonsten keine vergleichbaren Ergebnisse bekommt.

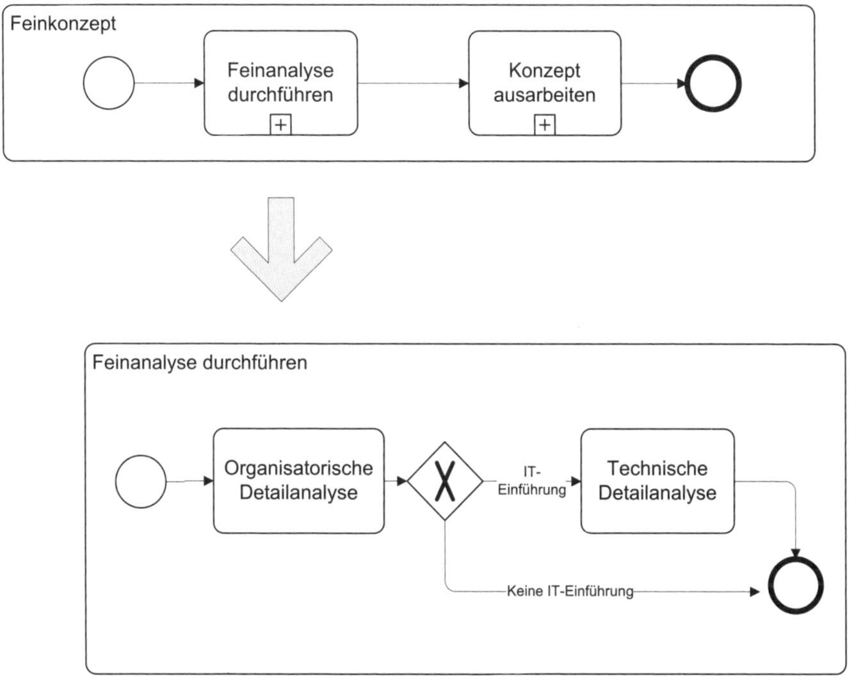

Bild 6.11: Phase Feinanalyse durchführen

6.3.1.1 Organisatorische Detailanalyse

Zweck

Die Detailanalyse soll nur Informationen aufnehmen, die für die Gestaltung und technische Unterstützung der neu zu definierenden Prozesse erforderlich sind. Hierzu können folgende Punkte gehören:

- Datenstrukturen,
- Schnittstellen,

- Dokumentenstrukturen,
- Mengengerüst (Daten, Dokumente, Vorgänge etc.),
- organisatorische Festlegungen (wie Kompetenzen, Berechtigungen usw.).

Voraussetzung für die Durchführung der Aufgabe

Das Grobkonzept wurde verabschiedet und eine Entscheidung getroffen, mit welcher Alternative weiterzuarbeiten ist.

Aktivitäten

Die Detaillierung ist eine Mischung aus weiteren Erhebungen von Informationen und logischer Ableitung und Detaillierung von Festlegungen aus dem Grobkonzept:

- Erhebung der erforderlichen Detailinformation per Interviews, Workshops, Unterlagenstudien etc. und Dokumentation der Ergebnisse.
- Abgleich mit dem Grobkonzept und Zuordnung der Informationen zu den Punkten im Grobkonzept.

Ergebnis

- Genaue Beschreibung der geforderten Ergebnisse der Prozesse,
- Beschreibung der Prozessauslöser,
- Rahmenbedingungen und Restriktionen definieren,
- Mengengerüste,
- organisatorische Festlegungen.

Sonstiges

In dieser Phase können nochmals die Abgrenzungen des Projekts infrage gestellt werden, denn auf Detailebene ergeben sich möglicherweise nochmals neue Punkte, die die Schnittstellen zu anderen Bereichen infrage stellen.

6.3.1.2 Technische Detailanalyse

Zweck

Es ist hier nicht die Aufgabe, bestehende IT-Systeme vollständig im Detail zu analysieren, sondern Punkte, die im neuen System berücksichtigt werden müssen, sind zu erheben. Dies sind insbesondere:

- Schnittstellen zu anderen Systemen,
- migrationsrelevante Informationen, wie zu übernehmende Daten,
- Abgrenzung zu anderen Systemen,
- Anpassungsbedarf bestehender IT-Systeme.

Voraussetzung für die Durchführung der Aufgabe

- Grobanalyse und Grobkonzept liegen vor,
- gegebenenfalls ein neues IT-System ausgewählt,
- Dokumentation und Ansprechpartner zu bestehendem IT-System sind verfügbar.

Aktivitäten

- Dokumentation der bestehenden Systeme analysieren,
- Aufnahme der installierten Systeme (Varianten, Versionen, Patches etc.),
- Schnittstellen beschreiben und testen,
- Datenbestände analysieren.

Ein Problem ist, dass die Dokumentation von Altsystemen oft nicht vollständig oder nicht mehr aktuell ist. Daher sollte man – wenn möglich – Systemkenner des jeweiligen Altsystems hinzuziehen und die Informationen am laufenden System verifizieren bzw. vervollständigen.

Gerade im Zusammenspiel von verschiedenen Systemen spielen oft sehr viele Details eine Rolle, die genau zu beachten sind.

Ergebnis

- Spezifikation der Schnittstellen,
- Beschreibung der zu übernehmenden Daten (technische Formate, Inhalt, Struktur, Umsetzungsregeln, soweit Zielstrukturen schon bekannt).

Sonstiges

Besonders kritisch ist es, wenn bestehende IT-Systeme angepasst bzw. modifiziert werden müssen. Dies kann zu erheblichen Weiterungen im Projekt führen und gegebenenfalls die Projektabgrenzung infrage stellen.

6.3.2 Konzept ausarbeiten

Nun liegen alle Informationen vor, um das Konzept fertigzustellen (Bild 6.12). Dies ist in der Regel ein sehr aufwendiger Vorgang, da viele Details abzustimmen und festzulegen sind und eine weitgehende Vollständigkeit gewährleistet sein muss.

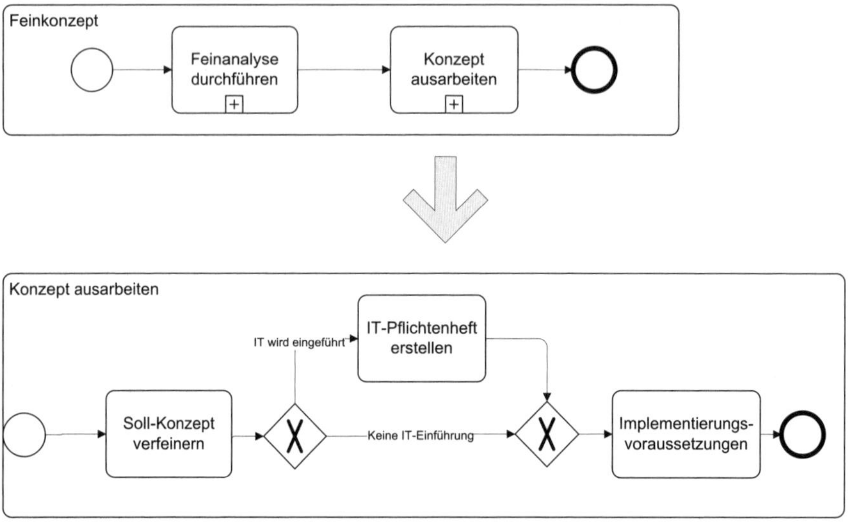

Bild 6.12: Phase Konzept erarbeiten

6.3.2.1 Sollkonzept verfeinern

Zweck

Das organisatorische und technische Konzept ist umsetzungsreif zu verfeinern.

Voraussetzung für die Durchführung der Aufgabe

- Grobes Sollkonzept liegt vor.
- Detailanalyse liegt vor.
- Entscheidung für weiterzuverfolgende Alternative(n) ist gefallen.

Aktivitäten

Die groben Ablaufstrukturen aus dem Grobkonzept sind weiter zu verfeinern. Dies geschieht in zwei Richtungen:

- Die einzelnen Prozessschritte sind weiter hierarchisch zu verfeinern, soweit erforderlich.
- Alle bisher nicht betrachteten Details sind aufzunehmen:
  - Prozessregelwerk,
  - Stellen/Organisationseinheiten,
  - Informationen und Datenstrukturen,
  - Dokumententypen und -strukturen,
  - Anwendungssysteme (IT),
  - Standorte,

- Zeiten (Bearbeitungs-, Liege-, Durchlaufzeiten etc.),
- Mengen (Vorgänge, Dokumente etc.)
- usw.

Das Feinkonzept hat den Anspruch auf Vollständigkeit. Dies heißt, dass alle wesentlichen Details dargestellt werden, unabhängig davon, ob es eine Veränderung gegenüber dem Istzustand gibt oder nicht.

Für die Reihenfolge der Detaillierung der Prozesse gibt es zwei Prämissen:

1. Von der Ablauflogik her beginnt man am Prozessanfang und arbeitet sich sukzessive bis zum Ende vor.
2. Veränderungen gegenüber dem Istzustand sind oft problematisch und weisen häufig einen erhöhten Klärungsbedarf auf. Daher sollten diese von Anfang an (parallel zu der normalen Verfeinerung) mit betrachtet werden.

Ergebnis

- Verfeinerte vollständige Prozessstruktur mit Ablaufbedingungen, Ergebnis des Prozesses und Auslöser.
- Jede Funktion im Prozess ist beschrieben nach
  - Zeiten,
  - Mengen,
  - Qualität des Ergebnisses
  - usw.
- Informationsstrukturen:
  - Daten,
  - Dokumente.

6.3.2.2 Pflichtenheft für IT-System erstellen

Zweck

Diese Aktivität ist nur erforderlich, wenn ein neues IT-System eingeführt werden muss (soll) oder bestehende Systeme zu modifizieren bzw. weiterzuentwickeln sind. Das Pflichtenheft bildet die Grundlage für die einzusetzende Hardware und Software, die die Prozesse des Grob- bzw. Feinkonzepts optimal unterstützen sollen.

Es sind dabei folgende Themengebiete zu behandeln:

1. Hardware
   Welche Komponenten (Rechner, Drucker, Netzwerke etc.) sind einzusetzen?
2. Software
   Modifikationen bestehender Software, neu zu entwickelnde Software oder zu beschaffende Standardsoftware.

3. Daten
   Bereitstellung der Daten für die Software (Eingabe, Konvertierung etc.).

Erst die Summe aller Komponenten ergibt ein lauffähiges Gesamtsystem.

Voraussetzung für die Durchführung der Aufgabe

- Fachliches Feinkonzept der von der IT-Änderung betroffenen Bereiche,
- IT-Grobkonzept.

Aktivitäten

Das Ergebnis ist ein IT-technisches Pflichtenheft. Wenn die Software ganz oder teilweise eine Neuentwicklung darstellt, dann ist unbedingt ein exaktes Pflichtenheft mittels anerkannter SW-Engineering-Methoden zu erstellen.

Damit sollen alle Anforderungen an die IT beschrieben werden, damit Aufwand, technische Konsequenzen etc. bestimmbar sind. Es sind die Funktion, Daten, Schnittstellen, Mengen etc. zu beschreiben.

Das Pflichtenheft beschreibt alle Anforderungen, die von der IT zu erfüllen sind. Es soll:

- den Aufwand (Zeit, Personal und Kosten),
- die technischen Konsequenzen sowie
- den Implementierungszeitraum

bestimmbar machen und den Hard- und Softwareanbietern die Möglichkeit bieten, ein qualifiziertes Angebot abgeben zu können.

Folgendes prinzipielle Vorgehen zur Erfüllung der Aufgabe ist denkbar:

- Workshop: Erarbeiten einer prinzipiellen Struktur der IT-Lösung.
- Ausarbeitung der Lösung anhand des Feinkonzepts in Einzelarbeit und/ oder Kleingruppen.
- Workshop: Präsentation und Durchsprache der Lösung mit Fachabteilungen.
- Gegebenenfalls weitere Workshops zu Sonderthemen durchführen.

Mittels der Bewertung der Funktionen und des Erfüllungsgrads durch das geplante EDV-System erreicht man eine Basis für die Systemauswahl.

Das Konzept für das IT-System ist mit dem organisatorischen Feinkonzept abzugleichen:

- Wurden alle für das IT-Anwendungssystem notwendigen Funktionen im Anforderungskatalog des Pflichtenheftes eingetragen?
- Wurden alle das Umfeld des Anwendungssystems betreffenden Anforderungen im Pflichtenheft angegeben (Hardware, systembezogene Software, Netze, Datenbanken, Zugriffsberechtigungen, Dienstleistungen, Kosten usw.)?

Ergebnis

Das Pflichtenheft.

6.3.2.3 Implementierungsvoraussetzungen ermitteln

Zweck

Schaffung einer Grundlage, um die Implementierung durchführen zu können.

Voraussetzung für die Durchführung der Aufgabe

Fertiggestelltes Feinkonzept, aus dem sich ein Implementierungsplan ableiten lässt.

Aktivitäten

Aus der neuen Prozessstruktur ergeben sich bestimmte Voraussetzungen für das neue System. Diese sind systematisch zu ermitteln und zu beschreiben. Diese Beschreibung muss so weit erfolgen, dass Ressourcenbedarf, Zeitaufwand und Kosten abgeschätzt werden können. Diese Werte gehen dann auch in die Wirtschaftlichkeitsbetrachtung (siehe Abschnitt 6.3.2.4) ein.

Ein erstes Konzept für den Kontinuierlichen Verbesserungsprozess ist zu erarbeiten.

Ergebnis

Darstellung der Implementierungsvoraussetzungen für den neuen Prozess in Bezug auf:

- Personal,
- Organisation,
- Kompetenzen,
- Ressourcen,
- Richtlinien,
- Technik.

6.3.2.4 Wirtschaftlichkeit der geplanten Lösung ermitteln

Zweck

Es muss überprüft werden, ob die geplante Lösung tatsächlich den geforderten Nutzen erbringt und die Kosten-Nutzen-Relation den geforderten Ansprüchen genügt. Gleichzeitig ist zu prüfen, ob der Rahmen des Projektbudgets einzuhalten ist.

Voraussetzung für die Durchführung der Aufgabe

- Kenngrößen zur Prozessmessung sind definiert.
- Betriebswirtschaftliche Zahlen aus Controllingbereich liegen vor.
- Projektbudget ist festgelegt.

Aktivitäten

- Kosten und Nutzen des neuen Prozesses sind nun möglichst präzise zu ermitteln.
- Die Kenngrößen des Prozesses sind genau festzulegen, inklusive der Instrumente zur Ermittlung dieser Größen.

Neben der Zuordnung der Kosten und Erlöse auf Kostenstellen und Kostenträger ist eine Prozesskostenrechnung anzustreben. Das ist die Zuordnung der Kosten auf Prozesse (Prozessschritte). Durch diese Zuordnung können regelmäßig die Prozesskosten/-erlöse und die daraus resultierenden Ergebnisse kontrolliert werden.

Im Einzelnen müssen folgende Punkte erledigt werden:

- Besorgen der betriebswirtschaftlichen Zahlen (Controlling).
- Erhebung, Schätzung der noch fehlenden Zahlen.
- Bei der Wirtschaftlichkeitsüberprüfung sind insbesondere die in früheren Phasen gemachten Verbesserungspotenziale zu überprüfen. Bei erheblichen Abweichungen sind die Ursachen dafür zu ermitteln und zu erläutern.

Controlling und Führungsteam sind bei der Wirtschaftlichkeitsüberprüfung auf alle Fälle mit einzubeziehen. Hier ist auch ein Konzept auszuarbeiten, wie der Prozess künftig im Betrieb zu controllen ist. Die gleichen Kriterien dienen auch künftig zur Steuerung des Prozesses.

Ergebnis

Für die wirtschaftliche Analyse der Alternativen sind die Werte in Abhängigkeit von der Zweckmäßigkeit und Aussagekraft zu ermitteln, wie:

- betroffene Prozesse (Funktion),
- Bezugsgröße in Euro (z. B. Umsatz),
- Optimierungspotenzial in Prozent,
- Optimierungspotenzial in Euro,
- Einsparungen in Euro,
- Einsparungen in Euro pro produzierte Einheit,
- Projektkosten.

Es sind alle Funktionen, die bei der Wirtschaftlichkeitsermittlung Optimierungspotenziale ergeben haben, zu berücksichtigen und den Kosten gegenüberzustellen. Neben den quantitativen Kenngrößen sind auch qualitative zu betrachten und zu bewerten. Hier ist eine Bewertung und Entscheidung oft nicht trivial.

Zum Abschluss muss ein Prozessführungskonzept vorliegen, welches darlegt, wie der Prozess zu steuern ist und wie die Prozesskenngrößen im Tagesgeschäft zu ermitteln sind.

6.4 Realisierung

Die Realisierung (Bild 6.13) ist die erste „harte" Bewährung des Konzepts. Hier zeigt sich, ob das Konzept umsetzbar ist. Meist haben die Beteiligten dabei einen sehr starken technischen Fokus, wobei die wirklich schwer zu bewältigenden Probleme oft in der organisatorischen Umstellung liegen.

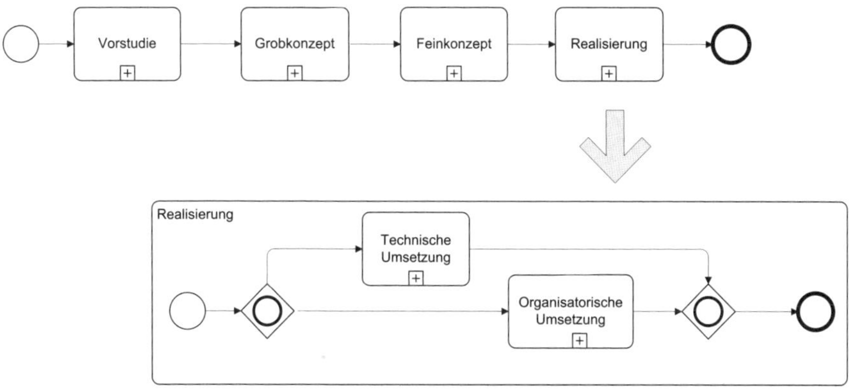

Bild 6.13: Phasen der Realisierung

6.4.1 Technische Umsetzung

Die Entwicklung, Modifikation und Einführung von IT-Systemen ist ein komplexes Vorhaben, das durch zahlreiche anerkannte Vorgehensmodelle geregelt und in der gängigen Fachliteratur ausführlich behandelt wird. An dieser Stelle sollen jedoch einige Aspekte der technischen Umsetzung aufgegriffen werden, die in prozesszentrierten IT-Projekten bzw. Projekten zur Prozessautomatisierung (vgl. Kapitel 3) von besonderer Relevanz sind.

6.4.1.1 Entwicklung eines neuen IT-Systems

Zweck

Die „maßgeschneiderte" Entwicklung eines IT-Systems ermöglicht die passgenaue IT-Unterstützung der betrachteten Geschäftsprozesse.

Voraussetzung für die Durchführung der Aufgabe

Das Pflichtenheft sowie die Schnittstellen- und Datenspezifikationen sind fertiggestellt.

Aktivitäten

Im Idealfall wird das System mit den hausinternen Kapazitäten entwickelt, die auch nach Fertigstellung und Einführung für gegebenenfalls anstehende Wartungs- und Erweiterungsprojekte verfügbar sind.

Wenn keine ausreichenden hausinternen Ressourcen vorhanden sind, muss das IT-System mithilfe externer Dienstleister realisiert werden. Hier ist das Pflichtenheft die wesentliche Grundlage der vertraglichen Bindung.

In der Regel ist ein iterativer Entwicklungsprozess anzustreben, der die späteren Anwender (Prozessbeteiligten) auch in frühen Phasen der Entwicklung einbezieht und kontinuierlich um Feedback für die Feinabstimmung bittet.

In der abschließenden Test- und Abnahmephase werden die im Pflichtenheft definierten Anforderungen mit den entwickelten Funktionen und Eigenschaften des IT-Systems abgeglichen.

Ergebnis

Das entwickelte IT-System, die Benutzerdokumentation und die technische Dokumentation.

6.4.1.2 Beschaffung eines IT-Systems

Zweck

Am Markt verfügbare Systeme (z. B. im ERP-, CRM- oder DMS-Bereich) sind relativ kostengünstig und bilden häufig „Best-Practice-Prozesse“ ab. Sofern diese mit den eigenen Prozessen übereinstimmen (bzw. das System oder auch die eigenen Prozesse angepasst werden können), stellen sie eine sinnvolle Alternative zur Eigenentwicklung dar.

Voraussetzung für die Durchführung der Aufgabe

Das Pflichtenheft sowie die Schnittstellen- und Datenspezifikationen sind fertiggestellt.

Aktivitäten

Der typische Auswahlprozess setzt sich aus den folgenden Aktivitäten zusammen:

- Erstellung eines Kriterienkataloges (in der Hauptsache basierend auf dem Pflichtenheft),
- grobe Marktrecherche,
- genauere Betrachtung möglicher Kandidaten (gegebenenfalls in Form einer Ausschreibung),
- detaillierte Prüfung mithilfe von Präsentationen und Prototypen,
- finale Beschaffungsentscheidung.

Ergebnis

Das beschaffte IT-System inklusive der Benutzerdokumentation.

6.4.1.3 Anpassung eines bestehenden IT-Systems

Zweck

Mitunter kann eine technische Anpassung ausreichen, um neue oder veränderte Prozesse in der unterstützenden IT vollständig abzubilden.

Voraussetzung für die Durchführung der Aufgabe

Das Pflichtenheft sowie die Schnittstellen- und Datenspezifikationen sind fertiggestellt.

Aktivitäten

Je nach Beschaffenheit des Systems kann eine Anpassung entweder durch eine reine Konfiguration erfolgen, oder sie muss auf Code-Ebene programmiert werden. In beiden Fällen müssen die technischen Kompetenzen im eigenen Hause verfügbar sein oder als externe Dienstleister eingekauft werden. Von der Struktur her unterscheidet sich die Anpassung eines IT-Systems nicht wesentlich von einer Neuentwicklung.

Ergebnis

Das angepasste IT-System mit einer erweiterten Benutzerdokumentation und erweiterten technischen Dokumentation.

6.4.1.4 Entwicklung/Anpassung von Workflows im bestehenden BPM-System

Zweck

In der Abgrenzung zu den vorgenannten Punkten kann sich eine IT-Umsetzung auch „lediglich“ auf die Prozessrealisierung in einem BPM-System beziehen. Hier wird also eine Prozessautomatisierung (vgl. Kapitel 3) vorgenommen.

Voraussetzung für die Durchführung der Aufgabe

Das Pflichtenheft sowie die Schnittstellen- und Datenspezifikationen sind fertiggestellt.

Aktivitäten

Die möglichen Aktivitäten, die im Rahmen der Prozessautomatisierung stattfinden können, sind in Kapitel 3 dargestellt. An dieser Stelle soll lediglich hervorgehoben werden, dass auch ein Projekt zur Prozessautomatisierung in der Struktur einem „klassischen“ Softwareentwicklungsprojekt durchaus ähneln kann. So ist beispielsweise auch in diesem Fall eine iterative Entwicklung anzustreben, um rechtzeitig korrigieren zu können, und zum Projektabschluss ein Test und Abgleich mit dem Pflichtenheft vorzunehmen, um eine Abnahme zu erreichen.

Ergebnis

Der automatisierte Prozess mit einer spezifischen Dokumentation für Prozessbeteiligte (fachliches Prozessmodell) sowie einer technischen Dokumentation für Prozessadministratoren (technisches Prozessmodell).

6.4.2 Organisatorische Umsetzung

Die organisatorische Umsetzung (Bild 6.14) ist häufig eher ein Akzeptanzproblem denn ein technisches. Die Mitarbeiter müssen ihre gewohnte Arbeitsweise (zum Teil) ändern. Durch aufbauorganisatorische Änderungen verändert sich ihr soziales Umfeld im Unternehmen (neue Kollegen, neuer Chef) und es kursieren möglicherweise viele Gerüchte und Befürchtungen über die zu erwartenden Änderungen.

Eine offensive Informationsstrategie, die frühzeitig die kommenden Veränderungen transparent macht, wirkt diesen Problemen entgegen. Veränderungen werden leichter akzeptiert, wenn deren Vorteile nachvollziehbar sind und der Einzelne auch für sich einen Nutzen erkennen kann. Nachteile und Unannehmlichkeiten sollte man nicht verschweigen, sondern auch ansprechen, andernfalls werden sie anderweitig bekannt und es entsteht Misstrauen.

6.4.2.1 Umsetzungsplanung

Zweck

Die Einführung und Umsetzung der organisatorischen Veränderungen muss geplant werden. Hierbei sind alle erforderlichen Maßnahmen zu berücksichtigen. Die Herausforderung dabei ist, dass dies in der Regel im laufenden Betrieb erfolgen muss, ohne dass das „Tagesgeschäft“ zu sehr leidet.

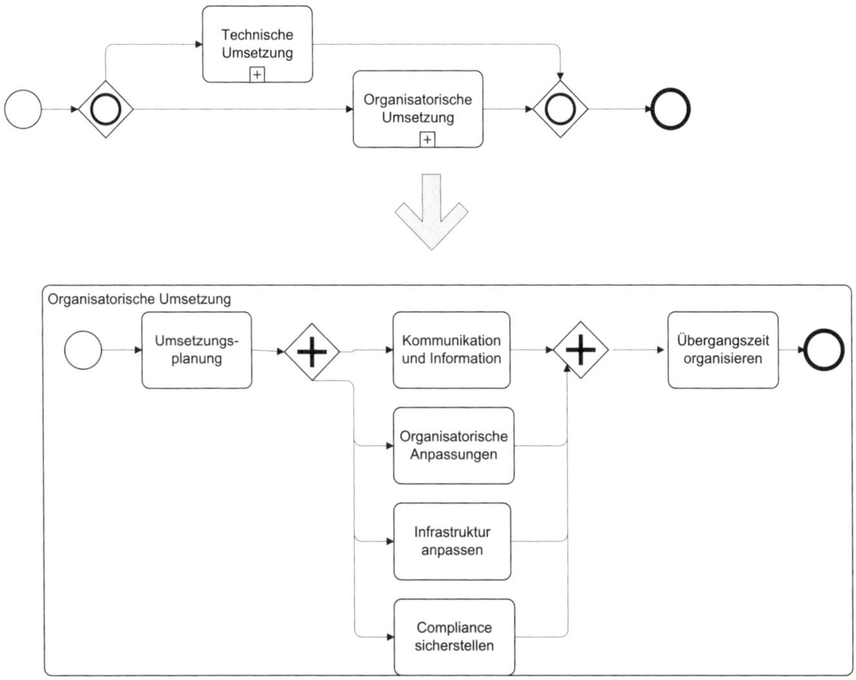

Bild 6.14: Phase organisatorische Umsetzung

Voraussetzung für die Durchführung der Aufgabe

Das Sollkonzept ist mit allen Details fertiggestellt.

Aktivitäten

Erarbeitung eines Projektplanes unter Einbeziehung aller verantwortlichen Manager der betroffenen Bereiche. Der Plan muss eng mit dem Teilprojekt zur technischen Umsetzung abgestimmt werden.

Ergebnis

Projektplan für die organisatorische Umsetzung mit Zeiten, Ressourcen. Dieser ist mit dem Plan zur technischen Umsetzung in einen Gesamtprojektplan integriert.

6.4.2.2 Kommunikation und Information

Zweck

Das Projekt muss allen Betroffenen innerhalb und außerhalb der Organisation kommuniziert werden, damit sie sich auf die Veränderung einstellen können. Mitarbeiter, deren Arbeitsweise und/oder Aufgaben sich ändern, müssen entsprechend qualifiziert werden.

Voraussetzung für die Durchführung der Aufgabe

Aus dem Konzept und der Planung muss hervorgehen, wer in welchem Umfang von der Änderung betroffen ist. Dies sind einerseits Mitarbeiter, können aber auch externe Partner wie Kunden und Lieferanten sein. Auch diese müssen zumindest informiert werden.

Aktivitäten

Durch Bereitstellung und Verbreitung geeigneter – auf die jeweilige Zielgruppe ausgerichteter – Informationen sind alle Beteiligten optimal auf die Veränderungen vorzubereiten:

- Erstellen von Unterlagen zur Information und Kommunikation (Präsentationen, Schulungsunterlagen etc.) und Publikation in geeigneten Medien (Intranet, Hauszeitung usw.).
- Erarbeiten von neuen Arbeits- und Organisationsmitteln (Arbeitsanweisungen, Stellenbeschreibungen, Formularen, QS-Richtlinien, Prozessplänen etc.).
- Gezielte Auswahl und Ausbildung von Key-Usern und Multiplikatoren.
- Durchführung von Schulungen und Informationsveranstaltungen.
- Gezielte Einweisung von Mitarbeitern vor Ort.
- Bereitstellung von Support (Hotline, Helpdesk) und Schaffung von Möglichkeiten des Erfahrungsaustausches (User Groups).

Ergebnis

Alle Betroffenen wissen, was künftig von ihnen erwartet wird, verstehen die Gesamtzusammenhänge und sind fähig, ihre veränderten Aufgaben wahrzunehmen. Es ist ein entsprechender Support vorgesehen, um rasch handeln zu können, falls es zu Anlaufschwierigkeiten und Unklarheiten bei einzelnen Betroffenen kommt.

6.4.2.3 Organisatorische Anpassung

Zweck

Die Aufbauorganisation ist den neuen Anforderungen aus den veränderten Prozessen anzupassen.

Voraussetzung für die Durchführung der Aufgabe

Aus der Prozessplanung lässt sich exakt ableiten, welche Rollen und Stellen welche Aufgaben wahrnehmen werden und welche quantitativen und qualitativen Anforderungen sich daraus für diese Stellen ergeben. Die Qualifikation der Mitarbeiter muss bekannt sein.

Aktivitäten

Je nach Umfang und wie tief greifend die Anpassungen sein müssen, ergeben sich eine Vielzahl von Maßnahmen in der Organisation:

- Durchführung aufbauorganisatorischer Anpassungen, wie Veränderung der Abteilungsstruktur und von Verantwortungsbereichen.
- Aus den bestehenden Fähigkeiten und Kenntnissen der Mitarbeiter und den künftigen Anforderungen ergibt sich die notwendige Qualifizierung des Personals (siehe oben).
- Die Struktur des Personals muss gegebenenfalls verändert werden (Versetzung, Beschaffung und Freisetzung von Personal).
- Erarbeitung neuer Organigramme und von Stellenbeschreibungen.
- Bereitstellung neuer oder veränderter Arbeitsmittel.

Ergebnis

Die Aufbauorganisation ist in der Lage, die neuen Prozesse zu bewältigen.

6.4.2.4 Infrastruktur anpassen

Zweck

Die Infrastruktur des Betriebes muss an die geänderten Prozesse angepasst werden.

Voraussetzung für die Durchführung der Aufgabe

Aus der Prozessplanung lassen sich die Anforderungen an die Infrastruktur ableiten.

Aktivitäten

- Bauliche Maßnahmen planen und durchführen.
- Umzüge planen und durchführen.
- Sonstige benötigte technische Infrastruktur ermitteln, planen, beschaffen und installieren.

Ergebnis

Die infrastrukturellen Voraussetzungen für die neue Organisation sind bereitgestellt.

6.4.2.5 Compliance sicherstellen

Gesetze, Verordnungen und auch innerbetriebliche Regelungen sind heute ein zunehmend wichtiger Faktor in der Organisation. Geänderte Prozesse können hier schnell zu einer Falle werden, wenn man nicht rechtzeitig auf die Compliance achtet und die entsprechenden Rahmenbedingungen schafft.

Zweck

Die Unternehmen sind zahlreichen Gesetzen und sonstigen Regularien unterworfen. Durch eine veränderte Organisation können sich neue Anforderungen und Verpflichtungen ändern, bzw. sich die Voraussetzungen verändern, die zu Zertifizierungen etc. geführt haben.

Voraussetzung für die Durchführung der Aufgabe

Gesetzliche Regelungen und sonstige Vorschriften, die die eigene Organisation betreffen, müssen bekannt sein. Juristisch relevante Aspekte der neuen Prozessorganisation müssen analysiert und bei der Definition der Prozesse berücksichtigt werden.

Aktivitäten

Die hier aufgeführten Punkte betreffen praktische alle Unternehmen oder andere Organisationen. Darüber hinaus kann es für den Einzelfall noch weitere relevante Prüfpunkte geben:

- Anpassung der Datenschutzrichtlinien.
- Anpassung von betroffenen Betriebsvereinbarungen.
- Betroffene Zertifizierungen (und sonstige Testate) müssen neu veranlasst werden.
- Hausinterne Regelungen zur Sicherstellung der Compliance sind an die veränderten prozessualen Rahmenbedingungen anzupassen.

Ergebnis

Die Organisation erfüllt auch mit der neuen Prozessorganisation die juristischen Anforderungen.

6.4.2.6 Übergangszeit organisieren

Als Übergangszeit wird hier die Zeit vom Start des ersten „neuen“ Prozesses bis zum Abschluss des letzten „alten“ Prozesses bezeichnet. Gerade Letzteres kann noch ziemlich lange dauern, je nachdem, welche Art von Prozessen man hat und ob alle „Nachgänge“ (wie Reklamationen, Garantiefälle, juristische Auseinandersetzungen etc.) zu einem Prozess auch noch diesem originären Prozess zugerechnet werden. Ausschlaggebend ist dabei letztendlich, ob derartige Vorfälle auch noch nach dem alten Vorgehen abgewickelt werden müssen.

Zweck

Gerade die Übergangszeit, wenn noch „alte" Prozesse laufen, aber schon die ersten „neuen" Prozesse starten, ist für die Organisation und ihre Mitarbeiter eine große Herausforderung. Es ist dabei sicherzustellen, dass alle Prozesse trotzdem ordnungsgemäß abgearbeitet werden. Eine Umstellung der „alten" Prozesse während des Ablaufes auf die „neuen" Prozesse (Migration) ist in der Regel nicht möglich oder erfordert zumindest ein eigenes Konzept (Migrationskonzept).

Voraussetzung für die Durchführung der Aufgabe

Organisation und Technik müssen flexibel genug sein, um „alte" und „neue" Prozesse gleichzeitig abarbeiten zu können. Ein Dilemma können dabei geänderte Zuständigkeiten sein. Hier gleichzeitig nach alten und neuen Zuständigkeiten, Kompetenzen und Verantwortung zu „leben" kann konfliktär sein. Hier wird man immer situationsbezogene Regelungen treffen müssen.

Aktivitäten

Wichtig sind hier klare Regelungen, um Unsicherheiten und Fehler möglichst von Anfang an zu vermeiden:

- Festlegung klarer Regeln, ab wann für welche Fälle die „neuen" Prozesse gelten.
- Den richtigen Zeitpunkt für den Übergang wählen. Es sollte eine eher ruhige Zeit sein, um die Belastung der Mitarbeiter nicht zu überdehnen.
- Verfügbarkeit von ausreichend Personal in der Übergangszeit sicherstellen (Urlaubsplanung, temporäre Kapazitätsaufstockung etc.)

Ergebnis

Sicherstellung des Übergangs auf die neuen Prozesse.

7 Anhang

7.1 Beispiele im Projektablauf

Die hier gezeigten Beispiele stammen aus unterschiedlichen Projekten und werden in einer verfremdeten Fassung zur Veranschaulichung gezeigt. Sie sind bewusst einfach gehalten, um das Prinzip zu verdeutlichen.

7.1.1 Beispiel 1: Zielsetzung des Projekts

Ein Projekt soll den Prozess der Personalbeschaffung neu gestalten. Für die Vorstudie wird folgende Zielsetzung formuliert:

- Verkürzung der Laufzeit des Personalbeschaffungsprozesses unter Berücksichtigung der organisatorisch und rechtlich (Mitbestimmungsgremien) notwendigen Zeiten.
- Festlegung von zeitlichen und qualitativen Standards beim Personalbeschaffungsprozess.
- Standardisierung des Personalbeschaffungsprozesses.
- Kommunikation und Umsetzung des Standardprozesses.
- Erkennen notwendiger IT-Unterstützung für den Personalbeschaffungsprozess.

7.1.2 Beispiel 2: Klärung Prozessumfeld

Geforderte Ergebnisse	Durchführung des **Beschaffungsprozesses** mit folgenden Merkmalen: ■ Abdeckung des Bedarfs des Anforderers ■ zügige Abwicklung des Beschaffungsprozesses ■ keine Rückfragen wegen fehlender Informationen ■ keine Recherchen wegen unvollständiger Bestelldaten bzw. -dokumente ■ eindeutige Preis-/Leistungsdefinition
Prozessauslösende Ereignisse	Bedarfsformulierung über vorgesehene Medien durch den Budgetverantwortlichen der anfordernden Kostenstelle an Einkauf bzw. an den Lieferanten (bei Abrufen)
Restriktionen des Prozesses	Beschaffungsauslösung nur von budgetierten Artikeln bzw. bei existierenden Budgetrahmen Beschaffungsauslösung nur durch den Budgetverantwortlichen der anfordernden Kostenstelle

▶

Fortsetzung

Anforderungen an das Prozessumfeld	Budgetbelastungen können nur durch den Budgetverantwortlichen genehmigt werden Kostenstellenverantwortung ist bis auf die Ebene der Budgetverantwortlichen, die einen Beschaffungsprozess auslösen können, durchgesetzt
Schnittstellen des Prozesses	Prozess zur Budgetverwaltung Einkaufsprozess

7.1.3 Beispiel 3: Bewertung des Istzustands (Summary)

Zusammenfassung wichtiger Punkte:

- Vielzahl von Prozessbeteiligten mit unterschiedlicher Wertschöpfung, unklaren Aufgaben und Kompetenzüberschneidungen.
- System-/Medienbrüche führen zu manueller Übertragung der Information und daher zu Doppelarbeit.
- Hohe Komplexität des Bestellvorganges hinsichtlich technischer Prüfungen und der Prozesssteuerung.
- Lange Durchlaufzeiten für Lieferung und Installation (54% der Bestellungen dauern länger als acht Wochen).

7.1.4 Beispiel 4: Beschreibung der Schwachstellen

Bezeichnung

Schnittstelle System „Superkauf"/System „TopOrder".

Beschreibung

Zwischen den Softwaresystemen A und B gibt es keinen Datenaustausch und keine gemeinsame Datenhaltung. Die Bestelldaten sind in beiden Systemen zu 80% deckungsgleich vorhanden.

Auswirkung

- Die Daten werden in beiden Systemen doppelt erfasst.
- Zeitaufwand pro Woche: 40 Stunden.
- Wegen Erfassungsfehlern treten Inkonsistenzen zwischen beiden Systemen auf.

Lösungsmöglichkeit

- Technische Schnittstelle zwischen beiden Systemen realisieren.
- Ein System wird führendes System für Datenhaltung.

7.1.5 Beispiel 5: Business Case Budgetplanung

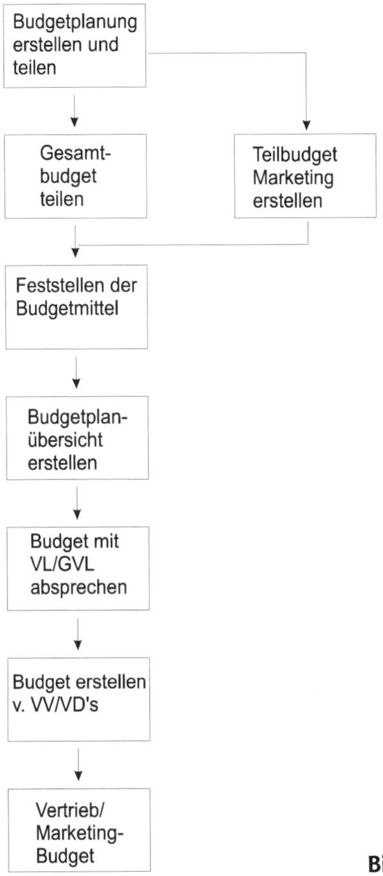

Bild 7.1: Prozess der Budgeterstellung

Ergebnis

- Teilplanung, da nicht in allen Ressorts die Planung horizontal und vertikal erfolgt.
- Manuelle Erstellung der Pläne, da nur teilweise IT-unterstützt – dadurch ist die Erstellung sehr aufwendig.
- Eine Budgetüberschreitung bleibt weitgehend ohne Konsequenz, nur teilweise Budgetverantwortung vorhanden.

Lösungsansätze

- Gesamtbudgetplanung,
- unternehmensweite Kostenstellen- und Kostenträgerbudgetierung,
- Projektbudgetplan.

Zeitrahmen

- Der Budgetplan beginnt Anfang November des laufenden Jahres.
- Fertigstellung des Planes zum Jahresende.
- Die Kontrolle der Budgets erfolgt monatlich.

Quantifizierung

- Einmal jährlich.

Detailanalyse

- Anforderungen für eine detaillierte Budgetplanung und Kontrolle sind zu erstellen.

Beteiligte Bereiche

- Geschäftsführer, Abteilungsleiter, Vertrieb, zum Teil auch andere Bereiche.

Potenzial

- Überzogene Budgets: 1,3 Mio. EUR.
- Kosten der Budgetplanung reduzieren um: ca. 80 000 EUR.

7.1.6 Beispiel 6: Probleme und Lösungsansätze im Überblick (Umzug)

Aktivität	Problem	Lösung
Umzugsbedarf feststellen	Ausreichend Vorlauf	Frühere Info an Umzugsfirma
	Zuständigkeiten und Back-up	Geregelter Prozess zu definieren
Umzug planen	Informationsfluss Verwaltung zu Umzugsfirma unzureichend	Workflow-Unterstützung
	Terminabsprachen ungenau	
Umzugsmeldung erstellen	Uneinheitliches Ausfüllen der Meldung	Pflichtfelder in der Umzugsbestellung
	Zuständigkeiten unklar	Definierter Umzugsbeauftragter auf Kundenseite
	Kurzfristige Änderungen	Fixierte Deadline für Änderungen
Raum bereitstellen	Raumplanung für IT nicht bekannt	Detaillierte Info an Technikteam

Aktivität	Problem	Lösung
	Reinigung verzögert Bezug	Firma automatisiert auffordern (Einbeziehung über Workflow-Tool)
Gerät abbauen	Koordinationsprobleme mit Speditionen	Gemeinsame Ausschreibung Anbieter
	Ungeplante Auftrags-erweiterungen	Einzelberechnung nach Aufwand
Gerät installieren	Koordinationsprobleme mit Speditionen	Gemeinsame Ausschreibung Anbieter
	Ungeplante Auftrags-erweiterungen	Einzelberechnung nach Aufwand
	Konfiguration von Telekommunikation	Bessere Absprache und Beratung im Vorfeld
	Eventuelle Problem-anhäufung	Kanalisierte und definierte Umzugs-nachbearbeitung, z. B. über spezielle Umzugshotline
Bestand administrieren	Bestandsdifferenzen (z. B. Seriennummern)	??
Rechnung prüfen	TK-Kosten sind nicht quantifizierbar	Überarbeitung der Service-Verträge
	TK-Kosten nicht separat ausgewiesen	Keine Umzüge außerhalb Regelarbeitszeit oder Weitergabe der Zusatzkosten

7.1.7 Beispiel 7: Kennzahlendarstellung

Maßnahme

Einführung eines Lagerverwaltungsprogramms als Steuerungselement der Einzelabrufe.

Zielsetzung ist die Optimierung der Lagerreichweite.

In Bild 7.2 ist die tatsächliche Lagerreichweite für den Rohstoff X im Zeitraum 01.96 bis 03.97 abgebildet. Demgegenüber wurde die optimale Lagerreichweite 1 (= 4 Wochen) dargestellt.

Die Fläche unter der Istlinie und über der Solllinie entspricht dem Zinsverlust durch Kapitalbindung; die Fläche unter der Solllinie und oberhalb der Istlinie kann einen eventuellen Produktionsausfall bedeuten.

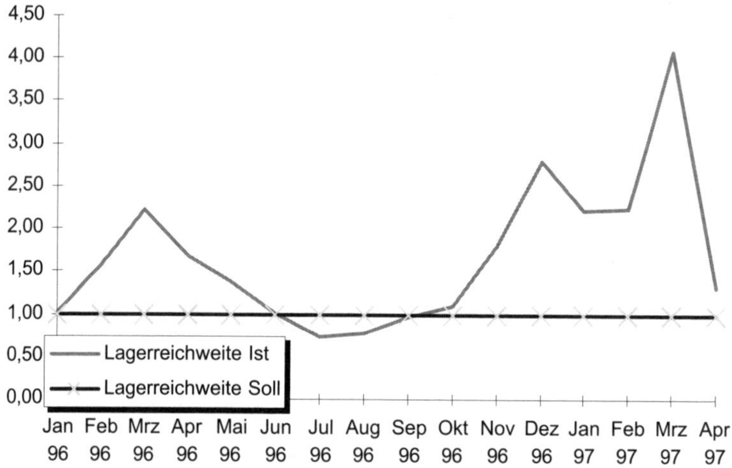

Bild 7.2: Optimierung der Lagerbestände für Rohstoff X

7.1.8 Beispiel 8: Zielsetzung des Projekts

- Verkürzung der Laufzeit des Personalbeschaffungsprozesses,
- Festlegung von zeitlichen und qualitativen Standards beim Personalbeschaffungsprozess,
- in der Zusammenarbeit von Personalabteilung und Fachbereich,
- Fachbereich: intern,
- Standardisierung des Personalbeschaffungsprozesses,
- Kommunikation und Umsetzung des Standardprozesses,
- gegenüber und mit der Personalabteilung,
- Erkennen notwendiger IT-Unterstützung für den Personalbeschaffungsprozess, gegebenenfalls Realisierung anstoßen,
- Berücksichtigung der organisatorischen und rechtlichen Rahmenbedingungen (Mitbestimmung, Arbeitsrecht).

7.1.9 Beispiel 9: Zielvereinbarung und Projektauftrag

- Aufzeigen von Optimierungsmöglichkeiten der Beschaffungsprozesse für Ersatzteile mit den Zielrichtungen:
  - Verkürzung der Durchlaufzeit auf XX Tage,
  - Reduktion der anfallenden Prozesskosten auf YYY EUR pro Vorgang,
  - Verbesserung des Kundenservice (Auskunftsmöglichkeit) im Rahmen einer Machbarkeitsuntersuchung.
- Bewertung der gesamten Prozesskette hinsichtlich einer Outsourcing-Entscheidung (make or buy).

- Vorschlag für die Neugestaltung des Prozesses mit Festlegung der Rollen und Verantwortlichkeiten.
- Vorschlag für den Sollprozess und dessen Steuer- und Kontrollmöglichkeiten.

7.1.10 Beispiel 10: Erhebungsbogen zu Prozessaktivität

<table>
<tr><td colspan="2">Aktivität:</td><td>Prozess:</td></tr>
<tr><td colspan="3">Zweck:</td></tr>
<tr><td>Input:</td><td>Verarbeitung:</td><td>Ergebnis:</td></tr>
<tr><td>Ausführender:</td><td>Hilfsmittel:</td><td>Schnittstellen:</td></tr>
<tr><td colspan="3">Bemerkung:</td></tr>
<tr><td>Erfasser:</td><td>Datum:</td><td>Abteilung:</td></tr>
</table>

7.1.11 Beispiel 11: Kurzbeschreibung der Grundidee eines Grobkonzepts

Konzept:

- Neugestaltung des Prozesses unter der Leitlinie: ganzheitlicher Ansatz.
- Die Abteilung K14 ist Prozessverantwortlicher vom Start bis zum Abschluss.

Das bedeutet:

- Die gesamte Verantwortlichkeit und Kompetenzen für den Prozess liegen bei K14.
- Alle erforderlichen Stammdaten werden von K14 verantwortlich gepflegt.
- Der Prozess wird von K14 gesteuert und koordiniert.
- K14 kennt immer den aktuellen Stand aller Vorgänge.
- Alle essenziellen Dokumente gehen über K14.

7.2 Checklisten für das Projekt

7.2.1 Checkliste 1: Entscheidungsvorlagen

Für die Entscheidungsinstanz sollten beim Abschluss jeder Phase folgende Berichte vorgelegt werden:

- wichtige Ergebnisse und Ereignisse während der Phase,
- Probleme und Schwierigkeiten, die die Durchführung der Aufgaben erschwert haben (Personal, Raum etc.), positive und negative Erfahrungen,
- benötigte Zeit und Kosten für die abgeschlossene Phase,
- Auswirkungen und Folgerungen aus Planabweichungen, Verbesserungsvorschläge,
- Ergebnisse der projektbegleitenden Qualitätssicherung (bei Großprojekten) über den Zustand der Phasenergebnisse und der Produktdokumentation.

Für die Genehmigung der folgenden Phase sind folgende Informationen notwendig:

- Kurzbeschreibung der geplanten Meilensteinergebnisse,
- eventuell zu erwartende Schwierigkeiten aufgrund des Ablaufs der vorangegangenen Phase,
- geplanter Ablauf der Phase, speziell der notwendigen Zeit und zu erwartender Kosten,
- Beurteilung der Planungsunterlagen durch die projektbegleitende Qualitätssicherung.

7.2.2 Checkliste 2: Prozessumfeld

Um das Umfeld eines Prozesses richtig zu beschreiben, muss man verschiedene Fragen klären:

- Definition der Prozessleistung: Was sind die geforderten Ergebnisse des Prozesses?

Die geforderte Prozessleistung ist die zentrale Richtschnur für den zu entwickelnden Sollprozess. Die Prozessleistung kann man als das oder die Produkte des Prozesses beschreiben. Diese sind bezüglich

- Qualität,
- Quantität,
- Zeit,
- Wert und
- Priorität

zu beschreiben.

Bei den Ergebnissen des Prozesses kann man unterscheiden in:

- Welche Ergebnisse liefert heute der Prozess?
  - Mussergebnisse,
  - Service für andere Prozesse,
  - nicht mehr notwendige.
- Welche Ergebnisse soll der Prozess künftig liefern?
  - Mussergebnisse,
  - Service für andere Prozesse.
- Welche Ereignisse können den Prozess auslösen?
  - Wie Informationen, Dokumente, Zeitpunkte etc.
- Welchen Restriktionen ist der Prozess unterworfen?
- Welche Schnittstellen hat der Prozess? Beschreibung der Schnittstellen zu anderen Prozessen.
- Was wird an den anderen Prozess übergeben? Wie wird es übergeben?
- Welche Gestaltungsmöglichkeiten bestehen für den Prozess?
- Verschiedene Einflüsse von „außen“ engen den Handlungsspielraum ein, wie Gesetze, Normen, unternehmenspolitische Entscheidungen etc.
- Welche neuen Technologien eröffnen neue Möglichkeiten zur Prozessgestaltung?
  - Hierbei geht es darum, Ideen zu entwickeln, welche Technologien bisher noch nicht eingesetzt werden, aber künftig möglicherweise neue organisatorische Freiheitsgrade eröffnen.
- Welche Kennzahlen für den Prozessnutzen charakterisieren den Prozess?
  - Hier soll man nur solche Kennzahlen verwenden, die sich einerseits aus der Prozessleistung ergeben und andererseits ohne viel Zusatzaufwand aus dem Tagesgeschäft ermittelbar sind.

7.2.3 Checkliste 3: Workshop allgemein

Jeder Workshop sollte beschrieben werden durch:

- Zielsetzung,
- erwartetes Ergebnis,
- Teilnehmer,
- Dauer,
- Tagesordnung,
- mitzubringende Unterlagen,
- erforderliche Vorbereitung der Teilnehmer.

Diese Punkte sind in der Einladung zu dokumentieren!

7.2.4 Checkliste 4: Workshop Prozessumfeld

Der Ablauf des Workshops zur Prozessanalyse kann wie folgt gestaltet werden:

- Kurze Vorstellung des Prozesses/prinzipielle Struktur.
- Klärung und Diskussion der Punkte des Prozessumfeldes.
- Erstellung eines Prozessablaufdiagramms.
- Dokumentation der Punkte.

Notwendige Unterlagen:

- Diagramme aus Istanalyse,
- sonstige Analysedokumente,
- Musterdokumente/echte Dokumente aus Prozessablauf (Ergebnisdokumente),
- Interviewaufzeichnungen aus Vorklärungen.

7.2.5 Checkliste 5: Vergleich von Erhebungsmethoden

	Aufwand für Organisator	**Aufwand für Untersuchten**	**Genauigkeit**	**Eignung**	**Datenerhebung durch**
Interview	mittel	gering	mittel bis gering	rascher Überblick	Organisator
Selbstaufschreibung	mittel	hoch	mittel	Details	Fachabteilung
Multimomentaufnahme	sehr hoch	gering	hoch	Details	Organisator
Auswerten vorhandener Unterlagen	hoch	keiner	verschieden	(hängt von Unterlagen ab)	Organisator
Laufzettelverfahren	hoch	gering	hoch	Abläufe untersuchen	Fachabteilung
Schriftgutanalyse	sehr hoch	gering	sehr hoch	Details	Organisator
Workshop	hoch bis mittel	mittel bis gering	mittel	Prinzipien erkennen	Organisator und Fachabteilung

7.2.6 Checkliste 6: Schwachstellenanalyse

Kontrollfragen zur Ermittlung von Schwachstellen in den Prozessen:

Allgemeine Fragen

- Ist der Prozess notwendig oder kann er ersatzlos wegfallen?
- Werden dieselben Prozesse auch an anderen Stellen durchgeführt und könnte man sie zusammenlegen?

Ergebnisse des Prozesses

- Werden die erstellten Ergebnisse von den Empfängern wirklich benötigt und sind die Kosten für ihre Erstellung bekannt?
- Sind die im Prozess erzielten Ergebnisse vollständig?
- Werden die richtigen Ergebnisse erzielt?
- Sind Kunden mit einem Prozess unzufrieden? Ursache?

Struktur des Prozesses

- Können für bestimmte Vorgänge vereinfachte Abläufe mit weniger Entwicklungsaufwand und Kontrollen eingerichtet werden?
- Existiert ein Abstimm- und Kontrollsystem und genügt es den Anforderungen?
- Werden ablaufmäßig zusammengehörende Aktivitäten von einer Person wahrgenommen?
- Gibt es Doppelarbeiten?
- Sind alle durchgeführten Arbeiten notwendig?
- Sind Verantwortung und Kompetenzen richtig zugeordnet?
- Ist der Grundsatz der kürzesten Informations- und Anweisungswege eingehalten?
- Sind alle Bearbeitungsschritte sinnvoll?
- Wie stark ist die Arbeitsteiligkeit?
- Sind bestimmte Arbeiten oder Sonstiges (wie Formblätter etc.) durch „Tradition“ begründet?
- Sind die Abläufe stark untergliedert?
- Ist die Anzahl der Bearbeitungsstationen eines Vorgangs zu hoch?

Qualität des Prozesses

- Sind immer wiederkehrende Störfaktoren identifizierbar?
- Sind die Qualitätsanforderungen, die an die Ausführung gestellt werden, sinnvoll und notwendig?
- Sind alle Verzweigungen, Schleifen etc. logisch notwendig? Welche sind durch Fehlerbehebungen verursacht?
- Stimmt der Prozess mit formalen, rechtlichen Anforderungen überein?

Kennwerte des Prozesses

- An welchen Stellen treten die höchsten Bearbeitungs-, Liege-, Warte- und Transportzeiten auf?
- Auf welchen Wegen treten die längsten Gesamtdurchlaufzeiten auf?
- An welchen Stellen des Arbeitsablaufes treten häufig Fehler auf, und was sind die Ursachen?
- Treten im Arbeitsablauf Engpässe auf?
- Wo wird die Bearbeitung (zeitlich) unterbrochen? Gründe?
- Werden die vorgegebenen Termine eingehalten?
- Welcher Weg wird am häufigsten genutzt und kann man diesen optimieren?

Technik des Prozesses

- Können Organisationsmittel zur Beschleunigung der Prozesse führen?
- Existiert eine durchgängige technische Unterstützung?
- Entspricht der Technikeinsatz dem heutigen Stand der Technik?
- Wo treten technische Medienbrüche auf?

Dokumente in den Prozessen

- Sind Vorgänge durchgängig elektronisch gespeichert?
- Gibt es überflüssige Doppelablagen?
- Gibt es unterschiedliche aktuelle Versionen von Dokumenten?
- Wie gut sind die Archive in die Prozesse eingebunden?
- Findet man rasch erforderliche Dokumente?
- Gehen Dokumente verloren?
- Sind Archivierungsvorgänge automatisiert, dokumentiert und revisionssicher?
- Werden alle gesetzlichen Vorschriften eingehalten? (Steuerrecht, Handelsrecht, Datenschutz etc.)
- Gibt es Sicherungsmechanismen?
- Gibt es klare Regelungen zur Auslagerung, Aufbewahrungsfristen und Vernichtung von Dokumenten?
- Gibt es definierte Verantwortlichkeiten und Zugriffsrechte für Dokumente?

7.2.7 Checkliste 7: Nutzenparameter

Beispiele für gängige – allgemeine – Nutzenparameter:

Quantifizierbare Nutzenparameter (bewertbare)

- Kosten senken (z. B. in Euro pro Mengeneinheit),
- Liquidität erhöhen,
- Bearbeitungszeiten reduzieren,

- Erlöse erhöhen (z. B. in Euro pro Mengeneinheit),
- Durchlaufzeit verkürzen (Zeitgewinn in Minuten pro Durchlauf),
- Aufwand reduzieren,
- Anzahl Prozessschritte reduzieren,
- Umlaufvermögen reduzieren (Kapitalbindung/Zinsgewinn),
- Anlagevermögen reduzieren (Kapitalbindung/Zinsgewinn/Instandhaltung).

Nicht quantifizierbare Nutzenparameter

- Informationsverfügbarkeit erhöhen,
- Fehlerquote reduzieren (Zeit für Fehlersuche und Behebung könnte wieder in bewertbaren Nutzen umgerechnet werden),
- Qualität verbessern,
- Service-Grad erhöhen/verbessern,
- Mitarbeitermotivation erhöhen,
- Eindeutig zuordenbare Verantwortlichkeiten sicherstellen,
- Image beim Kunden verbessern.

7.2.8 Checkliste 8: Sollalternativen entwickeln

Bei der Entwicklung von Sollalternativen gibt es verschiedene systematische Ansätze, die man durchspielen kann:

- Eliminieren von Prozessschritten/Tätigkeiten
  Arbeiten, die keine Wertsteigerung erbringen oder aus sonstigen Ursachen (wie Gesetz) zwingend erforderlich sind, können überflüssig sein.
- Ganzheitliche Bearbeitung
  Neue Systeme erlauben die Reduzierung der Spezialisierung. Dadurch kann man Arbeiten zusammenfassen. Dies reduziert z. B. Rüstzeiten und Schnittstellenprobleme.
- Parallelisierung von Prozessschritten
  Oft werden Tätigkeiten nacheinander ausgeführt, obwohl keine echte logische Abhängigkeit besteht. Bei einer gleichzeitigen Ausführung reduziert sich die Durchlaufzeit.
- Neue Tätigkeiten hinzufügen
  Zur Verbesserung der Prozessleistung (Kundenwunsch) können neue Tätigkeiten erforderlich sein.
- Splitten von Prozessschritten
  Durch das Splitten kann eine weitere Parallelisierung vorbereitet werden.
- Tätigkeiten verlagern
  Durch eine andere organisatorische Zuteilung der Arbeiten innerhalb und auch außerhalb des Unternehmens kann man Spezial-Know-how, Standortvorteile und Kernkompetenzen (= „Was kann ich besonders gut?“) besser nutzen.

- Neu technische Systeme ermöglichen neue organisatorische Konzepte, wie der beliebige zeit- und ortsungebundene Zugriff auf Informationen.
- Automatisierung von Tätigkeiten.
- Beschleunigung der Prozesse
  Durch Erhöhung der Periodizität/Häufigkeit der Durchführung eines Prozessschrittes (z. B. ereignis- statt mengengesteuerter Übermittlung von Vorgängen) kann man die Durchlaufzeit oft beschleunigen.

7.2.9 Checkliste 9: Moderation

Für Workshops und andere wichtige Sitzungen empfiehlt es sich, einen Moderator zu benennen. Moderation ist eine Technik, Gruppenprozesse zu beobachten und zu erkennen, um durch situationsgerechtes Anwenden von Spielregeln und Techniken darauf einwirken zu können.

Die Aufgaben eines Moderators während einer Besprechung sind:

- Eröffnen der Besprechung,
- Ablauf der Besprechung steuern,
- Einhaltung des Besprechungszieles sicherstellen,
- Teilnehmer aktiv halten,
- Zwischenergebnisse zusammenfassen und sichern (protokollieren),
- Wortmeldungen möglichst der Reihe nach erteilen,
- Einhaltung der Redezeit und Diskussionszeit beachten,
- Killerphrasen oder persönliche Anfeindungen unterbinden,
- die Ergebnisse bekannt geben.

Um seine Rolle ausfüllen zu können, muss der Moderator neutral bleiben. Dies bedeutet:

- Keine eigene Meinung äußern und keine Meinung werten,
- keine Koalition mit Teilnehmern eingehen.

7.2.10 Checkliste 10: Sollalternativen beschreiben

Die Sollalternativen sind nach bestimmten Punkten zu beschreiben:

- Wesentliche Grundidee des Vorschlages (Was ist neu gegenüber heute?),
- Auswirkungen und Nutzen der Idee,
- Kosten zur Umsetzung,
- Risiken der Idee,
- offene Punkte (bleibt zu klären),
- Bewertung: Soll die jeweilige Idee weiterverfolgt werden?

7.2.11 Checkliste 11: Dokumentenanalyse

Die Dokumente selbst müssen nach verschiedenen Kriterien beschrieben werden:

1. Verwendung im Prozess
   - Prozesse benennen,
   - Dokumente in Prozessdarstellung aufnehmen,
   - kurze Beschreibung: Was passiert damit?
2. Rechte am Dokument
   - Wer hat wann welche Rechte am Dokument?
   - Rollendarstellung im Prozess.
3. Das Dokument für sich beschreiben
   - Einordnen gemäß Dokumentenart, -typ und -format.
   - Beispiel des Dokuments aufnehmen.
   - Von welchen IT-Anwendungen wird das Dokument genutzt oder erzeugt?
   - Metadaten des Dokuments bestimmen.
   - Die Verwendung der Metadaten des Dokuments in anderen IT-Anwendungen.
   - Die Herkunft der Metadaten klären.
   - Juristische Relevanz (wie Beweischarakter) der Dokumente prüfen.
   - Lebensdauer und Aufbewahrungspflichten ermitteln.
   - Ist der Inhalt des Dokuments datenschutzrechtlich relevant?
   - Dokumentenechtheit – was muss reproduzierbar sein: der genaue Inhalt oder auch das ursprüngliche ErscheinungsBild (Image)?
4. Dokumentenstrukturen
   - Welche Dokumente bilden eine logische Einheit („Mappen“, „Ordner“, Compound documents),
   - Metadaten zu diesen Mappen definieren.
   - Ein Dokument kann in mehreren Mappen sein.

7.3 Glossar und Abkürzungen

Ablaufdiagramm
Im Ablaufdiagramm wird detailliert dargestellt, welche Handlungen, Ereignisse und Ressourcen in einem Prozess in Erscheinung treten. Je nach verwendeter Methodik können weitere Beschreibungselemente dazukommen.

Ablauforganisation
Dynamisches System einer Organisation, das die Gestaltung der Arbeitsgänge in zeitlicher und räumlicher Abfolge beschreibt. Beschreibt die (Struktur der Prozesse).

ABPMP
Association of Business Process Management Professionals. US-amerikanische Initiative zur Förderung von BPM. Entwickelte u.a. den BPM Body of Knowledge (BPM CBOK).

Account
Engl. Konto, Zugangsberechtigung. Regelung der Zugangsberechtigung zu einem Netzwerk zu einer Mailbox oder auch zu einem Archiv/DMS.

Ad-hoc-Workflow
Im Unterschied zu Production-Workflow elektronische Unterstützung unstrukturierter Vorgänge, die sich aus der laufenden Arbeit ergeben, nur einmal oder sporadisch auftreten oder so variieren, dass sie nicht vorstrukturierbar sind.

AIIM
Association for Information and Image Management. Eine ursprünglich amerikanisch, inzwischen international agierende Vereinigung von Herstellern und Anwendern von Informations- und Dokumentenmanagementsystemen. Die Gruppe initiiert Standards und arbeitet bei deren Definition für den Bereich der Imageverarbeitung mit.

Ajax
Asynchronous JavaScript and XML

Aktivität
Die Aktivitäten sind Bestandteile der Aufgaben in (Teil-) Prozessen. Eine Aktivität ist eine sinnvolle Teilmenge der im Rahmen eines (Teil-)Prozesses erforderlichen Handlungen.

ANSI
Abkürzung für American National Standards Institute, dem amerikanischen Gegenstück des deutschen DIN. In der IT-Welt gibt es zahlreiche ANSI-Standards, die auch im europäischen DV-Bereich eine wichtige Rolle spielen und oft weltweit akzeptiert werden. ANSI vertritt die USA in internationalen Gremien wie CCITT (ITU) und ISO.

API
Application Programming Interface. Programmierschnittstelle zur Kommunikation zwischen einer Anwendung und einem Service bzw. zur direkten Nutzung von Funktionen und Diensten einer Anwendung.

Applet Direkt im Webbrowser ablauffähige Java-Anwendung, welche ohne explizite Berechtigungsvergabe des Nutzers keinen Zugriff auf lokale Ressourcen wie z. B. Dateien, Systemkonfiguration, Netzwerk usw. hat.

Application Server Neben File-Server oder Druck-Server können im LAN, aber auch im WAN noch Application Server eingesetzt werden. Auf ihnen laufen spezielle Anwendungen wie Datenbanken oder sie stellen komplexe Anwendungen dem Netz zur Verfügung. Im Zusammenhang mit Application-Service-Providing gewinnen diese eine neue Aktualität.

Application-Service-Providing (ASP) Hosten und Vermieten von Anwendungen über Netzwerke. Der Verband ASP-Konsortium e. V. vermittelt Kontakte und beantwortet Fragen zu ASP-Industrie und -Lösungen (www.asp-konsortium.de).

APRP Adaptive Pattern Recognition Processing. Entsprechend dem VorBild biologischer Systeme, bei denen die Nervensysteme Informationen verarbeiten, funktioniert APRP als ein sich selbst aufbauendes System, das die binären Muster der Daten erlernt und sich an sie erinnert. APRP indexiert automatisch die binären Muster digitaler Informationen jeder beliebigen Form und erstellt einen auf den Mustern basierenden Speicher, der sich auf den ursprünglichen Inhalt der Daten bezieht.

Archiv Das Archiv dient der langfristigen, strukturierten und statischen Aufbewahrung von Dokumenten. Dokumentenmanagementsysteme nutzen oft Archive bzw. Archivsysteme.

ARIS Architektur integrierter Informationssysteme. Methodik von Prof. Scheer, welche zur Beschreibung der Informationsverarbeitung im Unternehmen dient, und Name eines Tools, welches diese Methodik abbildet.

ASCII (ISO 8859) American Standard Code for Information Interchange. 7-Bit-Code zur Darstellung von Zeichen (Buchstaben, Ziffern, Steuer- und Sonderzeichen). Mit dem 7-Bit-ASCII-Code können 128 verschiedene Zeichen dargestellt werden. Es handelt es sich um ein weltweit verbreitetes Codierungsverfahren für Texte mit Buchstaben, Ziffern, Sonder- und Steuerzeichen.

Attachment Engl. Anlage. Bezeichnung für eine Datei, die an eine E-Mail angehängt wird.

Auditing, Audit Trails Protokollierungsverfahren, bei dem z. B. Benutzer, Datum, Uhrzeit und Art der ausgeführten Tätigkeit festgehalten werden. Ist oft wichtig, um z. B. Änderungen an Dokumenten nachvollziehen zu können.

Aufbauorganisation Statisches System der organisatorischen Einheiten eines Unternehmens, das nach Funktionen oder Objekten eingeteilt ist und Aufschluss über Arbeitsteilung und Weisungsbefugnis gibt.

AWV Arbeitsgemeinschaft Wirtschaft und Verwaltung e. V.

B2B Siehe B-to-B.

Back-up Sicherung von Daten und Dokumenten mittels einer Kopie auf ein externes Medium (wie Magnetband, Streamer, CD-R, WORM, Kassetten etc.).

BAPI Business Application Programming Interface. Programmierschnittstelle der SAP-Business-Objekte. BAPIs ermöglichen externen Anwendungen den Zugriff auf SAP-Funktionalitäten und -Daten.

BARC Business Application Research Center GmbH. Ein Würzburger Unternehmen, das sich auf Softwarevergleiche spezialisiert hat.

Barcode Codierungsverfahren, bei dem nach einem festgelegten Schema grafische Informationen (Strich) in Zahlen und Buchstaben gewandelt werden können und umgekehrt.

BDSG Bundesdatenschutzgesetz: Ist bei Einführung eines DMS voll anzuwenden, vor allem, wenn Daten und Dokumente von Personen (eigenes Personal, Kunden, Lieferanten) gespeichert sind.

Benutzergruppen Die Nutzer eines IT-Systems sind oft in sogenannten Benutzergruppen zusammengeschlossen, um sich gegenseitig zu unterstützen und um ihre Interessen gemeinsam gegenüber dem Anbieter des IT-Systems zu vertreten.

Berichtswesen Das Berichtswesen liefert im Rahmen des Reportings festgelegte Kennzahlen, um die Zielerreichung der Prozesse zu überwachen und eine kontinuierliche Verbesserung des Geschäftsprozesses zu ermöglichen.

Best Practices Praktiken für die Abwicklung von → Geschäftsprozessen, die zu bestmöglichen Leistungen führen.

BetrVG Betriebsverfassungsgesetz. Personalvertretung und Betriebsrat sind vor Einführung eines DMS zu unterrichten.

BGB Bürgerliches Gesetzbuch. Wichtig für haftungsrelevante Dokumente wie Bedienungsanleitungen, Gebrauchsanweisungen, technische Dokumentation, Gewährleistungsaussagen usw.

BGES Bundesgesetz über die elektronische Signatur

Blob Binary Large Object; d.h. große binäre und damit für die Datenbank nicht weiter strukturierte Objekte bzw. Felddaten. Einige Datenbanken gestatten diesen Feldtyp, um darin große Datenmengen (z.B. Rasterbilder) als Feldinhalt abzuspeichern. Dies ist eine einfache Möglichkeit, Dokumente elektronisch zu verwalten.

Boolesche Operatoren Boolesche oder logische Operatoren wie UND, ODER, NICHT gestatten eine Verknüpfung von Suchkriterien zu komplexen Suchanfragen. Klassische Methode, um die Metadaten eines DMS zu durchsuchen.

BPEL Business Process Execution Language. Standardisierte XML-basierte Beschreibungssprache für automatisierte Prozesse.

BPM Business Process Management. Dachbegriff für alle Methoden und Werkzeuge, die der optimalen Gestaltung von Geschäftsprozessen dienen.

BPMN Business Process Modeling Notation. Standardisierte Notation für die Prozessmodellierung.

BPR Siehe Business Process Reengineering.

Brief Schriftgut bei dem die Nachricht mit ihrem Inhalt Dritten gegenüber (z.B. Boten) z.B. durch ein Kuvert unzugänglich gemacht ist.

BRM Business Rules Management. Dachbegriff für alle Methoden und Werkzeuge, die der optimalen Gestaltung von Geschäftsregeln dienen.

Browser Ein Programm, das für den Internet-Dienst WWW entwickelt wurde und die Möglichkeit besitzt, Dokumente über eine Internet-Verbindung herunterzuladen und anzuzeigen. Die ersten Browser konnten nur das Format HTML und TXT darstellen. Moderne Browser können alle gängigen Formate darstellen und auch Programme, sogenannte Applets, laden und lokal ausführen.

B-to-B	Im E-Commerce: Verkauf von Dienstleistungen und Waren an ein anderes Unternehmen. Diese Geschäftsbeziehung wird als „Business to Business", abgekürzt „B-to-B" bezeichnet.
B-to-C	Im E-Commerce: Verkauf von Dienstleistungen und Waren an den Endkunden. Diese Geschäftsart ist bekannt als „Business to Consumer" oder abgekürzt als „B-to-C".
Business Process Improvement (BPI)	„Tuning" bzw. stufenweise Leistungssteigerung bestehender → Geschäftsprozesse durch eine Bottom-up-Bewegung. Diese inkrementale Methode basiert im Wesentlichen auf dem grundlegenden Verständnis gegenwärtiger Prozesse und deren Optimierung nach Effizienzkriterien.
Business Process Reengineering (BPR)	Grundlegende Neustrukturierung und Modellierung von → Geschäftsprozessen und der sie unterstützenden Technologien, durch die eine Steigerung der Leistungsfähigkeit des Unternehmens in Quantensprüngen erreicht wird. Das radikale Vorgehen erfordert eine ausgeprägte Top-down-Ausrichtung und die Betrachtung der → Wertschöpfungskette unter Effektivitätskriterien.
BVB	Bundesverband für Büro- und Informationssysteme
BVIT	Bundesverband Informationstechnologie
Cache	Ein spezieller Zwischenspeicher auf schnellen Speichermedien, in dem häufig verwendete Datenobjekte zwischengespeichert werden, um zeitaufwendige Zugriffe auf Medien mit längeren Zugriffszeiten zu vermeiden.
CAD	Computer Aided Design
CAPI	Communication Application Programmers Interface
CASE	Computer Aided Software Engineering. IT-gestützte Verfahren zur Konzeptionierung und Realisierung von SW-Systemen.
CCITT	Gemeinschaft der Postgesellschaften (heute ITU), die weltweit gültige Standards für die Telekommunikation definiert.
CD	Compact Disc. Optischer Datenträger. Industriell gefertigte Nur-Lese-Speicher. Ursprünglich als Nachfolger der LP als Audio-CD entwickelt. Wird heute in der IT sehr häufig verwendet, z. B. auch als Archivierungsmedium.

CD-R CD-Recordable. Optischer Speicher im CD-Format, der beschrieben, nicht aber gelöscht werden kann.

CD-ROM Compact Disc – Read Only Memory. Im Pressverfahren erstellter, einmal beschreibbarer und mehrfach lesbarer, optischer Datenträger.

CGI Common Gateway Interface (→ WWW). Protokoll zur Entwicklung von interaktiven Bestandteilen in WWW-Seiten.

Change Management Konzept, welches ein Unternehmen von der klassischen Organisation (hierarchiegestützt, arbeitsteilig, produktorientiert) zu einer lernenden Organisation (selbststeuernd, teamgestützt, kundenorientiert) führt.

Client System (Hardware oder Anwendung) in einem Netzwerk, das einen Dienst nicht selbst erbringen kann und daher die Dienstleistungen eines Servers in Anspruch nimmt.

Client-Server-Modell Modell in einer DV-Umgebung; Zusammenspiel zwischen Ressourcen eines Clients mit speziellen Ressourcen einer vom Client aus gesehenen zentralen Instanz (= Server). Ein Server kann wiederum zu einem Client werden, indem er andere Dienste nutzt. Typische Clientfunktionen sind Benutzeroberflächen-Unterstützung. Typische Server-Funktionen sind zum Beispiel zentrale Datenbankverwaltung oder Kommunikationsmanagement.

CMMI Capability Maturity Model Integration

Code Zeichenzuordnung; Vorschrift für die eindeutige Zuordnung der Zeichen eines Zeichenvorrates (Urmenge) zu denen eines anderen Zeichenvorrates (Bildmenge).

COM Component Objekt Model. Von Microsoft beschriebenes Modell zur Komponentenentwicklung.

Computer Supported Cooperative Work (CSCW) Werkzeuge, die zur Unterstützung der Koordination und Kooperation von Mitarbeitern in interpersonellen Abläufen dienen. Zu unterscheiden sind → Groupware- und → Workflow-Management-Systeme.

Content Bezeichnet den Inhalt einer Website. Content sind Beiträge, Informationen etc., die über das Web abgerufen werden können.

Content Management System (CMS) Softwaresystem für das Administrieren von Webinhalten mit Unterstützung des Erstellungsprozesses basierend auf der Trennung von Inhalten und Struktur. CMS oder Redaktionssysteme gibt es für Websites, E-Shops, CD-ROMs, DVDs und Print-Produkte. Ein wichtiges CMS-Spezialisten-Forum ist www.contentmanager.de.

CORBA Common Object Request Broker Architecture. Objektorientiertes Modell für verteilte Objekte.

CPU Abkürzung für Central Processing Unit, d. h. die Zentraleinheit eines Rechners.

CRM Customer Relationship Management. Optimale Gestaltung von Kundenbeziehungen.

CSV Comma-Separated Values. Textbasiertes Dateiformat, das Datenfelder über Trennzeichen (z. B. Komma) kennzeichnet.

Customizing Anpassung eines Standardsystems an die Benutzeranforderungen.

D. A. CH. Gängiges Akronym für Deutschland, Österreich und die Schweiz.

DASD Direct Access Storage Device. In der Regel schnelle Festplatten oder Hauptspeicher.

Data Mining Datensuche und Recherche. Als Suchtool wird Data Mining zunehmend in großen Daten- und Dokumentenbeständen, wie z. B. Data Warehouse, zur Recherche von Daten eingesetzt.

Data Warehouse Großes Datenarchiv; auch Information Warehouse oder Document Warehouse genannt. Die Daten und Dokumente eines Unternehmens werden in einem eigenen System gespeichert, das auf Auswertungen statistischer Art optimiert ist.

Datensicherungssystem Datenspeicherung zur Archivierung. In der Regel erfolgt ein Zugriff auf die gespeicherten Daten nur im Notfall.

DDE Dynamic Data Exchange. Microsoft-Standard, um Daten und Befehle zwischen Anwendungen auszutauschen.

Dekomprimierung Wiederherstellung der ursprünglichen Information der durch Kompressionsverfahren reduzierten Datenmenge.

DES Data Encryption Standard. Eine Verschlüsselungsmethode, die Daten mit einem sehr effizienten und sicheren Verfahren sowohl verschlüsselt als auch komprimiert, um sie in öffentlichen Netzen zu übertragen.

DFÜ Datenfernübertragung

DIN Deutsche Industrienorm

DIP Document Image Processing. Verarbeitung und Verwaltung von gescannten oder per Datenfernübertragung empfangenen Dokumenten.

Directory Dateiverzeichnis

DMS Dokumentenmanagementsystem

DOMAIN Distributed Operating Multi Access Interactive Network

DSC Document Structuring Conventions

DSG Bundesgesetz über den Datenschutz

DSL Domain Specific Language

DSSSL Document Style Semantics Specification Language

EAI Enterprise Application Integration. Verfahren und Werkzeuge zur Steuerung des Informationsaustauschs zwischen verschiedenen Anwendungen.

EANCOM EAN + Communication. Subset des EDIFACT-Standards.

ECM Enterprise Content Management. Verwaltung von Unternehmensinformationen in unterschiedlichen Dokumentformaten.

ECMA European Computer Manufactures Association. Eine Vereinigung europäischer Rechnerhersteller. Die ECMA hat eine Reihe von Standarddefinitionen für den Datenaustausch zwischen Rechnern verschiedener Hersteller erarbeitet.

EDI Electronic Data Interchange. Oberbegriff für Systemkonzepte, die es ermöglichen, in einem EDV-System erstellte Daten zu einem anderen System zu übertragen und dort direkt elektronisch weiterzuverarbeiten.

EDIFACT (ISO 9735) Electronic Data Interchange for Administration, Commerce and Transport. Weltweit gültiger EDI-Standard mit Nachrichtentypen für ein branchenübergreifendes Spektrum von Geschäftsvorfällen.

eEPK Erweiterte Ereignisgesteuerte Prozesskette. Modellierungsmethodik für Geschäftsprozesse entsprechend dem ARIS-Toolset (nach Prof. Dr. A.-W. Scheer).

E-Form Elektronische Formulare. E-Forms werden für die Eingabe, Anzeige, Ausgabe und Verwaltung variabler Informationen eingesetzt.

EIDI-V Verordnung des Eidgenössischen Finanzdepartements über elektronisch übermittelte Daten und Informationen.

EJB Siehe Enterprise Java Beans.

E-Mail Electronic Mail (elektronische Post). Nachrichten und Datenaustausch zwischen Benutzern, die im Netzverbund stehen.

Enabling Einbindung eines DMS in andere Anwendungen, damit die gleichen Informationen und Dokumente aus verschiedenen Applikationen heraus genutzt werden können. Die DMS-Anwendung hat keinen eigenen Desktop bzw. keine eigene Oberfläche. Für den Benutzer wirkt es so, als ob die Anwendung, mit der er arbeitet, die DMS-Funktionen hätte.

Encodierung Verschlüsselung. Die Sicherheitsmerkmale sind im Objekt selbst verankert.

Engine Prozess-, DMS- oder Workflow-Ausführungskomponente auf Server-Ebene.

Enterprise Java Beans (EJB) Enterprise Java Beans ist eine Spezifikation von der Firma Sun Microsystems, die eine verteilte Komponentenarchitekturen, wie sie im Internet-Umfeld benötigt wird, beschreibt. Anhand der Standardisierung ist es möglich, einzelne Komponenten oder auch allgemein nützliche Dienste, wie z. B. ein Druckdienst, Auskunftsdienst usw., zu entwickeln und einem Nutzerspektrum zugänglich zu machen. Der Nutzen und die Integration in bestehende Systeme sind somit ohne großen Entwicklungsaufwand möglich.

EPK Ereignisgesteuerte Prozesskette. Notation für die Prozessmodellierung.

ER Entity Relationship

Ereignis Im Englischen als Event bezeichnet. Ein Ereignis ist eine Information über ein Objekt (Zustandsänderung), wodurch eine Folgeaktivität ausgelöst wird. In der Prozessmodellierung häufig zur Strukturierung und Beschreibung von Ursache-Wirkungs-Zusammenhängen genutzt.

ERP Enterprise Resource Planning

ERVG Elektronisches Rechtsverkehrsgesetz

ESB Enterprise Service Bus. Technische Komponente, die im Rahmen der Prozessautomatisierung zur Integration von Anwendungen genutzt wird.

Eskalation Organisatorisches Verfahren, um in Problemsituationen in Projekten einen geordneten Weg zur Lösung von Konflikten zu haben. Unter Eskalation wird der Einbezug einer übergeordneten Instanz verstanden. Dies kann – je nach Situation – über mehrere Stufen sukzessive über verschiedene Hierarchieebenen erfolgen.

Eskalationsweg Die definierten Eskalationswege beschreiben die im Eskalationsfall einzubeziehenden Personen. Diese werden anhand der wahrgenommenen Rollen bestimmt.

Ethernet Lokales Netzwerkverfahren.

ETL Extract, Transform, Load. Bezeichnet in der Informatik einen Prozess, um Daten aus mehreren Datenquellen mit gegebenenfalls unterschiedlichen Strukturen in einer Zieldatenbank zu vereinigen.

FAT File Allocation Table. Standarddateisystem unter DOS.

Fax Kurzform für Telefax.

Fibu Finanzbuchhaltung. Teilbereich des betrieblichen Rechnungswesens.

Formular Hilfsmittel zur Beeinflussung von organisatorischen Abläufen. Die Gestaltung hat mehrere Ziele: Klarheit und Akzeptanz, Übermittlung des Firmenbildes, Werbung, Ordnung und Funktionalität. Hier auch elektronischer Vordruck, der eine formatierte und einheitliche Informationsein- und -ausgabe ermöglicht.

FTP File Transfer Protocol. Ein TCP/IP-Protokoll, das die Übertragung von Daten zwischen mehreren Systemen ermöglicht.

Funktionsbaum Logische Anordnung von Aktivitäten. Im Allgemeinen hierarchisch strukturiert – d. h., die Funktionen werden schrittweise verfeinert dargestellt.

FZD Funktionszuordnungsdiagramme

GCI Global Commerce Initative. Kooperationsprojekt global agierender Konsumgüterhersteller.

Geschäftsprozess Folge logisch zusammengehörender Aktivitäten bzw. Vorgänge, wobei diese aber inhaltlich abgeschlossen sind, für sich betrachtet werden und sich im Kontext einer organisatorischen Struktur befinden, welche die funktionalen Rollen und Abhängigkeiten definiert. Ein Geschäftsprozess ist ergebnisorientiert, d. h., das Ziel, und nicht der Weg zum Erreichen dieses Zieles, steht im Vordergrund.

Geschäftsprozessanalyse (GPA) Analyse des Istzustandes der betrieblichen → Geschäftsprozesse, mit dem Ziel, ungenutzte Geschäftspotenziale und wertschöpfungsmindernde Insuffizienzen zu entdecken.

Geschäftsprozessoptimierung (GPO) Maßnahme zur Verbesserung der Wertschöpfung durch Neu- oder Reorganisation der → Geschäftsprozesse (siehe auch → Business Process Reengineering und → Business Process Improvement).

gfo Gesellschaft für Organisation e. V. Gemeinnütziger Verein, der sich mit organisatorischen Themen befasst.

GPO Geschäftsprozessoptimierung

Groupware Software für die Zusammenarbeit von Gruppen. Besteht meist aus unterschiedlichen Werkzeugen (Gruppenablage, Gruppenterminkalender, Mailing etc.). Bei Groupware-Systemen steht die gemeinsame Nutzung von Programm- und Informationsressourcen im Vordergrund. Bekanntestes Produkt ist Lotus Notes.

GUSI Global Upstream Supply Initiative

Hashing Suchverfahren, bei dem Tabellen nach einem bestimmten Suchverfahren (Hashing-Algorithmus) durchsucht werden.

Hitliste Ergebnis einer Rechercheanfrage, aus dem der Benutzer ersehen kann, welche Dokumente die angegebenen Suchkriterien erfüllen.

Homepage Leitseite einer Website, die im Allgemeinen ein Inhaltsverzeichnis oder Links zu den wichtigsten Seiten dieses Angebots enthält.

HOST Zentrales Großrechnersystem

HR Human Resources

HSM Hierarchisches Speichermanagement

HTML Hypertext Markup Language. Portable, vollständig im ASCII-Code gehaltene Textdokumente mit integriertem Befehlssatz zur Formatierung. Wird hauptsächlich im Internet zur Publikation verwendet.

HTTP Hypertext Transfer Protocol. Protokoll für den Daten- und Dokumentenaustausch innerhalb des World Wide Web.

Huffman Code Codierungs- bzw. Komprimierungsverfahren für Daten. Ein modifizierter Huffman Code wird zur Codierung von Fax-Daten verwendet.

Hyperlink Querverweis, der als hervorgehobene Stelle im Hauptfenster des Benutzers erscheint (Hypertext-Link).

IABPM International Association for Business Process Management. Initiative verschiedener europäischer Vereine, die sich mit BPM beschäftigen.

Identity Management System Eine übergreifende Benutzerverwaltung wird in der IT meist als Identity Management System bezeichnet.

iDoc Intermediate Document. Nachrichtenformat für die Kommunikation mit SAP R/3.

IEEE Institute of Electrical and Electronics Engineers. Eine frühere amerikanische Vereinigung von Fachleuten aus dem Bereich elektronischer Systeme. Inzwischen ist diese Vereinigung international tätig. Neben zahlreichen Fachzeitschriften, die das IEEE herausgibt, veranstaltet es Seminare, Kongresse und ist im Normungsbereich aktiv.

IETF Internet Engineering Task Force. Internet-Standardisierungsgremium.

Index Der Index eines Dokumentes ist die Menge festgelegter Suchinformationen wie Name, Art, Länge, Position für das Retrieval und den Zugriff. Der Index setzt sich aus beschreibenden und identifizierenden Attributen zusammen.

Index-datenbank Integrierte Referenzdatenbank eines DMS, die die Indexinformationen der abgelegten oder archivierten Dokumente enthält.

Indizierung Verfahren zur Erstellung möglichst eindeutiger Zugriffsinformationen für das schnelle Wiederauffinden gespeicherter Dokumente.

Interaktion Zusammenwirken von Personen, Organisationseinheiten etc.

Interaktionsdiagramm Visuelle Darstellung von Informationsflüssen zwischen Geschäftsprozessen.

Interface Schnittstelle

Internet Internationales Kommunikationsnetz. Kooperativ betriebenes, weltweit verteiltes und unkontrolliertes Netzwerk, das Informationen mithilfe festgelegter Regeln austauscht.

Internet-Provider Dienstleister, der eine Anbindung an das Internet herstellt und technische Unterstützung beim Aufbau von Internet-Angeboten (Websites) leistet.

Intranet Im Gegensatz zum öffentlichen Internet ist ein Intranet ein geschlossenes Netz und auf ein Unternehmen oder einen Firmenverbund begrenzt. Websites werden nur innerhalb dieses geschlossenen Netzes bereitgestellt.

ISDN Integrated Services Digital Network. Digitale Direktverbindung als Ersatz herkömmlicher Telefonleitungen.

ISO International Organization for Standardization. Internationale Dachorganisation nationaler Normierungsgremien mit dem Ziel, internationale Standards für alle Bereiche der Technik zu erarbeiten. ISO-Normen werden in der Regel als europäische und nationale DIN-Normen übernommen.

ISO 9000 Eine Familie von Standards, die von der ISO (www.iso.org) genehmigt wird und ein Qualitätssicherungsprogramm definiert. Firmen, die diesen Standards entsprechen, können eine ISO-9000-Bescheinigung erhalten. Dies bedeutet nicht notwendigerweise, dass ihre Produkte eine hohe Qualität haben, sondern nur, dass die Firma wohldefinierten Verfahren zum Erstellen von Qualitätsprodukten folgt. Zunehmend verlangen Softwarekäufer eine ISO-9000-Bescheinigung von ihren Lieferanten.

IT Informationstechnologie

ITAA Information Technology Association of America

ITU International Telecommunications Union. Normierungsgremium der Postgesellschaften, ehemals CCITT.

J2EE/JEE Unter den Oberbegriff Java Enterprise Edition (J2EE oder JEE) werden alle Java-Anwendungen bezeichnet, die der Java-Spezifikation von Sun Microsystems folgen und Server-seitig in Unternehmen betrieben werden.

JavaScript Programmierumgebung für das World Wide Web von Sun Microsystems und von Netscape und Microsoft lizenziert zur Entwicklung interaktiver Dokumente und zur Verbindung von Programmen mit Websites. Die Programme sind betriebssystem- und plattformunabhängig und werden zur Laufzeit geladen und dann wieder gelöscht.

JBIG Joint Bitonal Image Group. Verlustfreier Komprimierungsstandard für Schwarz-Weiß- und Farbbilder.

JBoss jBPM Process Engine der Firma JBoss, die Open Source verfügbar ist.

JCR Java Content Repository

JDBC (Java DataBase Connectivity) Java-API zur standardisierten Anbindung einer externer Datenbanken via SQL.

jPDL jBPM Process Definition Language. XML-basierte Sprache zur Prozessdefinition, die von der JBoss jBPM Process Engine interpretiert wird.

JPEG Abkürzung für die Codierung bzw. Komprimierung von Bilddaten nach der Empfehlung der Joint Photographic Experts Group. Das Verfahren ist auf die Speicherung von Halbtonbildern und Farbbildern ausgelegt und erlaubt die Reduzierung des Datenvolumens um den Faktor 2 bis etwa 50.

JSR Alle Java-Spezifikationen werden vom Java Community Process mit eine Java Specification Request (JSR)-Nummer geführt und unter der Internet-Adresse http://jcp.org/en/jsr/ referenzierbar veröffentlicht.

JTS Java Transaction Service

KB Abkürzung für Kilobyte, d. h. für 1024 Byte.

Komprimierung Datenreduktion unter Verwendung bestimmter, festgelegter Verfahren zur Verminderung des Speicherbedarfs und zur Erhöhung der Übertragungsgeschwindigkeit in Netzwerken.

Kontextdiagramm Visualisierte Darstellung von Objektumfeldern, z. B. Geschäftsprozessen. Dies können Eingaben, Ausgaben, Steuerungen, Ressourcen etc. sein

Konverter Modul zur Umwandlung verschiedener Dokumentenformate in ein einheitliches Format, damit der Austausch von Dokumenten zwischen unterschiedlichen Applikationen und Diensten sichergestellt ist.

Kryptografie Verschlüsselung gesamter Objekte zur sicheren Übertragung in Netzen.

LAN Local Area Network. Lokales Netzwerk.

LDAP Lightweight Directory Access Protocol. Ein Satz von Protokollen zum Zugreifen auf Informationsverzeichnisse. LDAP basiert auf den Definitionen, die innerhalb des internationalen X.500-Standards enthalten sind, ist aber bedeutend einfacher. Im Gegensatz zu X.500 unterstützt LDAP das TCP/IP-Protokoll, das für jede Art von Internet-Zugang notwendig ist.

Logging Protokollierung.

LZW Verlustfreier Komprimierungsstandard für Faksimiles.

M:N-Zuordnung Formulierung für die Mengenverhältnisse bei der Beschreibung von Beziehungen, stammt ursprünglich aus der Informatik. M:N sagt aus, dass in einer Beziehung auf beiden Seiten mehrere Partner existieren können, also z. B. ein Kunde mehrere Lieferanten haben kann, ein Lieferant aber auch mehrere Kunden. Als Gegenbeispiel entspricht das Eheverhältnis, wie es u. a. in Deutschland praktiziert wird, einer Eins-zu-eins-Beziehung.

Mailbox Elektronischer Briefkasten für das Abholen und Ablegen von Post und Nachrichten.

MAPI Messaging Application Programming Interface. Middleware-Messaging-Standard von Microsoft. MAPI dient dazu, aus Windows-Anwendungen (z. B. Textverarbeitungs-, Tabellenkalkulations- und Grafikprogramme) heraus E-Mails mit der jeweiligen Datei als Attachment zu verschicken.

MAPI-WF Messaging API Workflow Framework. API-Set von Microsoft zur Ausstattung von Bürokommunikationsanwendungen mit Workflow-Features. Entscheidung der Workflow Management Coalition für die Verwendung der MAPI-Spezifikationen als „Interface 4" des Workflow Reference Model.

Mappen Container

MDSD Model Driven Software Development

Medienbruch Wenn in einem Prozess die gleichen Informationen auf unterschiedlichen Medien (z.B. Papier und elektronisch) gehalten werden, dann spricht man von einem Medienbruch. Derartige Medienbrüche erfordern oft zusätzliche Arbeiten (z.B. Abschreiben).

Metadaten Beschreibende Zusatzdaten eines Gegenstands (Dokuments), die meist in einer Datenbank gespeichert werden.

Microsoft Active Directory Verzeichnisdienst unter Windows 2000. Das Active Directory verwendet DNS als Namenssystem und tauscht Informationen mit Anwendungen aus, die LDAP oder HTTP unterstützen. Das Snap-in für Active Directory-Domänen und -Vertrauensstellungen liefert eine grafische Ansicht aller Domänenstrukturen der Gesamtstruktur. So kann der Administrator jede Domäne der Struktur sowie Vertrauensbeziehungen zwischen Domänen verwalten oder den Betriebsmodus für jede Domäne konfigurieren. Sogenannte Directory-Enabled-Networks (DEN) stellen die Verbindung von Infrastrukturkomponenten und -diensten mit dem Active Directory her. Das integrierte Kerberos-Sicherheitsverfahren nutzt eine Datenbank für Personen und Encryption-Keys, wodurch das Active Directory automatisch Vertrauensstellungen (Trusts) zwischen Kerberos-Bereichen erstellt.

Middleware System- und Netzwerkdienst. Zwischen den eigentlichen Anwendungen und der Betriebssystemebene angesiedelte System- und Netzwerk-Dienste (z.B. Kommunikation, Protokollierung, Sicherheit, Konverter).

Migration Möglichkeit oder Notwendigkeit, Zugriffsinformationen und Dokumente von einem System in ein anderes zu überführen.

MIS Management Information System

Modem	Hardware, die die Anbindung eines Computers an eine Datenübertragungsleitung (meist eine Telefonleitung) ermöglicht. Wandelt digitale Signale des Computers in analoge Signale für das normale Telefonnetz um und umgekehrt.
MPEG	Motion Picture Expert Group. Gruppe innerhalb der ISO, die für die Bearbeitung weltweiter Standards zur Kompression digitalisierter Bewegtbilder (einschließlich Farbe) verantwortlich ist. MPEG komprimiert nicht verlustfrei.
Multimedia	Integrierte und interaktive Eingabe, Verarbeitung, Kommunikation und Ausgabe oder Präsentation verschiedenster Informationsarten wie strukturierte Daten, Text, Bild, Grafik, Audio oder Video.
.NET	.NET ist Microsofts aktueller Marketing-Name zur Realisierung global verteilter Anwendungen. .NET ist die Antwort auf die J2EE-Spezifikation von Sun Microsystems.
OASIS	Organization for the Advancement of Structured Information Standards. Standardisierungsinstitution, die u. a. BPEL verantwortet.
ODBC	Open Database Connectivity. Von Microsoft definierte zugriffsneutrale SQL-Datenbankschnittstelle.
OLE	Object Linking and Embedding. MS-Windows-spezifisches Verfahren für die Verknüpfung von Objekten.
OMG	Object Management Group
OPO	Office-Port
ORB	Object Request Broker. In einem ORB-System enthalten die Objekte alle notwendigen Informationen, um sich selbst verwalten zu können.
Outsourcing	Auslagern von Aktivitäten. Aktivitäten und Dienstleistungen, die bisher im Unternehmen erbracht wurden, werden auf externe Dienstleister verlagert.
PaaS	Process as a Service. Konzept zur Automatisierung von Prozessen auf Basis einer Software as a Service-Infrastruktur
PAP	Programmablaufplan
Parser	Programm zur syntaktischen Auswertung und Zerlegung von Textdaten.

PDF Portable Document Format. Plattformunabhängiges Dokumentenformat für das Publizieren von gestalteten Text- und Grafikseiten (von Adobe).

PHP Hypertext Preprocessor ist eine Server-seitige, in HTML eingebettete Skriptsprache, um dynamische Seiten zu bauen. Im HTML-Dokument wird das PHP-Skript wie mit Perl oder C innerhalb besonderer PHP-Tags eingeschlossen. Daher kann der Autor zwischen HTML und PHP springen, ähnlich wie bei Active Server Pages und ColdFusion Markup Language (CFML), anstatt Anwendungen zu schreiben, die HTML ausgeben. PHP kann jede Aufgabe ausführen, die ein CGI-Programm erfüllt. Seine Stärke liegt in seiner Kompatibilität mit vielen Datenbanken. PHP wird mit Systemen wie Red Hat Linux verteilt oder von www.php.net heruntergeladen. PHP 4 wird gerade eingeführt.

Pixel Rasterpunkt, kleinste Maßeinheit bei Scannern.

PNML Petrinet Markup Language

Portal Portale sind Integrationsplattformen – für Inhalte, für Kommunikationsprozesse und für vielfältige Anwendungen. Sie beliefern den Anwender über einen persönlichen Zugang mit den jeweils benötigten Informations- und Applikationssichten und sie stellen ihm verschiedene Kommunikationswerkzeuge zur Verfügung. Wird meist auf Basis von Webtechnologien realisiert.

Process Performance Management Übergreifender Ansatz zur Überwachung und Verbesserung der Prozessleistung durch den Aufbau einer validen Datenbasis, Klärung und Analyse von relevanten Kennzahlen und Zielvorgaben.

Production-Workflow Im Unterschied zu Ad-hoc-Workflow elektronische Unterstützung strukturierter bzw. vorstrukturierbarer Vorgänge, bei denen es nur vordefinierte Ausnahmen gibt, die durch Regeln klar definiert sind.

Profile Profile werden benutzt, um ein einheitliches, standardisiertes und integratives Beherrschen und Automatisieren von Vorgängen und Prozessen zu ermöglichen.

Prozess Siehe Geschäftsprozess.

Prozessführungskonzept Konzept, mit welchen Kennzahlen und Methoden ein Prozess gesteuert werden soll, um die geforderte Prozessleistung sicherzustellen.

Prozess-kennzahlen	Zahlen, die einen bestimmten Prozess gut charakterisieren und zu dessen Beurteilung eingesetzt werden (z. B. Durchlaufzeit).
Prozessleistung	Welches betriebswirtschaftliche Ergebnis leistet der Prozess.
Prozess-management	Planung, Organisation, Steuerung und Kontrolle der Wertschöpfungskette eines Unternehmens im Hinblick auf die Unternehmensziele, z. B. mit dem Ziel, höhere Qualität und marktgängige Innovation in kürzester Zeit mit sinkenden Kosten zu realisieren.
Prozess-organisation	Struktur und Regelwerk eines Prozesses.
Prozess-orientierung	Ausrichtung der betrieblichen Organisation an den → Geschäftsprozessen. Strukturbestimmendes Element ist somit die Ganzheitlichkeit der Erfüllungsvorgänge („structure follows process“).
Prozessschritte	Ein Prozess besteht aus einzelnen Arbeitsschritten, die in ihrer Summe den Prozess ergeben. Ein solcher Schritt wird auch als Prozessschritt bezeichnet.
Prozess-struktur	Ein Prozess wird beschrieben durch die Reihenfolge und die Regeln, gemäß denen die Prozessschritte abgearbeitet werden. Dies bezeichnet man auch als Prozessstruktur.
Prozessumfeld	Die Rahmenbedingungen wie Schnittstellen, Prozessauslöser und Prozessergebnis werden als Prozessumfeld bezeichnet.
PVM	Process Virtual Machine
QM	Qualitätsmanagement
QS	Qualitätssicherung
RAID	Redundant Arrays of Independent (inexpensive) Disks
Records Management	Unter Records Management versteht man die dauerhafte und nachvollziehbare Aufzeichnung der Geschäftsprozesse mit den dazugehörigen Dokumenten und Daten. Dies bedeutet, dass die Entstehung, der Ablauf und das Ergebnis der Geschäftsvorgänge nachvollziehbar dokumentiert werden müssen. Neben den technischen Einrichtungen müssen vor allem die organisatorischen Voraussetzungen und Verantwortlichkeiten geregelt werden. Zum Records Management besteht die Norm ISO 15489.

Referenz-datenbank Datenbank, die nur Verweise und nicht die Objekte selber verwaltet.

Replikation In einem verteilten System von Datenbanken werden auf jedem Rechner die gleichen Informationen gehalten. Änderungen eines jeden Rechners werden mittels Replikation auf alle anderen Rechner verteilt.

RSA-Verfahren RSA steht für die Erfinder des RSA-Verschlüsselungsverfahrens: Rivest, Shamir und Adleman.

RTF Rich Text Format

SaaS Software as a Service. Ansatz zur Nutzung von Standardsoftware, bei dem die Programme nicht lokal installiert, sondern ausschließlich über das WWW genutzt werden.

SAP Die SAP AG ist der größte europäische und weltweit viertgrößte Softwarehersteller.

SCC Supply-Chain Council

Schwarzwald-gruppe (Black Forest Group) Zusammenschluss großer Anwender, Hersteller, Systemhäuser und wissenschaftlicher Institutionen zur Definition von DMS-Anwenderforderungen.

SCOR Supply-Chain Operations Referencemodel

Self-contained Object Selbstbeschreibende Objekte, die ihre Verwaltungsinformationen (z. B. Verweise, Verarbeitungsregeln etc.) mit sich tragen.

Server Hardware oder Anwendung, die einen bestimmten Dienst zur Verfügung stellt, der von den an das Netz angeschlossenen Arbeitsstationen (Clients) genutzt werden kann.

Service Dienst, den ein Server verschiedenen Clients zur Verfügung stellt, z. B. Druckservice oder Datenbankservice.

SET Secure Electronic Transaction. Gesicherter Zahlungsstandard, der dem Internet-Kunden die bedenkenlose Zahlung per Kreditkarte erlaubt.

SGML Standard Generalized Markup Language. Von der ISO (ISO-8879) standardisierte Syntax zur soft- und hardwareunabhängigen Struktur- und Inhaltsbeschreibung von Dokumenteninhalten, Klassen und Strukturen. Aus diesem Standard wurden später eine Reihe weiterer Auszeichnungssprachen abgeleitet.

SHTTP	Secure Hypertext Transfer Protocol. Protokoll zum sicheren verschlüsselten Daten- und Dokumentenaustausch innerhalb des Internets.
SigG	Signaturgesetz. Regelt die Rechtslage für digitale Signaturen.
SIPOC	Supplier, Input, Process, Output, Customer. Prozessnotation.
Skalierbarkeit	Ausbau eines DMS, bei dem sich die alten und neuen Komponenten (im Gegensatz zur Kaskadierbarkeit) als eine logische Einheit darstellen.
SLA	Service Level Agreements
SMI	Supplier Managed Inventory
SMS	Short Message System
SMTP	Simple Mail Transfer Protocol
SOA	SOA steht für „serviceorientierte Architektur" und stellt einen dienstorientierten Implementierungsansatz der Informationstechnologie dar.
SOAP	SOAP (ehemals Simple Object Access Protocol) basiert auf der Extensible Markup Language (XML) und dem Hypertext Transfer Protocol (HTTP): Der Aufruf einer entfernten Funktion wird in eine XML-Datenstruktur verpackt und via HTTP-Request vom Client an den Server und zurück übertragen. SOAP wird u. a. im .NET Framework und J2EE Web Services eingesetzt.
SOIA	Serviceorientierte Integrationsarchitektur
SOPA	Serviceorientierte Prozessarchitektur
SOSA	Serviceorientierte Softwarearchitektur
Speicherhierarchie	Eine mehrere Ebenen umfassende Speicherhierarchie erlaubt den von verschiedenen Kriterien wie Kosten, Zugriffsgeschwindigkeit, Zugriffsrate und Speicherplatz abhängigen Einsatz verschiedener Speichermedien.
SQL	Structured Query Language. Standardisierte Abfrage- und Bearbeitungssprache für relationale Datenbanken (ISO 9075).

Stoppwort Suchbegriff: Innerhalb einer Volltextrecherche können sogenannte Stoppwörter von der Suche ausgeklammert werden. Damit sind Wörter gemeint, die keinen inhaltlichen Bezug zur Suche haben bzw. zu häufig vorkommen und deshalb nicht zum Suchergebnis beitragen (Beispiele: und, der, die, das, für, auch, sind etc.)

TCP/IP Transmission Control Protocol/Internet Protocol ist eine Familie von Netzwerkprotokollen und wird wegen ihrer großen Bedeutung für das Internet auch kurz nur zusammengefasst als Internet-Protokoll bezeichnet.

Teilprozess Ein Prozess besteht aus Teilprozessen, die wiederum selbst aus Teilprozessen bestehen können usw. Daraus ergibt sich eine hierarchische Struktur aus Teilprozessen, die auf oberster Ebene dann einen Gesamtprozess ergeben.

Textmining Methoden und Verfahren um natürlichsprachige Texte automatisch auszuwerten.

Thesaurus Ein Thesaurus verbindet und ordnet verwandte Begriffe und Synonyme und zeigt hierarchische und andere Beziehungen zwischen den beschreibenden Merkmalen der Dokumente.

UDDI Universal Description, Discovery and Integration

UIM Upstream Integration Model

UML Unified Modeling Language. Die zum Standard werdende objektorientierte Modellierungssprache, die meist bei der Softwareentwicklung eingesetzt wird.

UMTS Universal Mobile Telecommunications System. Dritte Generation (3G) mobiler Standards, liefern Breitbandinformationen bei Geschwindigkeiten bis zu 2 MBit/s. Außer Sprache und Daten wird UMTS Audio und Video zu drahtlosen Geräten weltweit durch feste, drahtlose und satellitengestützte Systeme übertragen.

UNICODE Zeichencode, bei dem jedes Zeichen mit 16 Bits verschlüsselt wird. Dadurch ist es möglich, 65 536 Zeichen darzustellen, u.a. alle chinesischen- und japanischen Zeichen. Aus Kompatibilitätsgründen wurden die Zeichen des ASCII-Codes eins zu eins überkommen.

Verfahrensdokumentation (VD) Systembeschreibung eines revisionssicheren Archivs entsprechend den GoBS und den Vorgaben des VOI.

Versionsmanagement	Verwaltung und konsistente Speicherung der unterschiedlichen Versionen von Dokumenten, Programmen etc.
Viewer	Programm zur Anzeige von bestimmten Dokumentformaten. Ein Viewer erlaubt keine Bearbeitung der Dokumente.
VMI	Vendor Managed Inventory
VOI	Verband Organisation- und Informationssysteme e. V. (früher: Verband Optische Informationssysteme) Umfasst ca. 170 Mitglieder, vor allem Hersteller und Dienstleister aus der DMS-Branche.
Vorgang	Ein konkreter Vorgang stellt eine spezifische Ausprägung eines Prozesses dar. Es handelt sich um einen gezielten Weg durch einen Prozessbaum. Die Prozesskette (Feinmodellierung) stellt die Summe aller möglichen Vorgänge dar.
Vorgangsbearbeitung	Systemunterstützte oder automatisierte ganzheitliche Bearbeitung eines Vorgangs von einem Arbeitsplatz aus. Neben der Vorgangssteuerung beinhaltet die Vorgangsbearbeitung auch die Interpretation auf den Client. Wird technisch oft durch ein Workflow-System unterstützt.
Vorgangssteuerung	Ursprünglich Synonym für Workflow, beinhaltete aber lediglich die Verbindung einzelner Bausteine zu vordefinierten Dialogabfolgen. Die Vorgangssteuerung erfolgt über Parameter, die vom Benutzer beeinflusst werden können.
Vorgangssteuerungssystem	Andere Bezeichnung für Workflow-System.
WAN	Wide Area Network. Netzwerk zur Kommunikation weit voneinander entfernter und unabhängiger Rechner (im Gegensatz zu LAN) zum Zweck des Datenaustausches.
WAPI	Workflow Application Programming Interface. API für Client-Workflow-Applikationen und Tools, um auf den Workflow Enactment Service zugreifen zu können.
WebDAV	Abkürzung für „Web-Distributing, Authoring and Versioning". Die von der IETF Ende 1998 vorgeschlagene HTTP-Protokollerweiterung soll das Publizieren von Websites vereinfachen http://www.webdav.org.

Web Service Ein Web Service ist eine öffentliche Schnittstelle zur Ausführung von entfernten Funktionsbausteinen. Die Schnittstelle mit den Parametern und Rückgabewerten wird im portablen XML-Format definiert (WSDL).

WfMC Workflow Management Coalition. Internationaler Zusammenschluss von über 100 Workflow-Anbietern, Anwendern und Beratern. Das Ziel der Koalition ist die Entwicklung von Softwarespezifikation und Standards, um so die Voraussetzungen für die Interoperabilität und Kommunikation verschiedener Workflow-Produkte und -Komponenten in unterschiedlichen Umgebungen zu schaffen.

WfMS Workflow-Management-System

Wissensmanagement Wissensmanagement ist der Name eines Konzepts, in dem ein beteiligtes Unternehmen bewusst und umfassend, die für das Unternehmen relevante Informationen und Wissen sammelt, organisiert, austauscht und analysiert.

WKD Wertschöpfungskettendiagramm

WML Die Wireless Markup Language ist eine XML-Sprache, um Inhalte und Benutzeroberflächen für WAP-Geräte zu spezifizieren. Das WAP-Forum (www.wapforum.org) gibt für WML eine Document Type Definition (DTD) innerhalb von XML aus. WML wird weltweit von fast jedem Handy oder PDA-Browser unterstützt.

Workflow Engl. Arbeitsfluss. Computerunterstützte Automatisierung von Geschäftsprozessen oder Vorgängen (daher auch oft als Vorgangsbearbeitung bezeichnet). Entwickelt sich häufig aus DMS.

WS Siehe Web Service

WSDL Web Service Description Language

WWW World Wide Web

X.400 ISO-genormter E-Mail-Service (Basisdienst).

X.500 ISO-genormter Directory-Dienst.

XHTML HTML-Erweiterung, bei der alle HTML-Elemente in XML-Syntax definiert wurden.

XMI XML Metadata Interchange

XML	XML steht für Extensible Markup Language. Sie dient als Meta-Beschreibungssprache und wurde vom W3-Konsortium 1998 standardisiert. Die Extensible Markup Language erlaubt Webautoren, eigene bedarfsgerechte Tags zu gestalten, die Definition, Übermittlung, Überprüfung und Interpretation von Daten zwischen Applikationen sicherstellen.
XOR	Exklusive OR. Typ eines Verzweigungsknotens, bei dem nur eine ausgehende Kante aktiviert werden kann.
XPDL	XML Process Definition Language
XSD	XML Schema Definition. Sprache zur Definition von Datenstrukturen für XML-Dokumente.
XSL	Abkürzung für Extensible Stylesheet Language. Eine in XML definierte Programmiersprache zur Bearbeitung und Transformation von XML-Dokumenten.
XSLT	Extensible Stylesheet Language Transformation
YAWL	Yet Another Workflow Language

7.4 Literatur

ALLWEYER2005 Allweyer Thomas: *Geschäftsprozessmanagement.* W3L, Witten 2005

BALZERT1999 Balzert Helmut: *Grundlagen der Informatik.* Spektrum, Heidelberg 1999

BECKER2000 Becker Jörg, Rosemann Michael, Uthmann Christoph: *Guidelines of Business Process Modelling.* In: *Business Process Management: Models, Techniques and Empirical Studies.* Eds. Springer, Berlin 2000

BULLINGER1992 Bullinger Hans-J.: Neue Produktionsparadigmen als betriebliche Herausforderungen. In: Bullinger, H.-J. (Hrsg.): *Innovative Unternehmensstrukturen.* Springer, Berlin 1992

CONRAD2006 Conrad Stefan et al.: *Enterprise Application Integration.* Spektrum, Heidelberg 2006

DADAM2008 Dadam Peter, Rinderle Stefanie: *Geschäftsprozesse explorieren, modellieren und optimieren.* Seminarunterlagen. Bonn 2008

DOSTAL2005 Dostal Wolfgang et al.: *Service-orientierte Architekturen mit Web Services.* Spektrum, Heidelberg 2005

FISCHERMANNS2006 Fischermanns Guido: *Praxishandbuch Prozessmanagement.* Verlag Dr. Götz Schmidt, Wettenberg 2006

GADATSCH2005 Gadatsch Andreas: *Grundkurs Geschäftsprozessmanagement.* Vieweg, Wiesbaden 2005

GAITANIDES2007 Gaitanides Michael: *Prozessorganisation.* Vahlen, München 2007

HAMMER1994 Hammer Michael, Champey James: *Business Reengineering.* Campus, Frankfurt am Main 1996

HEUTSCHI2007 Heutschi Roger: *Serviceorientierte Architektur.* Springer, Berlin 2007

JESTON2007 Jeston John, Nelis Johan: *Business Process Management.* Butterworh Heinemann, Oxford 2007

JOSUTTIS2008 Josuttis Nicolai: *SOA in der Praxis.* dpunkt.verlag, Heidelberg 2008

JURIC2004 Juric Matjaz B.: *Business Process Execution Language.* PACKT Pub, Burmingham 2004

LEHMANN2008 Lehmann Frank R.: *Integrierte Prozessmodellierung mit ARIS.* dpunkt.verlag, Heidelberg 2008

MASAK2006 Masak Dieter: *IT-Alignment.* Springer, Berlin 2006

MIELKE2002 Mielke Carsten: *Geschäftsprozesse.* Spektrum, Heidelberg 2002

MÜLLER2004 Müller Joachim: *Workflow-based integration.* Springer, Berlin 2004

OMG2008 Object Management Group: „Business Process Modeling Notation", V1.1. 17.01.2008 http://www.bpmn.org/Documents/BPMN%201-1%20Specification.pdf

PIETREK2007 Pietrek Georg et al.: *Modellgetriebene Softwareentwicklung. MDA und MDSD in der Praxis.* entwickler.press, Frankfurt am Main 2007

RUPP2004 Rupp Chris: *Requirements-Engineering und -Management.* Hanser, München 2004

SCHACHER2006 Schacher Markus, Grässle Patrick: *Agile Unternehmen durch Business Rules.* Springer, Berlin 2006

SCHEER1991 Scheer August-Wilhelm: *Architektur integrierter Informationssysteme.* Springer, Berlin 1991

SCHMELZER2008 Schmelzer Hermann J., Sesselmann Wolfgang: *Geschäftsprozessmanagement in der Praxis.* Hanser, München 2008

SEIDLMEIER2002 Seidlmeier Heinrich: *Prozessmodellierung mit ARIS.* Vieweg, Wiesbaden 2002

STARKE2007 Starke Gernot, Tilkov Stefan (Hrsg.): *SOA-Expertenwissen.* dpunkt.verlag, Heidelberg 2007

STEIN2007 Stein Sebastian, Ivanov Konstantin: *EPK nach BPEL Transformation als Voraussetzung für praktische Umsetzung einer SOA.* In: Bleek, W.-G.; Raasch, J.; Züllighoven, H. (Hrsg.): *Software Engineering 2007 – Konferenzband: Fachtagung des GI-Fachbereichs Softwaretechnik.* Köllen, Bonn 2007

WESKE2007	Weske Mathias: *Business Process Management.* Springer, Berlin 2007
WINTER2007	Winter Robert: Mehr als ein Bauplan für die IT – Enterprise Architecture Management im Umfeld von SOA. September 2007. http://www.idgevents.de/fileserver/idgevents/files/135.pdf
WOMACK1991	Womack James P., Jones Daniel T., Roos Daniel: *Die zweite Revolution in der Autoindustrie.* Campus, Frankfurt am Mai 1991

Link	**Beschreibung**
http://www.workflowpatterns.com	Patterns für Workflows, Produktvergleiche und weitere Informationen

Register

Die Autoren

Dr. Klaus Götzer studierte Betriebswirtschaftslehre an der Universität München. Anschließend war er für mehrere Jahre in einem Unternehmen der Luft- und Raumfahrtindustrie in einer Organisationsabteilung als Organisator, Projektleiter und stellvertretender Hauptabteilungsleiter tätig. An der Universität des Saarlandes (Prof. Scheer) promovierte er mit dem Thema „Optimale Wirtschaftlichkeit und Durchlaufzeit im Büro". Anschließend war er in einer Unternehmensberatung für den Bereich „Prozessoptimierung" zuständig und leitete eine Geschäftsstelle. Seit 1993 ist er selbstständig und führt IT- und Organisationsprojekte im Öffentlichen Dienst, in Industrie, Dienstleistungs- und Versicherungsunternehmen durch. Hierbei arbeitet er immer im Spannungsfeld zwischen Fachlichkeit und Technik und beschäftigt sich vor allem mit den Themen Geschäftsprozess-Optimierung, Dokumenten-Management und Workflow. Sein Schwerpunkt ist dabei die fachliche Analyse und Konzeption.

Kontakt:
Dr. Klaus Götzer
PM Doc~Flow GmbH
Am Ganter 34, 85635 Siegertsbrunn
Telefon 0 81 02/74 81 54
E-Mail post@pmdocflow.de
www.pmdocflow.de

Jakob Freund ist Geschäftsführer der camunda services GmbH, die sich auf Beratung und Training zu Business Process Management (BPM) spezialisiert hat. Bereits während seines Studiums der Wirtschaftsinformatik legte er den Schwerpunkt auf BPM, schrieb seine Diplomarbeit über die Generierung von Software-Prototypen aus Geschäftsprozessen und seine Master Thesis über die IT-gestützte Auswahl von BPM-Suites. Vorher sammelte er praktische Erfahrungen als BPM/SOA-Consultant bei der Hypoport AG sowie als Presales-Consultant bei der inubit AG. Im Mai 2007 gründete er das BPM-Netzwerk.de, eine Web 2.0-Community, die nach einem Jahr bereits über 4000 Mitglieder zählte. Seit 2005 engagiert er sich in der Gesellschaft für Organisation als BPM-Expertenkreisleiter und Beirat für BPM-Softwareprodukte. Er ist Gastdozent an der Privaten Hochschule für Wirtschaft in Zürich, regelmäßiger Autor von Fachartikeln für Print- und Onlinemedien sowie Co-Autor des Web-Blogs www.BPMN.info, Mitglied des BPM/SOA-Expertenrats der Computerwoche und regelmäßiger Speaker und Track Chair auf diversen Konferenzen.

Kontakt:
Jakob Freund
Langenscheidtstraße 10, 10827 Berlin
Telefon 030/54735000
E-Mail jakob.freund@camunda.com
www.camunda.com